土木工程智能实验教程

龙武剑　罗启灵　主　编
吴凌壹　侯雪瑶　副主编

清华大学出版社
北　京

内容简介

本书由概述、土木工程测量智能实验、土木工程智能结构实验、土木工程材料智能实验、智能建造实训和土木工程力学实验6章组成。作者率先编写智能建造专业所需的特色实验课程，引入智能材料、智能结构、智能测量实验项目及智能建造实训项目；另外，还汇编混凝土外加剂、混凝土耐久性、钢结构无损检测等实验项目，实验中使用的实验仪器大部分都具有信息化、自动化功能。每章实验相对独立，并结合大学生研究性学习与创新性实验计划项目编写而成，实验教学中可结合专业特点和实验条件选择性讲解。实验包括实验目的、实验原理和依据、实验设备和材料、实验内容和步骤、实验结果的处理、问题与讨论等内容，便于读者掌握该实验并能独立进行操作。

版权所有，侵权必究。举报：010-62782989，beiqinquan@tup.tsinghua.edu.cn。

图书在版编目(CIP)数据

土木工程智能实验教程/龙武剑，罗启灵主编. —北京：清华大学出版社，2023.8
ISBN 978-7-302-63433-1

Ⅰ.①土… Ⅱ.①龙…②罗… Ⅲ.①土木工程—实验—教材 Ⅳ.①TU-33

中国国家版本馆CIP数据核字(2023)第076513号

责任编辑：王向珍
封面设计：陈国熙
责任校对：薄军霞
责任印制：曹婉颖

出版发行：清华大学出版社
网　　址：http://www.tup.com.cn, http://www.wqbook.com
地　　址：北京清华大学学研大厦A座　　邮　编：100084
社 总 机：010-83470000　　邮　购：010-62786544
投稿与读者服务：010-62776969, c-service@tup.tsinghua.edu.cn
质量反馈：010-62772015, zhiliang@tup.tsinghua.edu.cn
印 装 者：三河市天利华印刷装订有限公司
经　　销：全国新华书店
开　　本：185mm×260mm　　印　张：16　　字　数：383千字
版　　次：2023年10月第1版　　印　次：2023年10月第1次印刷
定　　价：49.80元

产品编号：098899-01

编委会

主　编：龙武剑　罗启灵

副主编：吴凌壹　侯雪瑶

编　委：方长乐　陆　晗　李凤玲　欧海文　周蓝天
　　　　李钟浩　朱国飞　任晓莉

前言

土木工程实验课程是土木工程专业课的一个重要组成部分,有助于提高学生对基本概念、基本理论的理解和验证,是培养学生研究能力、创新能力和解决工程实际问题的重要环节,同时也是进行科技前沿工程技术研究的重要手段。

目前土木工程实验课程包括土木工程材料、土力学、流体力学、材料力学、结构力学、工程测量等,实验教学内容在各自专业教材中描述,比较分散,部分教程的实验通用要求发生重复,未能形成土木工程系统性实验教程。另外,随着新版国家标准的修订发布,如《土工试验方法标准》(GB/T 50123—2019)、《工程测量标准》(GB 50026—2020)、《工程测量通用规范》(GB 55018—2021)、《水泥胶砂强度检验方法(ISO法)》(GB/T 17671—2021)、《金属材料 拉伸试验 第1部分:室温试验方法》(GB/T 228.1—2021)等,图书市场中现有部分相关实验教材中的实验方法已过期作废,与现行实际使用的国家标准规范脱节,未能与时俱进,相关实验教材急需按照新标准适时更新。

伴随新基建、新业态、新产业、新技术的快速发展,土木工程行业正朝着信息化、数字化、产业化和智能化方向迈进,对土木工程教育提出迫切的改革需求。智能建造专业是土木工程专业适应行业变革与新工科发展需求,融合人工智能、机械设计与自动化、计算机和信息技术等专业知识形成的学科交叉型专业。目前,暂无适合智能建造专业培养的实验教程,开设智能建造相关的实验课程迫在眉睫。

鉴于以上背景,编制组紧跟土木工程学科发展,采用最新的现行国家标准和智能建造技术,编写了本书,旨在为实验人员及师生提供与现代智能土木技术同步、实操性强、统一的土木工程系列实验教材。

本书共6章,分别为概述、土木工程测量智能实验、土木工程智能结构实验、土木工程材料智能实验、智能建造实训和土木工程力学实验。每章实验相对独立,并结合大学生研究性学习与创新性实验计划项目编写而成,实验教学中可根据专业特点和实验条件取舍本书章节内容讲解。实验包括实验目的、实验原理和依据、实验设备和材料、实验内容和步骤、实验结果的处理、问题与讨论等内容,便于读者掌握该实验并能独立进行操作。

教材的特色和先进性表现在:①率先编著了智能建造专业所需的特色实验课程,引入智能材料、智能结构、智能测量实验项目及智能建造实训;②率先汇编了混凝土耐久性、钢结构无损检测等实验项目;③紧跟国家最新标准规范更新了实验要求;④整合了土木工程专业人才培养所需的各专业课实验课程,形成系统实验教材。

本书适宜作为土木工程类和土建类高等院校本科生、研究生实验课程教材,也可作为实验科研人员和有关工程技术人员的参考书。

本书为深圳大学本科教材出版资助项目,感谢深圳大学教材中心、滨海城市韧性基础设施教育部重点实验室、广东省滨海土木工程耐久性重点实验室(深圳大学)、南京研华智能科技有限公司张文涛与新拓三维技术(深圳)有限公司冯晓柱为本书提供宝贵素材。编写过程中参阅了国内外相关专业文献、书籍和信息资料,并从中借鉴了很多有启发和有益的内容,在此一并表示感谢。

由于编者能力有限,本书在编写过程中难免有疏漏不妥之处,敬请读者批评指正。

编 者

2023 年 6 月

目录

第1章　概述 ·· 1
   1.1　土木工程实验特点 ·· 1
   1.2　实验安全 ·· 1
   1.3　实验基础知识 ··· 2
   1.4　问题与讨论 ·· 16

第2章　土木工程测量智能实验 ··· 17
   2.1　水准仪的认识与普通水准测量 ·· 17
   2.2　全站仪的认识与水平角测量 ·· 19
   2.3　全站仪的平面坐标测量 ·· 22
   2.4　GNSS 控制测量数据采集与处理基础实验 ······························ 23
   2.5　利用 RTK 进行平面坐标测量和施工放样 ······························· 24
   2.6　遥感测绘的应用实验 ·· 25
   2.7　遥感图像镶嵌 ·· 26
   2.8　遥感三维地形可视化 ·· 28
   2.9　机器人测量智能化 ·· 29
   2.10　无人机倾斜摄影测量 ··· 30

第3章　土木工程智能结构实验 ··· 33
   3.1　钢筋混凝土梁正截面承载力实验 ······································ 33
   3.2　钢筋混凝土梁斜截面承载力实验 ······································ 34
   3.3　回弹法检测混凝土强度 ·· 36
   3.4　电磁感应法检测混凝土结构内部钢筋位置、数量和间距 ················· 40
   3.5　电磁感应法测混凝土保护层厚度 ······································ 42
   3.6　钢结构对接焊缝超声检测 ·· 44
   3.7　钢结构焊缝磁粉检测 ·· 47
   3.8　钢结构焊缝渗透检测 ·· 49
   3.9　磁性基体上防腐涂层厚度测量 ·· 51
   3.10　厚涂型防火涂料涂层厚度测量 ······································· 52
   3.11　三维全场应变测量系统测量钢筋混凝土梁抗弯变形 ···················· 53

	3.12	三维全场应变测量系统在铁轨基底应变测量中的应用	63
	3.13	冲击实验的无损非接触成像测试	72
	3.14	结构电磁探测仪检测混凝土结构缺陷	77
	3.15	无人机搭载红外热像设备检测建筑外墙及屋面作业	79

第4章　土木工程材料智能实验　84

	4.1	土木工程材料基本性质实验	84
	4.2	水泥物理性能实验	87
	4.3	砂、石物理性能实验	92
	4.4	砂浆物理性能实验	98
	4.5	混凝土配合比设计及新拌混凝土性能实验	101
	4.6	混凝土力学性能实验	109
	4.7	建筑钢材实验	114
	4.8	抗水渗透实验	117
	4.9	抗氯离子渗透实验（RCM法）	120
	4.10	抗氯离子渗透实验（电通量法）	125
	4.11	收缩实验（接触法）	128
	4.12	早期抗裂实验	131
	4.13	受压徐变实验	134
	4.14	碳化实验	138
	4.15	混凝土中钢筋锈蚀实验	140
	4.16	抗硫酸盐侵蚀实验	142
	4.17	碱-骨料反应实验	144
	4.18	冻融实验	146
	4.19	动弹性模量实验	158
	4.20	抗压疲劳变形实验	159
	4.21	混凝土抗压强度智能检测	161
	4.22	钢筋力学性能与重量偏差智能检测	164
	4.23	混凝土抗水渗透智能检测	167
	4.24	钢筋锈蚀智能检测	172

第5章　智能建造实训　179

	5.1	Python与机器学习实训	179
	5.2	BIM建模与应用实训	182
	5.3	图像识别技术基础实训	188
	5.4	3D打印技术基础实训	189

第6章　土木工程力学实验　191

	6.1	万能试验机测量材料的拉伸力学性能实验	191

6.2 压力试验机测量材料的压缩力学性能实验 …………………………………… 194
6.3 扭转试验机测量材料的扭转力学性能实验 …………………………………… 196
6.4 电测法测定材料的弹性模量和泊松比 ………………………………………… 198
6.5 纯弯曲梁的正应力实验 ………………………………………………………… 201
6.6 圆管扭转应力实验 ……………………………………………………………… 203
6.7 压杆稳定实验 …………………………………………………………………… 205
6.8 组合梁弯曲的应力分析实验 …………………………………………………… 206
6.9 流体静力学实验 ………………………………………………………………… 209
6.10 沿程水头损失实验 …………………………………………………………… 211
6.11 伯努利方程实验 ……………………………………………………………… 213
6.12 雷诺实验 ……………………………………………………………………… 215
6.13 颗粒分析实验 ………………………………………………………………… 217
6.14 界限含水率实验 ……………………………………………………………… 220
6.15 常水头渗透实验 ……………………………………………………………… 222
6.16 标准固结实验 ………………………………………………………………… 225
6.17 直接剪切实验 ………………………………………………………………… 229
6.18 三轴压缩实验 ………………………………………………………………… 232
6.19 无侧限抗压强度实验 ………………………………………………………… 239

参考文献 ………………………………………………………………………………… 242

第1章

概 述

1.1 土木工程实验特点

土木工程是一门内涵广泛、门类众多、结构复杂的综合性学科,具有很强的实践性。土木工程与国家发展有着密切关系,在新时代、新技术、新理念和新工科建设背景下,要求土木工程专业学生不但具有扎实的基本理论和专业知识,还要具有良好的工程师训练,即具有解决工程实际问题和工程创新的能力。因此,在专业教学过程中,实验教学占了相当大的比例。土木工程类的实验项目种类繁多,包括基础验证性实验项目和探究性实验,涉及力学、材料、测绘、物理、化学和信息化等内容。总体来讲,土木工程类实验具有以下特点:

(1) 内容和项目多

实验涉及力学实验、结构实验、材料实验和化学实验等项目。

(2) 涉及的仪器设备多

实验中常用到加载设备、分析设备、精密仪器设备和搬运用特种设备等,也会涉及高温、低温、高压、真空、高电压、高频和带有辐射源的实验室条件和仪器。

(3) 传统土木工程类实验向智能化实验转变

随着科学技术进步和工程实践发展,衍生出大量智能化、信息化设备仪器,传统土木工程逐步向智能建造转型,传统土木工程类实验也融入人工智能、物联网、大数据等现代前沿科技。因此,实验教学过程中不仅要保留传统实验项目,而且要新增智能土木工程实验项目,培养具有创新精神、实践能力、多学科交叉知识背景的,具有大型工程项目设计、施工及管理实践能力的"大土木+"复合型人才。

1.2 实验安全

土木工程类实验项目实践性强,其人为和客观因素对实验过程都会产生较大影响,特别是实验的安全方面,须引起实验参与人员的高度重视。实验室安全知识详细内容可参考编委组编制教材《高校土木类实验室安全教程》。一般来讲,为保障实验过程的安全可从以下方面着手:

1. 实验准备

（1）实验室实行安全准入制度。首次进入实验室的人员，应接受实验室安全教育，熟悉安全注意事项，了解实验室安全应急处理措施。

（2）实验时穿戴必要的安全护具，如安全帽、劳保鞋、防护服等，严禁穿拖鞋作业。必要时使用眼睛和面部的护具，如护目镜或眼罩，防止灰尘、飞粒、液体、烟进入眼睛等。

（3）不穿破烂或宽松衣服，长发应盘起并戴安全帽，避免佩戴首饰，防止出现可能被机械或工具挂住的意外。机械加工时不得戴手套，避免机械的旋转部分将手套绞入。

（4）操作前要对机械设备进行安全检查，须有可靠的接地线，而且要空车运转一下，确认正常后，方可投入运行。

（5）户外实验时应注意选择安全路线，避让河流、湖泊、沼泽、悬崖等危险区域。夏季因气候炎热，避免长时间高温户外实验，做好防止中暑工作。

2. 操作安全

（1）机械设备运行前要按规定进行安全检查。特别是对紧固的物件查看是否由于振动而松动，以便重新紧固。

（2）机械设备运转时，严禁进行调整；也不得用手测量零件，或进行润滑、清扫杂物等。如必须进行时，应首先关停机械设备。

（3）应尽量避让施工机械，需要在施工机械周围作业时，应让施工机械暂停作业。

（4）使用切割机时，不得进行强力切锯操作，待电动机转速达到全速再切割。锯片未停止时不得从锯或工件上松开。不允许任何人站在锯后面，停电、休息或离开工作地时，应立即切断电源。

（5）2m以上高处作业且无护栏情况下，须系安全带。

（6）临边作业时，须站位安全，必要时可采取佩戴安全绳等安全措施防止坠落滑坡等。

（7）重视网络信息安全。教学实验室为公共场所，使用移动存储设备前应检查移动存储介质是否存在病毒、木马及其他恶意软件。实验完毕后应保存计算机端所需实验数据，按顺序关闭计算机主机及电源。

3. 应急措施

（1）建立完善的实验安全事故应急预案。

（2）发生突发安全事故，应第一时间上报实验指导教师，不得瞒报、迟报、漏报。

（3）发生伤害时，应先立即切断危险源，停止现场作业活动，防止二次伤害。

（4）发生伤害时，若在场人员不具备急救知识或急救条件，请立即拨打120急救电话；如遇到人员被机械、墙壁等设备设施卡住的情况，请立即拨打119火警电话，由消防队实施解救行动。

1.3 实验基础知识

1.3.1 国际单位制

中华人民共和国的法定计量单位（简称法定单位）包括：

(1) 国际单位制(简称 SI)的基本单位(表 1-1);
(2) 包括国际单位制辅助单位在内的具有专门名称的国际单位制导出单位(表 1-2);
(3) 可与国际单位制单位并用的我国法定单位(表 1-3);
(4) 国际单位制词头(表 1-4);
(5) 由以上单位组合形成的单位。

法定单位的定义、使用方法等由国家计量局另行规定。

表 1-1　国际单位制(简称 SI)的基本单位

量 的 名 称	单 位 名 称	单 位 符 号
长度	米	m
质量	千克(公斤)	kg
时间	秒	s
电流	安[培]	A
热力学温度	开[尔文]	K
物质的量	摩[尔]	mol
发光强度	坎[德拉]	cd

表 1-2　包括国际单位制辅助单位在内的具有专门名称的国际单位制导出单位

量的名称	单位名称	单位符号	用 SI 基本单位表示和 SI 导出单位表示
[平面]角	弧度	rad	$1rad=1m/m=1$
立体角	球面度	sr	$1sr=1m^2/m^2=1$
频率	赫[兹]	Hz	$1Hz=1s^{-1}$
力	牛[顿]	N	$1N=1kg \cdot m/s^2$
压力,压强,应力	帕[斯卡]	Pa	$1Pa=1N/m^2$
能[量],功,热量	焦[耳]	J	$1J=1N \cdot m$
功率,辐[射能]通量	瓦[特]	W	$1W=1J/s$
电荷[量]	库[仑]	C	$1C=1A \cdot s$
电压,电动势,电位,(电势)	伏[特]	V	$1V=1W/A$
电容	法[拉]	F	$1F=1C/V$
电阻	欧[姆]	Ω	$1\Omega=1V/A$
电导	西[门子]	S	$1S=1\Omega^{-1}$
磁通[量]	韦[伯]	Wb	$1Wb=1V \cdot s$
磁通[量]密度,磁感应强度	特[斯拉]	T	$1T=1Wb/m^2$
电感	亨[利]	H	$1H=1Wb/A$
摄氏温度	摄氏度	℃	$1℃=1K$
光通量	流[明]	lm	$1lm=1cd \cdot sr$
[光]照度	勒[克斯]	lx	$1lx=1lm/m^2$

表 1-3 可与国际单位制单位并用的我国法定单位

量的名称	单位名称	单位符号	与 SI 单位的关系
时间	分 [小]时 日[天]	min h d	1min＝60s 1h＝60min＝3600s 1d＝24h＝86400s
[平面]角	度 [角]分 [角]秒	° (′) (″)	$1°=(\pi/180)$ rad $1'=(1/60)°=(\pi/10800)$ rad $1''=(1/60)'=(\pi/648000)$ rad
体积	升	l,L	$1l=1dm^3=10^{-3}m^3$
质量	吨 原子质量单位	t u	$1t=10^3$ kg $1u\approx 1.660540\times 10^{-27}$ kg
旋转速度	转每分	r/min	$1r/min=(1/60)s^{-1}$
长度	海里	n mile	1n mile＝1852m（只用于航行）
速度	节	kn	1kn＝1n mile/h＝(1852/3600)m/s（只用于航行）
能	电子伏	eV	$1eV\approx 1.602177\times 10^{-19}$ J
级差	分贝	dB	
线密度	特[克斯]	tex	$1tex=10^{-6}$ kg/m
面积	公顷	hm²	$1hm^2=10^4 m^2$

注：① 平面角单位度、分、秒的符号,在组合单位中应采用(°)、(′)、(″)的形式。例如,不用°/s 而用(°)/s。
② 升的两个符号属同等地位,可任意选用。
③ 公顷的国际通用符号为 ha。

表 1-4 国际单位制词头

因　数	中文词头名称	符　号
10^{24}	尧[它]	Y
10^{21}	泽[它]	Z
10^{18}	艾[可萨]	E
10^{15}	拍[它]	P
10^{12}	太[拉]	T
10^{9}	吉[咖]	G
10^{6}	兆	M
10^{3}	千	k
10^{2}	百	h
10^{1}	十	da
10^{-1}	分	d
10^{-2}	厘	c
10^{-3}	毫	m
10^{-6}	微	μ
10^{-9}	纳[诺]	n
10^{-12}	皮[可]	p
10^{-15}	飞[母托]	f
10^{-18}	阿[托]	a
10^{-21}	仄[托]	z
10^{-24}	幺[科托]	y

1.3.2 实验类型

土木工程类教学实验一般可分为两种类型,分别为验证性实验和探究性实验。

(1) 验证性实验:主要用于教学,指对研究对象有一定了解,为验证已有的科研假定和计算模型而进行的实验。验证性实验可辅助掌握相关知识内容,也可核验新技术(材料、工艺、结构形式)的可靠性。

(2) 探究性实验:在不知晓实验结果的情况下,为科学研究及开发新技术(材料、工艺、结构形式)等目的进行实验、探索、分析、研究得出结论,从而形成科学概念的一种认知活动,如为探讨结构性能和规律并分析得出研究结论。

1.3.3 实验方法

实验方法按照不同来源、不同领域有许多种方法,科学实验方法可分为观察法、控制变量法、类比法、转化法、放大法、理想实验法。

1. 观察法

观察法是指研究者根据一定的研究目的、研究提纲或观察表,用自己的感官和辅助工具直接观察被研究对象,从而获得资料的一种方法。

2. 控制变量法

控制变量法是指把多因素问题变成多个单因素问题,而只改变其中某一个因素,从而研究这个因素对事物的影响,分别研究,最后再综合解决的方法。控制变量法是科学探究中的重要方法。

3. 类比法

类比法是指由一类事物所具有的某种属性,可以推测与其类似的事物也应具有这种属性的推理方法。其结论需用实验来检验,类比对象间共有的属性越多,则类比结论的可靠性越大。

4. 转化法

转化法是指实验过程中,有些物理量的大小是不宜直接观察到的,但它变化时引起其他物理量的变化却容易观察,用容易观察的量显示不宜观察的量,这种科学方法称为转化法。例如,利用转化法制作的常见仪器有温度计、弹簧测力计、压强计等。

5. 放大法

放大法是指实验过程中,放大、扩大、变大或增加某些因素,使问题更容易解决的方法。例如,用力压硬质(硬质塑料或玻璃)瓶,瓶塞上部的细管液面上升,说明瓶子在压力作用下发生了形变。

6. 理想实验法

理想实验法(亦称思想实验法)是科学研究中的一种重要方法,以理想化的客体或概念为实验对象而在思想上研究其运动变化规律的一种科学实验方法。

它把可靠事实和理论思维结合起来,可以深刻揭示自然规律。它是在实验基础上经过概括、抽象、推理得出规律的一种研究问题的方法。

1.3.4 实验数据处理方法

实验中记录的数据多数需要处理后才能表示实验的最终结果。通过对实验数据进行记录、整理、计算、分析、拟合等步骤后获得实验结果,寻找物理量变化规律或经验公式的过程就是数据处理。本节主要介绍列表法、作图法、图解法、最小二乘法和逐差法。

1. 列表法

(1) 定义:按照一定规律将实验所获得的数据用表格形式进行排列的数据处理方法。

(2) 作用:有利于发现相关量之间的对应关系,便于分析和发现实验的规律性。

(3) 原则:①表格设计要求对应关系清楚、简单明了,便于显示相关量之间的物理关系;②标题栏中注明物理量名称、符号、数量级和单位等;③表中数据要正确反映测量结果的有效数字和不确定度,根据需要可列出除原始数据外的中间结果和最后结果;④必要时需要加以注释说明,如主要测量仪器的型号、量程和准确度等级、有关环境条件参数,如温度、湿度等。

2. 作图法

(1) 定义:在坐标纸张上用图线表示物理量间的关系、揭示物理量间联系的一种实验数据处理方法。

(2) 作用:可简明、形象、直观地表达物理量间变化关系,便于比较研究实验结果。此外,既可以从图线上简便求出实验需要的某些结果(如直线的斜率和截距值等),读出没有进行观测的对应点(内插法),也可以在一定条件下从图线的延伸部分读到测量范围以外的对应点(外推法)。

(3) 基本规则:①根据函数关系选择适当的坐标纸。常用的坐标纸有毫米方格纸、半对数坐标纸、对数坐标纸及极坐标纸等。选用原则是尽量让所作图线呈直线,有时还可采用变量代换方法将图线作成直线。②确定坐标轴。一般用横轴表示自变量,纵轴表示因变量,横纵坐标比例适当,并标明各坐标轴所代表的物理量及其单位(可用相应的符号表示)。③确定坐标分度和标记。坐标轴的分度根据实验数据的有效数字及对结果的要求确定。坐标分度要保证图上观测点的坐标读数的有效数字位数与实验数据的有效数字位数相同,要恰当选取坐标轴比例和分度值,使图线充分占有图纸空间。除特殊需要外,分度值起点可以不从零开始,横纵坐标可采用不同比例。④描点。根据测量获得的数据,用一定符号在坐标纸上描出坐标点。常用的标记符号有"+""×""⊙"等,符号在图上的大小应与该两物理量的不确定度大小相当。⑤连线。要绘制一条与标出的实验点基本相符的图线,连线时要纵观所有数据点的变化趋势,图线尽可能多地通过实验点,应尽量使其均匀分布在图线两侧。⑥注解和说明。应在图纸上标出图的名称、有关符号的意义和特定实验条件。

3. 图解法

1) 定义

用几何作图的方法,定量求得待测量或得出经验方程,称为图解法。

2) 作用

一般适合于两个变量的线性规划问题。

3) 基本步骤

(1) 选点。通常在图线上选取两个点,所选点一般不用实验点,并用与实验点不同的符号标记,此两点应尽量在直线的两端,如记为 $A(x_1,y_1)$ 和 $B(x_2,y_2)$,并用"+"表示实验点,用"⊙"表示选点。

(2) 求斜率。根据直线方程式

$$y = kx + b \tag{1-1}$$

将两点坐标代入,可解出图线的斜率为:

$$k = \frac{y_2 - y_1}{x_2 - x_1} \tag{1-2}$$

(3) 求与 y 轴的截距,可解出:

$$b = \frac{x_2 y_1 - x_1 y_2}{x_2 - x_1} \tag{1-3}$$

(4) 与 x 轴的截距,记为:

$$X_0 = \frac{x_2 y_1 - x_1 y_2}{y_2 - y_1} \tag{1-4}$$

4. 最小二乘法

(1) 定义:一种数学优化技术,通过最小化误差的平方和得到数据的最佳匹配函数。

(2) 作用:可用于曲线拟合,其他一些优化问题也可通过最小化能量或最大化熵用最小二乘法来表达。

(3) 基本原理:设在实验中获得自变量 x_i 与因变量 y_i 的若干组对应数据 (x_i, y_i),找出一个已知类型的函数 $y = f(x)$(确定关系式中的参数),使偏差平方和 $\sum [y_i - f(x_i)]^2$ 最小。这种求解 $f(x)$ 的方法称为最小二乘法。

5. 逐差法

(1) 定义:物理实验中常用的一种数据处理方法,是针对自变量等量变化,因变量也做等量变化时,所测得有序数据等间隔相减后取其逐差平均值得到的结果。

(2) 作用:充分利用测量数据,具有对数据取平均的效果,可及时发现差错或数据的分布规律,及时纠正或及时总结数据规律。

(3) 基本原理:逐差法是将测量得到的数据按自变量的大小顺序排列后平分为前后两组,先求出两组中对应项的差值(求逐差),然后取其平均值。

1.3.5 误差分析

在各类科学实验中,都会涉及对相关量进行测量,在实验过程中,无论是使用单次或多次、直接或间接、不同方法实验方式,对同一待测量所测得结果总是不完全相同的,误差是客观存在的。

1. 误差理论简介

1) 术语

(1) 准确度

准确度指检测结果与真实值之间符合的程度。检测结果与真实值之间差别越小,分析检验结果的准确度越高。

(2) 精密度

精密度是指在重复检测中，各次检测结果之间彼此的符合程度。各次检测结果之间越接近说明分析检测结果的精密度越高。

(3) 重复性

重复性是指在相同测量条件下，对同一被测量进行连续、多次测量所得结果之间的一致性。

重复性条件包括：相同的测量程序、相同的测量者、相同的条件下，使用相同的测量仪器设备，在短时间内进行的重复性测量。

(4) 再现性（复现性）

在改变测量条件下，同一被测量的测定结果之间的一致性。

改变条件包括测量原理、测量方法、测量人、参考测量标准、测量地点、测量条件以及测量时间等。

2) 定义

误差是测量值与某物理量客观存在的确定值之差。用它可以衡量检测结果的准确度，误差越小，检测结果的准确度越高。

2. 误差的种类、来源和消除

误差一般可分为系统误差、随机误差（偶然误差）和粗大误差三类。

1) 系统误差

按一定规律变化的误差称为系统误差。

(1) 误差的种类和来源

系统误差按照其产生来源，可分为装置误差、理论方法误差、环境误差、人员误差。

① 装置误差：由于装置设备精密度不够，装置设备本身设计缺陷或没有按规定使用而引起的误差，如天平不等臂，米尺刻度不匀，砝码质量不准等。

② 理论方法误差：实验中，由于实验理论公式本身不够严密或实验操作不当而使实验结果出现的误差。

③ 环境误差：由于实验中所处周围物理环境条件（如温度、湿度、气压、振动、照明条件、空气流动、电磁场等）对实验的影响所造成的误差。

④ 人员误差：由于实验人员操作不当、不规范或个人技术不熟练所引起的误差。

(2) 误差消除方法

① 对照实验，是用同样的分析方法在同样条件下，用标准试样代替试样进行的平行测定。通过对照实验可校正测试结果，消除系统误差。例如，用可靠的分析方法对照，用已知结果的标准试样对照，或由不同的实验室、不同的分析人员进行对照等（实验室资质认定要求做比对计划，如人员比对、样品复测及实验室之间的比对等都属于比对实验）。

② 空白实验，是指在不加试样的情况下，按实验方法标准或规程在同样操作条件下进行测定，所得结果的数值为空白值，最后从试样的测定值中扣除空白值，即可得到比较准确的实验结果，即实测结果＝样品结果－空白值。

③ 校正实验，是对实验仪器设备和检验方法在实验前进行校正，以校正值的方式，消除系统误差。

2) 随机误差（偶然误差）

在相同条件下，对同一物理量进行多次测量，由于不可预见变化方式的误差称为随机误差。

(1) 误差的种类和来源

随机误差产生的原因众多，实验中其主要意义是表明测量数据的离散程度和可信程度。

随机误差有以下三个方面来源：实验装置、仪器方面的原因，环境方面的原因，个人方面的原因。

(2) 误差消除方法

某次实验过程中的随机误差无法控制，但是大量实验次数所得到的一系列数据的随机误差都服从一定的统计规律——正态分布规律。

误差消除有以下方法：①选用精度更高、稳定性更好的仪器；②提升实验人员的个人素质，使其更熟练操作仪器；③选择合适的观测时间，让仪器受光照和温度带来的热胀冷缩更小，在稳定的地点设置仪器，避免不规则沉降带来的误差；④多次平行实验取均值。

3) 粗大误差

在一定条件下，实验结果值明显偏离实际值所形成的误差称为粗大误差（亦称离群值）。粗大误差是异常值，会严重歪曲实际情况，处理数据时凡含有粗大误差的数据应舍去。

区别三类误差的主要依据是人们对误差的掌握程度和控制程度。能掌握其数值变化规律的，认为是系统误差；掌握其统计规律的，认为是随机（偶然）误差；实际上未掌握规律的，认为是粗大误差。

1.3.6 数值修约规则

数值修约规则参照《数值修约规则与极限数值的表示和判定》（GB/T 8170—2008）进行。

1. 术语和定义

(1) 数值修约：通过省略原数值的最后若干位数字，调整所保留的末位数字，使最后所得到的值最接近原数值的过程。

经数值修约后的数值称为（原数值的）修约值。

(2) 有效数字：若测量结果经修约后的数值修约误差绝对值≤0.5（末位），则该数值称为有效数字，即从左起第一个非零的数字到最末一位数字止的所有数字都是有效数字（有效数字中只应保留一位欠准数字，因此在记录测量数据时，只有最后一位有效数字是欠准数字）。

例如，1g、1.000g 其所表明的量值虽然都是 1，但其准确度不同，其分别表示为准确到整数位、准确到小数点后第三位的数值。因此有效数值不但表明了数值的大小，同时反映了测量结果的准确度。

(3) 有效位数：对没有小数位且以若干个 0 结尾的数值，从非 0 数字最左一位向右数得到的位数减去无效 0（仅为定位用的 0）；对其他十进位数，从非 0 数字最左一位向右数而得到的位数，就是有效位数。

例1：35000，若有两个无效 0，则为三位有效位数，应写为 350×10^2；若有三个无效 0，则为二位有效位数,应写为 35×10^3。

例 2:0.0025——2 位有效位数;

1.001000——7 位有效位数;

2.8×10^7——2 位有效位数。

对于 $a\times10^n$ 表示的数值,其有效数字的位数由 a 中的有效位数决定。

(4) 修约间隔:修约值的最小数值单位。

修约间隔的数值一经确定,修约值即为该数值的整数倍。

例 1:如指定修约间隔为 0.1,修约值应在 0.1 的整数倍中选取,相当于将数值修约到一位小数。

例 2:如指定修约间隔为 100,修约值应在 100 的整数倍中选取,相当于将数值修约到"百"数位。

(5) 极限数值:标准(或技术规范)中规定考核的以数量形式给出且符合该标准(或技术规范)要求的指标数值范围的界限值。

2. 数值修约间隔

1) 确定修约间隔

(1) 指定修约间隔为 10^{-n}(n 为正整数),或指明将数值修约到 n 位小数。

(2) 指定修约间隔为 1,或指明将数值修约到"个"数位。

(3) 指定修约间隔为 10^n(n 为正整数),或指明将数值修约到 10^n 数位,或指明将数值修约到"十""百""千"……数位。

2) 进舍规则

(1) 拟舍弃数字的最左一位数字小于 5,则舍去,保留其余各位数字不变。

例:将 12.1498 修约到个数位,得 12;将 12.1498 修约到一位小数,得 12.1。

(2) 拟舍弃数字的最左一位数字大于 5,则进一,即保留数字的末位数字加 1。

例:将 1268 修约到"百"数位,得 13×10^2(特定场合可写为 1300)。

本标准示例中,"特定场合"是指修约间隔明确时。

(3) 拟舍弃数字的最左一位数字是 5,且其后有非 0 数字时进一,即保留数字的末位数字加 1。

例:将 10.5002 修约到个位数位,得 11。

(4) 拟舍弃数字的最左一位数字为 5,且其后无数字或皆为 0 时,若保留的末位数字为奇数(1,3,5,7,9)则进一,即保留数字的末位数字加 1;若保留的末位数字为偶数(0,2,4,6,8),则舍去。

例 1:修约间隔为 0.1(或 10^{-1})。

拟修约数值	修约值
1.050	10×10^{-1}(特定场合可写成 1.0)
0.35	4×10^{-1}(特定场合可写成 0.4)

例 2:修约间隔为 1000(或 10^3)。

拟修约数值	修约值
2500	2×10^3(特定场合可写成 2000)

3500	4×10^3(特定场合可写成 4000)

(5) 负数修约时,先将其绝对值按(1)~(4)的规定进行修约,然后在所得值前面加上负号。

例1:将下列数字修约到"十"数位:

拟修约数值	修约值
−355	-36×10(特定场合可写成−360)
−325	-32×10(特定场合可写成−320)

例2:将下列数字修约到三位小数,即修约间隔为 10^{-3}。

拟修约数值	修约值
−0.0365	-36×10^{-3}(特定场合可写成−0.036)

3) 不允许连续修约

(1) 拟修约数字应在确定修约间隔或指定修约数位后一次修约获得结果,不得多次按进舍规则连续修约。

例1:修约 97.46,修约间隔为 1。

正确的做法:97.46→97;

不正确的做法:97.46→97.5→98。

例2:修约 15.4546,修约间隔为 1。

正确的做法:15.454→15;

不正确的做法:15.4546→15.455→15.46→16。

(2) 具体实施中,有时测试与计算部门先将获得数值按指定的修约数位多一位或几位报出,而后由其他部门判定。为避免产生连续修约错误,应按下述步骤进行:

① 报出数值最右的非零数字为 5 时,应在数值右上角加"+""−"或不加符号,分别标明已进行过舍、进或未舍未进。

例:16.50^+ 表示实际值大于 16.50,经修约舍弃为 16.50;16.50^- 表示实际值小于 16.50,经修约进一为 16.50。

② 如需对报出值进行修约,当拟舍弃数字的最左一位数字为 5,且其后无数字或皆为零时数值右上角有"+"者进一,有"−"者舍去,其他仍按 2)进舍规则的规定进行。

例:将下列数字修约到"个"数位(报出值多留一位至一位小数,表 1-5)。

表 1-5

实 测 值	报 出 值	修 约 值
15.4546	15.5^-	15
−15.4546	-15.5^-	−15
16.5203	16.5^+	17
−16.5203	-16.5^+	−17
17.5000	17.5	18

4) 0.5 单位修约与 0.2 单位修约

在对数值进行修约时,若有必要,也可采用 0.5 单位修约或 0.2 单位修约。

(1) 10.5 单位修约(半个单位修约)

0.5 单位修约是指按指定修约间隔对拟修约的数值 0.5 单位进行的修约。

0.5 单位修约方法如下:将拟修约数值 X 乘以 2,按指定修约间隔对 $2X$ 依 2)进舍规则的规定修约,所得数值($2X$ 修约值)再除以 2。

例:将下列数字修约到"个"数位的 0.5 单位修约(表 1-6)。

表 1-6

拟修约数值 X	$2X$	$2X$ 修约值	X 修约值
60.25	120.50	120	60.0
60.38	120.76	121	60.5
60.28	120.56	121	60.5
−60.75	−121.50	−122	−61.0

(2) 0.2 单位修约

0.2 单位修约是指按指定修约间隔对拟修约的数值 0.2 单位进行的修约。

0.2 单位修约方法如下:将拟修约数值 X 乘以 5,按指定修约间隔对 $5X$ 依 2)的进舍规定修约,所得数值($5X$ 修约值)再除以 5。

例:将下列数字修约到"百"数位的 0.2 单位修约(表 1-7)。

表 1-7

拟修约数值 X	$5X$	$5X$ 修约值	X 修约值
830	4150	4200	840
842	4210	4200	840
832	4160	4200	840
−930	−4650	−4600	−920

3. 近似数运算

又称数字运算,如对测量结果进行加、减、乘、除、开方、乘方、三角函数运算等。运算时必须注意有效数字。

1) 加减运算

近似数的加减,以小数点后位数最少的为准,其余各数均修约成比该数多一位,计算结果的小数位数与最少的位数相同。

例:$28.1+14.54+3.0007$

$\approx 28.1+14.54+3.00$(比"28.1"的位数多一位进行修约)

$=45.64$(计算结果)

≈ 45.6(修约成与"28.1"相同位数)

2) 乘除运算

近似数的乘除运算,以有效位数最少的为准,其余各数修约成比该数多一个有效数字,计算结果的有效数字位数与有效位数最少的数相同,而与小数点位置无关。

例 1:$2.3847 \times 0.76 \div 41678$

$\approx 2.38 \times 0.76 \div (4.17 \times 10^{4})$

$=4.33764988 \times 10^{-5}$

$\approx 4.3 \times 10^{-5}$

例2：已知圆半径 $R=3.145$，求周长 C。

$$C=2\times 3.1416\times 3.145$$
$$=19.760664$$
$$\approx 19.76$$

3）综合运算

例：$2.0\times 10^4+15000\times 2.5$

解：[分析]先乘除后加减

$$2.0\times 10^4+15000\times 2.5$$
$$=2.0\times 10^4+150\times 10^2\times 2.5$$
$$=2.0\times 10^4+375\times 10^2$$
$$=2.0\times 10^4+3.75\times 10^4$$
$$=5.75\times 10^4$$
$$\approx 5.8\times 10^4$$

4. 极限数值的判定方法与修约

1）书写极限数值的一般原则

(1) 标准(或其他技术规范)中规定考核的以数量形式给出的指标或参数等，应当规定极限数值。极限数值表示符合该标准要求的数值范围的界限值，它通过给出最小极限值和(或)最大极限值，或给出基本数值与极限偏差等方式表示。

(2) 标准中极限数值的表示形式及书写位数应适当，其有效数字应全部写出。书写位数表示的精确程度应能保证产品或其他标准化对象应有的性能和质量。

2）表示极限数值的用语

(1) 基本用语

表达极限数值的基本用语及符号见表1-8。

表 1-8 表达极限数值的基本用语及符号

基本用语	符号	特定情形下的基本用语及符号			注
大于 A	$>A$		多于 A	高于 A	测定值或计算值恰好为 A 值时不符合要求
小于 A	$<A$		少于 A	低于 A	测定值或计算值恰好为 A 值时不符合要求
大于或等于 A	$\geqslant A$	不小于 A	不少于 A	不低于 A	测定值或计算值恰好为 A 值时符合要求
小于或等于 A	$\leqslant A$	不大于 A	不多于 A	不高于 A	测定值或计算值恰好为 A 值时符合要求

注：A 为极限数值；允许采用以下习惯用语表达极限数值：①"超过 A"指数值大于 $A(>A)$；②"不足 A"指数值小于 $A(<A)$；③"A 及以上"或"至少 A"指数值大于或等于 $A(\geqslant A)$；④"A 及以下"或"至多 A"指数值小于或等于 $A(\leqslant A)$。

例1：钢中磷的残量 $\leqslant 0.035\%$，$A=0.035\%$。

例2：钢丝绳抗拉强度 $\geqslant 22\times 10^2$ MPa，$A=22\times 10^2$ MPa。

基本用语可以组合使用，表示极限范围。

对特定的考核指标 X，允许采用下列用语和符号(表1-9)。统一标准中一般只应使用一种符号表示。

表 1-9 对特定的考核指标 X，允许采用的表达极限数值的组合用语及符号

组合基本用语	组合允许用语	符号		
		表示方式Ⅰ	表示方式Ⅱ	表示方式Ⅲ
大于或等于 A 且小于或等于 B	从 A 到 B	$A \leqslant X \leqslant B$	$A \leqslant \cdot \leqslant B$	$A \sim B$
大于 A 且小于或等于 B	超过 A 到 B	$A < X \leqslant B$	$A < \cdot \leqslant B$	$>A \sim B$
大于或等于 A 且小于 B	至少 A 不足 B	$A \leqslant X < B$	$A \leqslant \cdot < B$	$A \sim <B$
大于 A 且小于 B	超过 A 不足 B	$A < X < B$	$A < \cdot < B$	

（2）带有极限偏差值的数值

① 基本数值 A 带有绝对极限上线偏差值 $+b_1$ 和绝对极限下线偏差值 $-b_2$，指从 $A-b_2$ 到 $A+b_1$ 符合要求，记为 $A_{-b_2}^{+b_1}$。

注：当 $b_1=b_2=b$ 时，$A_{-b_2}^{+b_1}$ 可简记为 $A\pm b$。

例：80_{-1}^{+2} mm，指 $79\sim 82$ mm 符合要求。

② 基本数值 A 带有相对极限上线偏差值 $+b_1\%$ 和相对极限下线偏差值 $-b_2\%$，指实测值或其计算值 R 对于 A 的相对偏差值 $[(R-A)/A]$ 从 $-b_2\%$ 到 $+b_1\%$ 符合要求，记为 $A_{-b_2}^{+b_1}\%$。

注：当 $b_1=b_2=b$ 时，可简记为 $A(1\pm b\%)$。

例：$510\Omega(1\pm 5\%)$，指实测值或计算值 $R(\Omega)$ 对于 510Ω 的相对偏差值 $[(R-510)/510]$ 从 -5% 到 $+5\%$ 符合要求。

③ 对基本数值 A，若极限上线偏差值 $+b_1$ 和（或）极限下线偏差值 $-b_2$ 使得 $A+b_1$ 和（或）$A-b_2$ 不符合要求，则应附加括号，写成 $A_{-b_2}^{+b_1}$（不含 b_1 和 b_2）、$A_{-b_2}^{+b_1}$（不含 b_1）、$A_{-b_2}^{+b_1}$（不含 b_2）。

例 1：80_{-1}^{+2}（不含 2）mm，指从 79mm 到接近但不足 82mm 符合要求。

例 2：$510\Omega(1\pm 5\%)$（不含 5%），指实测值或其计算值 $R(\Omega)$ 对于 510Ω 的相对偏差值 $[(R-510)/510]$ 从 -5% 到接近但不足 $+5\%$ 符合要求。

3）测定值或其计算值与标准规定的极限数值作比较的方法

（1）总则

① 判定测定值或其计算值是否符合标准要求时，应将测试所得的测定值或其计算值与标准规定的极限数值作比较，比较的方法可采用全数值比较法和修约值比较法。

② 当标准或有关文件中，若对极限数值（包括带有极限偏差的数值）无特殊规定时，均应使用全数值比较法。如规定采用修约值比较法，应在标准中加以说明。

③ 若标准或有关文件规定了使用其中一种比较方法时，一经确定，不得改动。

（2）全数值比较法

将测试所得的测定值或计算不经修约处理（或虽经修约处理，但应标明它是经舍、进或未进未舍而得），用该数值与规定的极限数值作比较，只要超出极限数值规定的范围（不论超出程度大小），都判定为不符合要求，示例见表 1-10。

（3）修约值比较法

① 将测定值或其计算值进行修约，修约数位应与规定的极限数值数位一致。当测试或

计算精度允许时,应先将获得的数值按指定的修约数位多一位或几位报出,然后按 2)进舍规则的程序修约至规定的数位。

② 将修约后的数值与规定的极限数值进行比较,只要超出极限数值规定的范围(不论超出程度大小),都判定为不符合要求,示例见表 1-10。

表 1-10 全数值比较法和修约值比较法的示例与比较

项 目	极限数值	测定值或计算值	按全数值比较法是否符合要求	修约值	按修约值比较法是否符合要求
中碳钢抗拉强度/MPa	≥14×100	1349	不符合	13×100	不符合
		1351	不符合	14×100	符合
		1400	符合	14×100	符合
		1402	符合	14×100	符合
NaOH 的质量分数/%	≥97.0	97.01	符合	97	符合
		97	符合	97	符合
		96096	不符合	97	符合
		96094	不符合	96.9	不符合
中碳钢硅的质量分数/%	≤0.5	0.452	符合	0.5	符合
		0.5	符合	0.5	符合
		0.549	不符合	0.5	符合
		0.551	不符合	0.6	不符合
中碳钢锰的质量分数/%	1.2~1.6	1.151	不符合	1.2	符合
		1.2	符合	1.2	符合
		1.649	不符合	1.6	符合
		1.651	不符合	1.7	不符合
盘条直径/mm	10.0±0.1	9.89	不符合	9.9	符合
		9.85	不符合	9.8	不符合
		10.1	符合	10.1	符合
		10.16	不符合	10.2	不符合
盘条直径/mm	10.0±0.1（不含 0.1）	9.94	符合	9.9	不符合
		9.96	符合	10	符合
		10.06	符合	10.1	不符合
		10.05	符合	10	符合
盘条直径/mm	10.0±0.1（不含+0.1）	9.94	符合	9.9	符合
		9.86	不符合	9.9	不符合
		10.06	符合	10.1	不符合
		10.05	符合	10	符合
盘条直径/mm	10.0±0.1（不含-0.1）	9.94	符合	9.9	不符合
		9.86	不符合	9.9	不符合
		10.06	符合	10.1	符合
		10.05	符合	10	符合

注:表中的示例并不表明这类极限数值都应采用全数值比较法或修约值比较法。

(4) 两种判定方法的比较

对测定值或计算值与规定的极限数值在不同情形用全数值比较法和修约值比较法的比较结果的示例见表 1-10。对同样的极限数值,若其本身符合要求,则全数值比较法比修约值比较法相对严格。

1.3.7 与实验有关的注意事项

1. 实验前

（1）所有进入实验室的人员要严格遵守实验室的规章制度，未经批准不得带无关人员进入实验室。

（2）实验前做好预习，熟悉实验内容，明确实验目的、要求、方法及有关注意事项。

（3）发现设备仪器或环境有安全隐患时，应及时向任课教师或实验室安全负责人报告。

（4）不得携带与实验内容无关的物品进入实验室。

2. 实验中

（1）实验室内保持整洁、安静、严肃，严禁吸烟和饮食。

（2）进行混凝土成型或与水泥等粉末材料有关的实验，应穿戴基本的防护设备，如防护服、口罩、手套等。

（3）使用试验机等机械设备，需严格按规程操作，注意量程和精度，不得超载、超时。

（4）凡有危险性的实验必须在实验室教师或实验技术人员的监护下进行，不得随意操作。

（5）仪器设备发生故障和损坏，应首先切断电源，停止实验，立即向指导教师报告。

（6）进行危险性实验（如高温、高压、高速运转等）时必须有两人在场，实验时不能脱岗。

（7）能适当定义每批次实验样品和参照物的识别信息应被列明，包括批次号、纯度、成分、浓度以及其他特性。

（8）根据实验要求，认真记录实验数据。

3. 实验后

（1）实验室内所有仪器设备、实验材料为实验教学与科研活动所用，未经批准禁止带出实验室。

（2）保持实验室清洁和整齐。废纸屑、残渣等固体废物应丢入废物桶内，废液应倒在指定的废液缸中，严禁倒入水槽内，以防水槽和水管堵塞或腐蚀。

（3）实验课结束后将仪器设备、实验用品及场地整理复原，填写仪器设备使用登记表，然后打扫卫生，经指导教师检查合格后方可离开实验室。

（4）实验者离开时要切断所有仪器（冰箱、恒温箱及提前说明的除外）的电源，关闭水源和各室门窗及消防通道的门。填写离开时间及离开实验室时的水、电、门窗记录后，方可离开实验室。

（5）实验后应请指导教师检查实验数据。实验课后，理论联系实际，认真处理数据，分析问题，整理并提交实验报告。

1.4 问题与讨论

（1）土木工程类实验相较于其他学科的实验有哪些特点？

（2）系统误差有哪几种分类？每种误差如何消除？

（3）请描述最小二乘法的定义及基本原理。

第2章

土木工程测量智能实验

2.1 水准仪的认识与普通水准测量

2.1.1 实验目的

了解自动安平水准仪的基本结构,熟悉其主要部件的名称及作用;掌握自动安平水准仪的主要操作步骤;掌握普通水准测量的施测、记录、计算、闭合差调整及高程计算方法。

2.1.2 实验原理和依据

水准测量的原理是利用水准仪提供的水平视线,通过水准尺上的读数,采用计算方法,测定两点的高差,从而由一点的已知高程推算另一点的高程。

本实验参照《建筑变形测量规范》(JGJ 8—2016)、《工程测量标准》(GB 50026—2020)进行。

2.1.3 实验设备和材料

(1) 自动安平水准仪:千米往返高差中数偶然中误差≤3mm;
(2) 三脚架;
(3) 玻璃钢条码标尺;
(4) 尺垫;
(5) 钢钎。

2.1.4 实验内容和步骤

1. 水准仪的认识和使用

(1) 安置仪器:将三脚架平稳张开,调节适中高度,三脚架承台应目测呈水平状态。开箱取出仪器,将其与三脚架连接螺旋牢固拧紧。

(2) 认识仪器各部件的名称、功能和使用方法。准确指出仪器的主要部件:准星和照门、目镜调焦螺旋、物镜调焦螺旋、水平微动螺旋、脚螺旋、圆水准器等。将部件名称和主要作用记录到相关表格。

(3) 粗略整平(简称粗平):首先将水准仪的视准轴转动到与任一对脚螺旋连线平行的位置。用双手同时向内(或向外)旋转这对脚螺旋,使圆水准器气泡移动到中间;然后将水准仪视准轴转动到与这对脚螺旋垂直的位置,再转动第三只脚螺旋使气泡居中。重复上述步骤,直到水准仪视准轴转到任意位置时气泡均居中为止。

(4) 瞄准:转动目镜调焦螺旋,使目镜上的十字丝清晰;转动仪器,用准星和照门瞄准远处的水准尺;转动微动螺旋,使水准尺边缘位于物镜中央,并保持与竖丝重合或平行;转动物镜调焦螺旋,使水准尺清晰,注意消除视差。

(5) 读数:用十字丝横丝(中丝)在水准尺上读取四位数字(精确到 mm)并记录。

2. 两次仪器高法

(1) 选一开阔场地,其中一点作为已知高程点 A(高程假定为 $H_A=100.000\text{m}$),另分别选定 B、C、D、E 四个坚实点作为待测高程点,并组成一条闭合水准路线 $A—B—C—D—E—A$。

(2) 安置水准仪于 A 点和待测水准点 B 大致等距离处,进行粗平、瞄准和对焦,如图2-1所示。

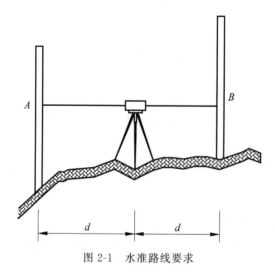

图2-1 水准路线要求

(3) 瞄准后视水准尺 A,气泡居中时读取后视读数 a,记入手簿;转动照准器瞄准前视水准尺 B,气泡居中时读取前视读数 b,记入手簿。通过式(2-1)计算两点间高差 h_{AB}。

$$h_{AB}=a-b \tag{2-1}$$

(4) 按照上述步骤依次设站并观测,最后测至 A 点,形成一条闭合水准路线。

(5) 计算高差闭合差 f_h,并判定闭合差 f_h 是否符合容许闭合差要求。

(6) 如果符合限差要求,则将闭合差 f_h 分配改正,求出改正后各待测点的高程。

(7) 如果闭合差 f_h 超限,则寻找原因,并重新测量。

3. 实验注意事项

(1) 操作前,组长应召集组员认真学习并理解任务书的要求和实验内容,并制订具体实验计划。

(2) 领取实验仪器时,应清点数量、检查仪器(外观和部件)是否有损坏之处。一旦签字领取,借出的仪器将被视为外观及性能均完好。

(3) 归还仪器时,应按照领取时的状况归还实验室。如发现仪器损坏、丢失,将追究相关责任,并可能承担相关维修费用或赔偿损失的经济责任。

(4) 三脚架应确保安置稳妥后,才能安置水准仪并牢固连接于脚架的承台,防止仪器摔落。

(5) 调节各种螺旋应注意力度,仪器操作时切勿用力过猛,脚螺旋、水平微动螺旋等均有一定的调节范围,使用时不应超出可调节范围。

(6) 选择好测站和待测点的位置,尽量避开人流和车辆的干扰。

(7) 掌握完整、正确的操作方法,仪器操作练习环节应依次轮流进行,每次只能一人操作仪器。每位同学完成操作后,应将仪器放回保护箱,并将脚架收拢放好,才轮到下一位同学练习,重要上述步骤。

(8) 读数前、后均应检查圆水准器气泡是否居中,若不居中则必须重新调整仪器水平后再读取数值。

2.1.5 实验结果处理

(1) 复核记录与计算的数据;计算测量高差闭合差;计算高差改正数与各点的高程。

(2) 高差闭合差限差公式:

$$[f_h] = \pm 12\sqrt{n} \quad 适用于山地 \tag{2-2}$$

$$[f_h] = \pm 40\sqrt{L} \quad 适用于平地 \tag{2-3}$$

式中:n——水准路线测站数总和;

L——水准路线的长度总和(km)。

2.1.6 问题与讨论

(1) 什么是水准点?什么是水准路线?

(2) 水准测量的成果整理内容有哪些?

2.2 全站仪的认识与水平角测量

2.2.1 实验目的

了解全站仪的构造与使用方法,各部件的名称和作用;了解全站仪角度、距离测量程序的应用及参数的设置;掌握测回法观测水平角的观测步骤、计算及成果校核方法;掌握方向法观测水平角的操作顺序、记录及计算方法。

2.2.2 实验依据

本实验参照《建筑变形测量规范》(JGJ 8—2016)、《工程测量标准》(GB 50026—2020)进行。

2.2.3 实验设备和材料

(1) 全站仪：标称精度为 $2''$，$2mm+2ppm$（$1ppm=10^{-6}$）；
(2) 三脚架；
(3) 棱镜组及脚架；
(4) 钢卷尺。

2.2.4 实验内容和步骤

1. 全站仪的认识和使用

(1) 地面上选择坚固平坦的区域，用记号笔在地面上画"十"字符号，十字线交点作为测站中心点。光学对中（对中误差≤1mm）。一般分以下两步进行：①粗对中。先将三脚架安置在测站中心点上方，并使三脚架头大致水平，安置仪器。双手轻握三脚架，眼睛同时观察光学对中器并缓慢平移三脚架，使脚架中心准确对准测站中心点，然后将三脚架脚尖轻轻踩入土中固定。②精对中。稍微松开连接螺旋，移动（仪器）基座，使仪器中心精确对准测站中心点，再拧紧连接螺旋。选择激光对中时，步骤和光学对中相同。

(2) 全站仪整平也分两步进行：①粗平。分别调整（仪器）基座的 3 个脚螺旋使基座的圆水准器气泡居中，此时，位于水平度盘上的管水准器并不一定水平（气泡不居中），因此还要进行精平。②精平。调节基座 3 个脚螺旋使管水准器气泡居中。具体操作如下：转动照准部，使管水准器轴线与任意两个脚螺旋连线平行，双手以同内（或同外）方向同时旋转这两个脚螺旋，使管水准器气泡居中（气泡移动方向与左手大拇指运动方向一致）。再将照准部旋转 $90°$，调节第 3 个脚螺旋使管水准器气泡居中。反复以上操作，至气泡在任何方向均居中为止。

(3) 若整平后发现对中有偏差，松开中心连接螺旋，移动照准部再对中，拧紧连接螺旋后仍需重新整平仪器，这样反复几次，方可完成对中整平。

(4) 瞄准：用望远镜上的粗瞄器瞄准目标，使目标位于视场内，旋紧望远镜和照准部的制动螺旋；转动望远镜的目镜调焦螺旋，使十字丝清晰；转动物镜调焦螺旋，使目标影像清晰；转动望远镜和照准部的微动螺旋，使目标被十字丝的纵丝单丝平分，或被双根纵丝夹在中央。

(5) 读数：将测量模式设置为角度、距离、坐标任一模式，直接从显示屏上读取读数即可。

(6) 认识仪器各部件的名称、功能和使用方法。准确指出仪器的主要部件：准星和照门、目镜调焦螺旋、物镜调焦螺旋、水平微动螺旋、脚螺旋、圆水准器等。将部件名称和主要作用记录到相关表格。

2. 测回法测量水平角

(1) 在地面上选取彼此相距 20～30m 并相互通视的 3 个点，顺时针标记为点 A、B、C，形成一个 $\triangle ABC$。然后分别用钢钉或记号笔在地面画十字标记各点位置。

(2) 按照测回法要求和步骤，分别以 A、B、C 点为测站，注意全站仪的对中和整平。然后依次观测 $\triangle ABC$ 的 3 个内角 $\angle CAB$、$\angle ABC$、$\angle BCA$。每个内角均观测两测回，各测回的盘左起始读数分别设为 $00°00'00''$ 和 $90°00'00''$。

（3）水平角观测：①上半测回（盘左/正镜）。照准左侧目标点，然后设置水平度盘初始读数并记录。顺时针旋转照准部照准右侧目标点，读取并记录水平度盘读数，计算上半测回水平角值。②下半测回（盘右/倒镜）。照准右侧目标点，读取水平度盘读数，逆时针旋转照准部照准左侧目标点，读取并记录水平度盘读数，计算下半测回水平角值。③检验上、下半测回角值互差，并计算测回角值。

（4）分别以 A、B、C 作为测站，重复步骤（3），依次观测 $\triangle ABC$ 的 3 个内角 $\angle ABC$、$\angle BCA$、$\angle CAB$。

（5）完成第 1 测回的 3 个内角观测后，进入第 2 测回的观测工作。观测步骤与第 1 测回基本相同。但要注意，第 2 测回的盘左起始读数应设为 $90°00'00''$。

3. 方向观测法测量水平角

（1）在开阔地面选定某点 O 为测站点，用钢钎或记号笔桩定 O 点位置。然后在附近任选 4 个相互能通视的目标点 A、B、C 和 D（各点间隔 $10\sim 20\mathrm{m}$），分别用钢钎或记号笔桩定各目标点。

（2）在测站点 O 上安置仪器，并精确对中、整平。

（3）盘左（上半测回）：精确瞄准起始方向 A，将水平度盘读数"置零"，并记入测量手簿。顺时针旋转照准部依次瞄准 B、C、D 各方向，并分别读取和记录各目标点水平度盘读数。最后再测回起始方向 A（此步骤称为"归零"），并将水平度盘读数记入手簿。检查半测回归零差是否超限。

（4）盘右（下半测回）：仪器换成盘右状态，逆时针顺序依次瞄准 A、D、C、B、A 各方向，分别读取各目标方向的水平度盘读数并记入测量手簿。同时，检查半测回归零差是否超限。

（5）计算同一方向 $2C$（两倍照准差）。

（6）进行第 2 测回工作，第 2 测回盘左起始读数应调整为 $90°00'00''$，其余步骤与上述（3）~（5）基本相同。

4. 实验注意事项

（1）任何情况下，都应注意保障人身及仪器、设备安全。

（2）操作前，组长应召集组员认真学习并理解任务书的要求和实验内容，并制订具体实验计划。

（3）以组为单位领取实验仪器，各组应清点数量、检查仪器（外观和部件）是否有损坏之处。一旦签字领取，借出的仪器将被视为外观及性能均完好。

（4）三脚架应确保稳妥后，才能安置仪器并牢固连接于脚架的承台，防止仪器摔落。

（5）调节各种螺旋应注意力度，仪器操作时切勿用力过猛，脚螺旋、水平微动螺旋等均有一定的调节范围，使用时不应超出可调节范围。

（6）选择好测站和待测点的位置，尽量避开人流和车辆干扰。

（7）读数前、后均应检查管水准器气泡是否居中，若不居中则须重新调整仪器水平后再测量。

（8）水平角观测时，同一测回内，照准部水准管偏移不得超过一格。否则，需要重新整平仪器进行本测回的观测。

（9）对中、整平仪器后，进行同一测回观测，期间不得再整平仪器。某测回观测完毕后，可以重新对中、整平仪器，再进行第 2 测回观测。

2.2.5 实验结果处理

1. 测回法成果检核

（1）主要检验指标：上下半测回角值互差；同一角值各测回互差；观测值的三角形内角和与理论值(180°)之互差。

（2）精度要求：上下半测回角值互差不得超过±40″；各测回角值互差不得超过±24″；观测值的三角形内角和与理论值(180°)互差不得超过±40″。

2. 方向观测法成果校核

（1）主要检验指标：半测回归零差、各测回方向值互差、2C 的互差。

（2）精度要求：半测回归零差不应超过±18″，各测回方向值互差不应超过±24″，2C 的互差不应超过±18″。

2.2.6 问题与讨论

（1）某水平角观测 3 个测回时，各测回理论起始读数分别是多少？

（2）什么叫归零、归零差和 2C 值？2C 值如何计算？可用什么方法消除 2C 的影响？

2.3 全站仪的平面坐标测量

2.3.1 实验目的

了解全站仪的构造与使用方法以及各部件的名称和作用；了解全站仪坐标测量程序的应用及参数设置；掌握全站仪进行平面坐标测量的基本步骤和方法。

2.3.2 实验依据

本实验参照《建筑变形测量规范》(JGJ 8—2016)、《工程测量标准》(GB 50026—2020)进行。

2.3.3 实验设备和材料

（1）全站仪：标称精度为 2″,2mm+2ppm；

（2）三脚架；

（3）棱镜组及脚架；

（4）钢卷尺。

2.3.4 实验内容和步骤

（1）首先从显示屏上确定是否处于坐标测量模式，如果不是，则按操作键将测量功能转换为坐标测量模式。

(2) 在目标点 O 上安置仪器,对中、整平。棱镜竖立在待测点 B_i 上。用钢卷尺分别量取仪器中心高度(简称仪器高)、棱镜中心高度(简称目标高)。然后,在主菜单"测站设置"里分别输入测站点 O 坐标($x_0=100.00$, $y_0=100.00$)、仪器高和目标高。目标点和待测点如图 2-2 所示。

(3) 在主菜单中选择"后视定向"中的"输入坐标"选项,输入后视点 A_i 坐标($x_{A_i}=100.00+OA_i$ 水平距离, $y_{A_i}=100.00$)。转动望远镜瞄准目标点 A_i,按下"观测"键,再按"停止"键,仪器会自动反算出直线 OA_i 的后视坐标方位角。在屏幕中选择"后视定向"后即完成仪器的全部设置。

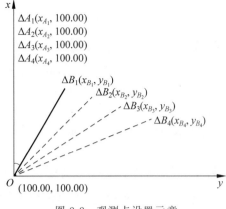

图 2-2 观测点设置示意

(4) 转动望远镜瞄准待测目标点 B_i 的棱镜中心,这时显示屏上能显示箭头前进的动画,前进结束则完成坐标测量,从屏幕上读取待测点 B_i 的平面坐标并记入测量手簿。

2.3.5 实验结果处理

(1) 记录目标点 B_i 的平面坐标观测值和距离。

(2) 通过点位间的几何尺寸关系,计算理论坐标值,并与实测坐标值进行校验。

2.3.6 问题与讨论

简述全站仪坐标测量的方法和步骤。

2.4 GNSS 控制测量数据采集与处理基础实验

2.4.1 实验目的

了解卫星定位测量原理;认识 GNSS 接收机构造及各部件功能,练习 GNSS 接收机使用方法。

2.4.2 实验原理和依据

GNSS 是全球导航卫星系统(global navigation satellite system)的简称,我们熟知的 GPS 就属于 GNSS,GPS 是美国的导航卫星,除此之外还有欧洲的伽利略导航卫星系统(GALILEO)、俄罗斯的格洛纳斯导航卫星系统(GLONASS)以及我国的北斗导航卫星系统(BDS),这些导航卫星系统工作原理大体相同,就是向外太空施放数颗卫星,分布在立体空间的不同位置,通过接收机接收到每个卫星发射出的信号的时间差,就能计算出接收机与每个卫星的距离,知道接收机与至少三颗卫星的距离后,通过三角定位测量法,就可以计算出接收机的三维位置。

本实验参照《全球定位系统(GPS)测量规范》(GB/T 18314—2009)、《卫星定位城市测量技术标准》(CJJ/T 73—2019)、《全球定位系统实时动态测量(RTK)技术规范》(CH/T

2009—2010)进行。

2.4.3 实验设备和材料

（1）GPS 接收机（含基座），其技术条件应符合现行国家标准《全球定位系统（GPS）测量规范》（GB/T 18314—2009）的规定；

（2）脚架；

（3）小钢尺、计算机、数据传输软件、数据处理软件、数据传输线、铅笔。

2.4.4 实验内容和步骤

（1）架设基准站，接收连续运行 GPS 定位服务系统（continuous operational reference system，CORS）差分信号时不需要架设基准站。

（2）在空旷无遮挡的实验现场安置 GPS 接收机天线、天线连接、电源连接和手簿连接等测量准备工作。

（3）连接并设置移动站，使移动站接收到基准站的差分数据，并达到固定解。

（4）移动站到测区已知点上测量出固定解状态下的已知点原始 WGS-84 坐标，根据已知点的原始坐标和当地坐标求解出两个坐标系之间的转换参数，并应用。

（5）到另一个已知点，检查转换为当地坐标后是否正确。

（6）开始作业。如果基准站重新开机或位置挪动后，移动站需进行基站平移校准，利用标记点校正。

（7）做好观测期间的数据记录工作。

（8）采集时间到，数据采集工作结束，收拾仪器进行下一测量点的数据采集工作。

（9）重复上述步骤，直至外业观测结束。

（10）导出需要格式的数据文件。

2.4.5 问题与讨论

（1）GNSS 外业测量工作时需注意什么？

（2）GNSS 观测记录主要包括什么内容？

2.5 利用 RTK 进行平面坐标测量和施工放样

2.5.1 实验目的

了解 GNSS-RTK 的工作原理；掌握利用 RTK 进行平面坐标测量；掌握利用 RTK 进行工程放样的过程。

2.5.2 实验原理和依据

1. 实验原理

实时动态测量（real-time kinematic，RTK）技术又称载波相位差分技术，修正法和差分法是载波相位差分中的两种方法。作业原理是，基准站接收机架设在已知或未知坐标的参考点上,连续接收所有可视 GNSS 卫星信号;基准站将测站点坐标、伪距观测值和载波相位观测值、卫星跟踪状态和接收机工作状态等通过无线数据链发送给移动站;移动站先进行初始化,完成整周未知数的搜索求解后,进入动态作业。

移动站在接收来自基准站的数据时,同步观测采集 GNSS 卫星载波相位数据,通过系统内差分处理求解载波相位整周模糊度,根据移动站和基准站的相关性得出移动站的平面坐标和高程。

2. 相关标准

本实验参照《全球定位系统(GPS)测量规范》(GB/T 18314—2009)、《卫星定位城市测量技术标准》(CJJ/T 73—2019)、《全球定位系统实时动态测量(RTK)技术规范》(CH/T 2009—2010)进行。

2.5.3 实验设备

GNSS 接收机和流动站、配套的解算软件系统。

2.5.4 实验内容和步骤

(1) 架设基准站和流动站。GNSS 接收机接收卫星信号,将接收到的差分信号通过电台发射给流动站。

(2) 电台数据发射的距离取决于电台天线架设的高度与电台发射功率。

(3) 使用手簿与接收机连接,并对基准站进行参数设置。

(4) 选择"测量"模块,RTK 模式,选择"测量点",进行单点测量。

(5) 选择"放样"模块,对已知点坐标进行放样,根据手簿的提示移动流动站,直到找到所需点位为止。

2.5.5 问题与讨论

(1) 思考 RTK 技术的应用前景。

(2) 思考 RTK 技术与传统放样的区别。

2.6 遥感测绘的应用实验

2.6.1 实验目的

通过对遥感图像处理系统软件的学习和实习操作,了解遥感图像处理的基本原理、流程以及软件系统的基本构成和功能,加深对所学课程原理的理解,为从事相关项目的研究和开发奠定基础。

2.6.2 实验原理和依据

遥感技术是从人造卫星、飞机或其他飞行器上收集地物目标的电磁辐射信息,判认地球环境和资源的技术。

本实验参照《城市遥感信息应用技术标准》(CJJ/T 151—2020)进行。

2.6.3　实验设备和材料

遥感图像处理系统软件、遥感图像资料。

2.6.4　实验内容和步骤

（1）练习遥感图像的输入，输出图像的格式转换。

（2）波段组合及图像显示。

（3）在遥感图像处理系统软件中，将多波段遥感图像的若干单波段遥感图像文件组合生成一个多波段遥感图像文件。

（4）对于无地理基准参考信息的遥感图像，需要修改参考与地理有关的信息，如投影信息、统计信息、显示信息等。

（5）改变红、绿、蓝通道对应的多波段图像通道号，观测图像的彩色信息变化。

2.6.5　问题与讨论

思考不同的波段组合方式发生彩色信息变化的原因。

2.7　遥感图像镶嵌

2.7.1　实验目的

了解遥感图像镶嵌的原理和方法；掌握在遥感图像处理软件中遥感图像镶嵌的流程和操作；理解遥感图像镶嵌的意义及其应用。

2.7.2　实验原理

遥感图像处理中，有时为获取更大范围的地面图像，通常需要将多幅遥感图像拼成一幅图像，这就需要使用图像镶嵌对遥感影像进行拼接操作。

遥感图像镶嵌是对若干幅互为邻接的影像通过几何镶嵌、色调调整、去重叠等处理，将具有相同地理参考多幅相邻影像合并成一幅影像的过程。需要镶嵌的影像必须含有地图投影信息，或者进行过几何校正处理或校正标定。虽然所有输入影像的像元大小可以不同，但必须具有相同的波段数。进行影像镶嵌时，需要确定一幅标准影像，并将标准影像作为输出镶嵌影像的基准，决定输出影像的对比度匹配、底图投影、像元大小和数据类型。需要注意的是，镶嵌的前提是参加拼接的图像必须具有统一的坐标系，而且必须具有重叠区域。

2.7.3　实验设备和材料

遥感图像处理软件、多波段卫星遥感图像、单波段航空遥感图像等。

2.7.4 实验内容和步骤

(1) 准备工作：首先根据研究对象和专业要求，挑选合适的遥感影像，镶嵌时，尽可能选择成像时间和成像条件接近的遥感影像，以减轻后续的色调调整工作。

(2) 数据预处理：主要包括几何校正、辐射校正、去条带和斑点等。

(3) 确定实施方案：首先确定标准像幅，一般位于研究区中央，其次确定镶嵌顺序，即以标准像幅为中心，由中央向四周逐步进行。

(4) 重叠区确定：遥感影像镶嵌主要是基于相邻影像的重叠区，无论是色调调整，还是几何拼接，都是将重叠区作为基准进行的，其准确与否直接影响镶嵌效果。

(5) 加载数据：使用遥感图像处理软件添加需要镶嵌的影像数据，如图 2-3 所示。

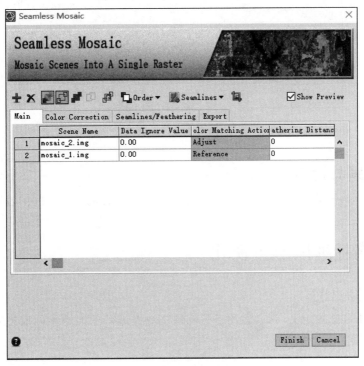

图 2-3　加载遥感数据界面

(6) 匀色处理：是遥感影像镶嵌技术中的一个重要环节，不同时相或者成像条件存在差异的影像，由于影像辐射水平不一样，影像亮度差异较大，若不进行色调调整，镶嵌后的影像即使几何位置很精确，也会由于色调不同难以满足应用需求。匀色方法可选重叠区直方图匹配和整景影像直方图匹配。

(7) 影像拼接：在对已经确定的重叠区进行色调调整后，在相邻两幅影像的重叠区内找到一条接边线，可使用软件自动生成接边线，再自行手动调整，接边线的质量直接影响拼接影像的效果。拼接后，需要在重叠区进行色调平滑，这样才能使镶嵌影像无缝存在。

(8) 输出结果：选择镶嵌结果的输出参数设置及输出路径(图 2-4)，单击"Finish"执行镶嵌。

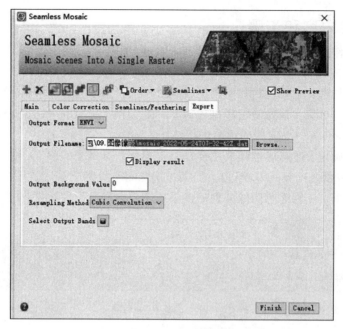

图 2-4 输出参数参考设置面板

2.7.5　问题与讨论

尝试使用不同采样方法进行操作，并对比几种方法得到的结果之间的差别。

2.8　遥感三维地形可视化

2.8.1　实验目的

了解 DEM 数据的定义，学会运用遥感软件将数据进行三维地形可视化显示，掌握解决具体问题的实际工作能力。

2.8.2　实验原理

数字高程模型(digital elevation model，DEM)是用一组有序数值阵列形式表示地面高程的一种实体地面模型。DEM 除了包括地面高程信息外，可以派生地貌特性，包括坡度、坡向、阴影地貌图、地表曲率等；可以计算地形特征参数，包括山峰、山脊、平原、位面、河道和沟谷等；作为通视域分析和三维地形可视化的基础数据。

ENVI(the environment for visualizing images)是由遥感领域科学家采用 IDL(interactive data language)开发的一套功能强大的遥感图像处理软件。它是以快速、便捷、准确地从地理空间图像中提取信息的软件解决方案，提供先进的、人性化的使用工具方便用户读取、准备、探测、分析和共享图像中的信息。ENVI 的三维可视化功能可以将 DEM 数据以网格结构(wire frame)、规则格网(ruled grid)或点的形式显示，或者将一幅图像叠加到 DEM 数据上构建简单的三维地形可视化场景。

2.8.3 实验设备和材料

遥感图像处理软件、正射影像图和响应地区的 DEM 数据。

2.8.4 实验内容和步骤

（1）分别打开 SPOT 数据和 DEM 数据。

（2）在 ENVI 的 Toolbox 中，选择/Terrain/3D SurfaceView 工具。选中 SPOT 图像文件的 RGB 三个波段，参考图 2-5 界面。

（3）在 3D SurfaceView Input Parameters 对话框中设置参数，包括 DEM 分辨率、重采样方式、绘制 DEM 最大值/最小值范围、垂直拉伸系数、图像分辨率等参数，调整数据呈现效果。图 2-6 为参考参数设置。

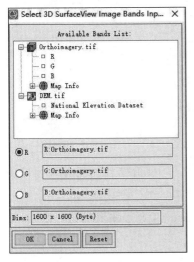
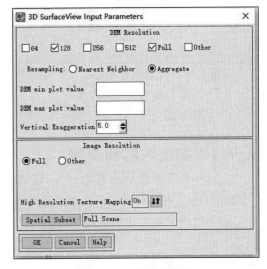

图 2-5 在 3D SurfaceView 打开 SPOT 和 DEM 数据　　图 2-6 参考参数设置

（4）单击"OK"按钮，创建三维场景。

（5）在 3D SurfaceView 窗口中，使用鼠标左键、右键拖动三维曲面交互浏览三维场景。

2.8.5 问题与讨论

谈一谈三维地形可视化的优点。

2.9 机器人测量智能化

2.9.1 实验目的

了解机器人测量智能化在建筑测量上的应用。

2.9.2 实验原理

测量机器人又称自动全站仪，是利用移动载体实现实时、自主目标测量的智能装备。测量机器人系统一般由硬件层、感知层、决策层、服务层与运动控制层五部分组成。

（1）硬件层包括移动平台、传感器模块、通信模块与计算模块，主要负责实现测量机器人的移动、数据采集与通信功能。

（2）感知层负责对传感器模块采集的各类数据进行分析，实现机器人的自主定位并建立对周围环境的认知，继而辅助决策层进行任务制定与相应的路径规划。

（3）决策层依据感知的输出信息，结合实际测量任务需求进行作业规划，同时向运动控制系统传输指令。

（4）服务层根据既定测量任务的需求，通过综合处理硬件层、感知层和决策层提供的数据及分析结果，提供目标跟踪、场景制图和变化检测等测量服务。

（5）运动控制层在获取决策层提供的指令后，计算机器人的运动控制量，实现机器人精确稳定的运动。

2.9.3　实验设备和材料

（1）三维测量机器人；

（2）手机 App 或小程序；

（3）计算机及管理系统；

（4）服务器。

2.9.4　实验内容和步骤

（1）测量员手机 App 接收任务，现场"自动调平""一键启动扫描"，在定时器的管理下周期性自动采集基准点和变形点的观测数据。

（2）数据采集完成后"一键数据上传"，随即进入下一个测站重复测量。

2.9.5　实验结果处理

（1）系统根据接收的数据，进行全自动计算。

（2）根据设置好的指标、合格标准、评分权重等进行自动分析计算，自动输出测量结果，并自动按设置好的逻辑输出各种指标分析、排名等，便于管理跟踪。

2.9.6　问题与讨论

自动采集的周期应该依据什么来确定？

2.10　无人机倾斜摄影测量

2.10.1　实验目的

了解无人机倾斜摄影测量的原理；掌握无人机倾斜摄影测量的方法。

2.10.2　实验原理和依据

在无人机平台上对多组不同角度摄影镜头进行安装，并在飞行时对垂直角度或其他倾斜角度的影像资料进行同步采集,利用图形处理软件对相关参数进行综合计算,具体包括旁向重叠、航向重叠度、坐标参数、航行速度及飞行高度等,从而有效构建三维模型,并建立具体的数字划线图。利用无人机为平台,搭载多组不同角度摄影镜头,对建筑物进行多角度影像采集,根据采集到的数据进行三维建模,真实反馈建筑物外观、位置高度等属性。

本实验参照《倾斜数字航空摄影技术规程》(GB/T 39610—2020)进行。

2.10.3 实验设备和材料

无人机、倾斜相机。

2.10.4 实验内容和步骤

1. 现场调查和资料收集

(1) 根据需要到现场勘察地形、地貌,将测区的高楼、居民楼、道路、水系、植被等分布及特征、地形类别、海拔高度等信息记录并在图上标记清楚。

(2) 调查测区范围内禁飞区,禁飞区包括政府驻地、机场及周围、军队驻地及周围等,飞行前向相关部门报备后才可进行飞行测量。

2. 编制测量航线

结合精度、范围、天气情况、测区建筑物高度合理规划飞行高度,明确航摄高度,确认航摄重叠度,明确航摄覆盖,规划出最优的测量航线。

3. 设备检查

(1) 检查计算机电量、计算机上航线、图片缓存、测区各类高度点表示图。

(2) 检查无人机电量、遥控器电量、电台电量、相机电量、飞机桨叶完好程度,各元件连接是否牢固,是否有异常发热、异常声音等情况,发现问题及时排除。

(3) 选择起飞场地,一般选平整、空旷、视野好、周围无高大建筑、无高压磁场的区域。

(4) 设置航飞参数:相机参数、等距拍照、航高、起飞速度、航线速度、执行完动作返航、航向重叠度、旁向重叠度、航线角度、边距等。

(5) 上传航线开始飞行,时刻监控飞行姿态、气象条件、相机工作状态等,做到:

① 确保飞行器和人员处于安全距离;

② 确保飞行器有足够的电量能够安全返航;

③ 应时刻清楚飞行器的姿态、飞行时间、飞行器位置等重要信息;

④ 飞行器飞行结束降落后,确保遥控器已加锁,切断飞机电源,再切断遥控器电源,然后关闭其他各类电子设备电源;

⑤ 飞行完成后检查电池电量,检查飞行器外观,检查机载设备。

2.10.5 实验结果处理

1. 数据处理

(1) 飞行完成后,需要确认无人机采集的航片有效,以免数据不可用,数据下载一般分为 POS 数据下载与影像下载,如图 2-7 所示。

(2) 利用专用软件进行数据处理,以 ContextCapture 软件为例,处理流程如下:

① 新建工程项目，依次填写项目名称与存储路径；
② 添加影像文件与 POS 数据，并检查影像文件的完整性；
③ 在 Surveys 选项卡下的控制点编辑器中导入像控点文件（txt 或 csv 格式），为避免长距离几何失真和提高控制精度，每个控制点定位 3 张以上相片；
④ 填入工作目录名称和各项参数后提交；
⑤ 激活 Engine 模块，软件自动进行空中三角测量运算；
⑥ 提交新建重建任务，在空间框架选项卡下，对模型进行分块设置；
⑦ 提交模型生产并选择模型输出格式、贴图质量、坐标系、建模范围以及输出路径。

(a) 航拍图

(b) 倾斜摄影模型漫游

(c) 倾斜摄影实施

图 2-7 倾斜摄影

2. 报告应包含但不限于下列内容：
（1）实验人员信息；
（2）被检区域信息；
（3）实验时间、环境和条件；
（4）实验数据（POS 数据及图像文件）；
（5）生成的三维模型图。

2.10.6 问题与讨论

（1）无人机倾斜摄影测量时，无人机起飞的场地一般选择什么样的区域？
（2）无人机倾斜摄影测量后，报告应包含哪些内容？

第3章

土木工程智能结构实验

3.1 钢筋混凝土梁正截面承载力实验

3.1.1 实验目的

通过实验观察适筋梁、少筋梁及超筋梁的破坏过程及破坏特征；观察适筋梁纯弯段在使用阶段的裂缝宽度及裂缝间距；实测材料强度、梁的挠度及极限荷载；比较适筋梁、少筋梁及超筋梁的破坏形态、破坏荷载及其挠度；通过实验初步了解混凝土简支梁正截面实验的一般原理和方法。

3.1.2 实验依据

《工程结构可靠性设计统一标准》(GB 50153—2008)；
《混凝土结构设计规范》(GB 50010—2010，2015年版)；
《混凝土结构通用规范》(GB 55008—2021)；
《混凝土结构试验方法标准》(GB/T 50152—2012)；
《混凝土结构现场检测技术标准》(GB/T 50784—2013)。

3.1.3 实验设备和材料

(1) 伺服控制系统：荷载量测允许误差为量程的±1.5%；
(2) 荷载传感器：精度不应低于C级；
(3) 千斤顶：油压表精度不应低于1.5级；
(4) 位移传感器：准确度不应低于1.0级，标距允许误差为±1.0%；
(5) 电阻应变片：技术等级不应低于C级，测量混凝土电阻片的长度不应小于50mm和4倍粗骨料粒径；
(6) 裂缝观测仪：测量精度不应低于0.02mm；
(7) 其他实验设备还有实验支座、反力架、分配梁、采集仪、直尺、画笔等。

3.1.4　实验内容和步骤

（1）安装实验梁,布置安装实验仪表。

（2）记录实验梁编号,量测并记录实验梁尺寸、记录实验梁配筋数量,所用材料的强度指标,位移传感器安装位置。

（3）根据实验梁的截面尺寸、配筋数量、材料强度等计算其破坏荷载值。

（4）进行预加载,检验支座是否平稳,仪表及加载设备是否正常,并对仪表设备进行调零。

（5）利用油泵对施加荷载进行控制,按计算破坏荷载值的 1/10 左右对实验梁分级加载,相邻两次加载的间隔时间为 5～10min（构件开裂前宜取标载的 5％,一直加到裂缝出现,以确定开裂荷载值）。在每级加载后的间歇时间内,认真观察实验梁上是否出现裂缝,并记录相应的裂缝位置和宽度。

（6）实验梁上发现第一条裂缝后,在实验梁表面对裂缝进行标记,并记录此时对应的荷载值。

（7）继续利用油泵对施加荷载进行控制,按计算破坏荷载值的 1/20 左右对实验梁分级加载,相邻两次加载的间隔时间为 5～10min。在每级加载后的间歇时间内,认真观察梁上原有裂缝的发展和新裂缝的出现等情况并进行标记,记录相应的裂缝位置和宽度。

（8）继续加载,当所加荷载为破坏荷载的 60％～70％时,用裂缝宽度观测仪测读最大裂缝宽度和用直尺量测裂缝间距并记录。

（9）加载至实验梁破坏。

（10）卸载。记录实验梁破坏时裂缝的分布情况。

3.1.5　实验结果处理

（1）描述实验梁破坏的全过程；

（2）绘制实验梁的荷载-挠度曲线；

（3）绘制适筋梁的裂缝开展图；

（4）求实测极限弯矩 M_u^s；

（5）绘制实验梁荷载-应变分布图。

3.1.6　问题与讨论

描述实验梁的破坏过程,确定其破坏类型为延性破坏还是脆性破坏？

3.2　钢筋混凝土梁斜截面承载力实验

3.2.1　实验目的

通过实验观察斜压、剪压和斜拉破坏过程及破坏特征；验证斜截面强度的计算方法,掌握有腹筋梁的受力模型；加深了解箍筋对梁斜截面抗剪性能的作用。

3.2.2 实验依据

《工程结构可靠性设计统一标准》(GB 50153—2008);
《混凝土结构设计规范》(GB 50010—2010,2015 年版);
《混凝土结构通用规范》(GB 55008—2021);
《混凝土结构试验方法标准》(GB/T 50152—2012);
《混凝土结构现场检测技术标准》(GB/T 50784—2013)。

3.2.3 实验设备和材料

(1) 伺服控制系统:荷载量测允许误差为量程的±1.5%;
(2) 荷载传感器:精度不应低于C级;
(3) 千斤顶:油压表精度不应低于1.5级;
(4) 位移传感器:准确度不应低于1.0级,标距允许误差为±1.0%;
(5) 电阻应变片:技术等级不应低于C级,测量混凝土电阻片的长度不应小于50mm和4倍粗骨料粒径;
(6) 裂缝观测仪:测量精度不应低于0.02mm;
(7) 其他实验设备还有实验支座、反力架、分配梁、采集仪、直尺、画笔等。

3.2.4 实验内容和步骤

进行实验前应认真阅读本实验指导书,复习课程中有关知识,了解各种测试设备和测试仪表的性能、原理、操作方法及使用时的注意事项。

实验按以下步骤进行:

(1) 在教师指导下由学生安装实验梁,布置安装实验仪表。

(2) 记录实验梁编号、测量并记录实验梁尺寸、记录实验梁配筋数量、所用材料的强度指标、位移传感器安装位置。

(3) 根据实验梁的截面尺寸、配筋数量、材料强度等计算实验梁的破坏荷载值。

(4) 进行预加载,检验支座是否平稳,仪表及加载设备是否正常,并对仪表设备进行调零。

(5) 利用油泵对施加荷载进行控制,按计算破坏荷载值的 1/10 左右对实验梁分级加载,相邻两次加载的间隔时间为 5~10min(构件开裂前宜取标载的 5%,一直加到裂缝出现,以确定开裂荷载值);在每级加载后的间歇时间内,认真观察实验梁上是否出现裂缝,并记录相应的裂缝位置和宽度。

(6) 实验梁上发现第一条裂缝后,在实验梁表面对裂缝进行标记,并记录此时对应的荷载值。

(7) 继续利用油泵对施加荷载进行控制,按计算破坏荷载值的 1/20 左右对实验梁分级加载,相邻两次加载的间隔时间为 5~10min。在每级加载后的间歇时间内,认真观察梁上原有裂缝的发展和新裂缝的出现等情况并进行标记,记录相应的裂缝位置和宽度。

(8) 继续加载,当所加荷载为破坏荷载的 60%~70%时,用裂缝宽度观测仪测读最大裂缝宽度和用直尺测量裂缝间距并记录。

(9) 加载至实验梁破坏。

(10) 卸载。记录实验梁破坏时裂缝的分布情况。

3.2.5 实验结果处理

(1) 绘制实验梁裂缝图；

(2) 绘制荷载(P)-挠度(f)曲线；

(3) 验算梁的斜截面抗剪承载力；

(4) 分析影响斜截面强度的因素。

3.2.6 问题与讨论

(1) 描述实验梁的破坏过程，确定其破坏类型为延性破坏还是脆性破坏？

(2) 简述配箍率对受弯构件斜截面承载力、挠度和裂缝宽度的影响？

3.3 回弹法检测混凝土强度

3.3.1 实验目的

掌握回弹法检测混凝土强度的实验方法；学会使用回弹仪。

3.3.2 实验原理和依据

回弹法检测混凝土强度是利用混凝土强度与表面硬度间存在的相关关系，用检测混凝土表面硬度的方法来间接检验或推定混凝土强度。回弹值的大小与混凝土表面的弹塑性值有关，其回弹值与表面硬度之间也存在相关关系，回弹值大说明表面硬度大、抗压强度越高，反之越低。由于测试方向、水泥品种、养护条件、龄期、碳化深度等不同，所测的回弹值均有所不同，应予以修正，然后再查相应的混凝土强度关系图表，推定出所测的混凝土强度。

本实验参照《回弹法检测混凝土抗压强度技术规程》(JGJ/T 23—2011)进行。

3.3.3 实验设备和材料

(1) 回弹仪。除应符合现行国家标准《回弹仪》(GB/T 9138—2015)的规定外，尚应符合下列规定：

① 水平弹击时，在弹击锤脱钩瞬间，回弹仪的标称能量应为2.207J；

② 在弹击锤与弹击杆碰撞瞬间，弹击拉簧应处于自由状态，且弹击锤起跳点应位于指针指示刻度尺上的"0"处；

③ 在洛氏硬度 HRC 为 60±2 的钢砧上，回弹仪的率定值应为 80±2；

④ 数字式回弹仪应带有指针直读示值系统，数字显示的回弹值与指针直读示值相差不应超过1。

(2) 酚酞酒精溶液：浓度为 1%～2%。

(3) 手提式砂轮。

(4) 钢砧：洛氏硬度 HRC 为 60±2。

(5) 其他：卷尺、钢尺、凿子、锤、毛刷等。

3.3.4 实验内容和步骤

1. 操作前准备

1) 回弹仪的率定实验

回弹仪在检测前后，均应在钢砧上做率定实验，并应符合以下规定：

① 率定实验应在室温为 5～35℃ 的条件下进行；

② 钢砧表面应干燥、清洁，并应稳固地平放在刚度大的物体上；

③ 回弹值应取连续向下弹击 3 次的稳定回弹结果的平均值；

④ 率定实验应分四个方向进行，且每个方向弹击前，弹击杆应旋转 90°，每个方向的回弹平均值均为 80±2。

2) 回弹仪的检定

回弹仪检定周期为半年，当回弹仪具有下列情况之一时，应由法定计量检定机构按现行行业标准《回弹仪检定规程》(JJG 817—2011)进行检定：

① 新回弹仪启用前；

② 超过检定有效期限；

③ 数字式回弹仪数字显示的回弹值与指针直读示值相差大于 1；

④ 经保养后，在钢砧上的率定值不合格；

⑤ 遭受严重撞击或其他损害。

3) 回弹仪的保养

当回弹仪存在下列情况之一时，应进行保养：

① 回弹仪弹击超过 2000 次；

② 在钢砧上的率定值不合格；

③ 对检测值有怀疑。

回弹仪的保养应按下列步骤进行：

① 先将弹击锤脱钩，取出机芯，然后卸下弹击杆，取出里面的缓冲压簧，并取出弹击锤、弹击拉簧和拉簧座。

② 清洁机芯各零部件，并应重点清理中心导杆、弹击锤和弹击杆的内孔及冲击面。清理后，应在中心导杆上薄薄涂抹钟表油，其他零部件不得抹油。

③ 清理机壳内壁，卸下刻度尺，检查指针，其摩擦力应为 0.5～0.8N。

④ 对于数字式回弹仪，还应按产品要求的维护程序进行维护。

⑤ 保养时，不得旋转尾盖上已定位紧固的调零螺丝，不得自制或更换零部件。

4) 测区与测点布置

混凝土强度可按单个构件或按批量进行检测，单个构件的检测应符合下列规定：

① 对于一般构件，测区数不宜少于 10 个。当受检构件数量＞30 个且不需提供单个构件推定强度或受检构件某一方向尺寸≤4.5m 且另一方向尺寸≤0.3m 时，每个构件的测区数量可适当减少，但应≥5 个。

② 相邻两测区的间距应≤2m，测区离构件端部或施工缝边缘的距离宜≤0.5m，且宜≥0.2m。

③ 测区宜选在能使回弹仪处于水平方向的混凝土浇筑侧面。当不能满足这一要求时，也可选在使回弹仪处于非水平方向的混凝土浇筑表面或底面。

④ 测区宜布置在构件的两个对称可测面上，当不能布置在对称的可测面上时，也可布置在同一可测面上，且应均匀分布。在构件的重要部位及薄弱部位应布置测区，并应避开预埋件。

⑤ 测区的面积宜≤$0.04m^2$。

⑥ 测区表面应为混凝土原浆面，并应清洁、平整，不应有疏松层、浮浆、油垢、涂层以及蜂窝、麻面。

⑦ 对于弹击时产生颤动的薄壁、小型构件应进行固定。

对于混凝土生产工艺、强度等级相同，原材料、配合比、养护条件基本一致且龄期相近的一批同类构件的检测应采用批量检测。按批量进行检测时，应随机抽取构件，抽检数量不宜少于同批构件总数的30%且宜≥10件。当检验批构件数量>30个时，抽样构件数量可适当调整，并不得少于国家现行有关标准规定的最少抽样数量。

2. 操作步骤

1）回弹值测定

① 将回弹仪的弹击杆顶住混凝土表面，轻压仪器，使按钮松开，弹击杆徐徐伸出，并使挂钩挂上弹击锤。

② 使用回弹仪时，其轴线应始终垂直于混凝土浇筑表面，对混凝土表面缓慢均匀施压，待弹击锤脱钩，冲击弹击杆后，弹击锤即带动指针向后移动直至到达一定位置时，指针块的刻度线即在刻度尺上指示某一回弹值。

③ 使回弹仪继续顶住混凝土表面，进行读数并记录回弹值，每一测区应读取16个回弹值，每一测点的回弹值应精确至1。如条件不利于读数，可按下按钮，锁住机芯，将回弹仪移至他处读数，准确至1个单位。

④ 逐渐对回弹仪减压，使弹击杆自机壳内伸出，挂钩挂上弹击锤，待下一次使用。

2）碳化深度测定

① 用合适的工具在测区表面形成直径为15mm的孔洞（其深度略大于混凝土的碳化深度）。

② 用毛刷除去孔洞中的粉末和碎屑，不得用液体冲洗。

③ 立即用浓度为1%～2%的酚酞酒精溶液滴在孔洞内壁边缘处，再用钢尺或混凝土碳化深度测量仪测量自混凝土表面至深度不变色（未碳化部分变成紫红色）、有代表性交界处的垂直距离，测量3次，每次读数精确至0.25mm。

④ 取三次测量的平均值，即混凝土的碳化深度值，精确至0.5mm。

3.3.5 实验结果处理

1. 回弹值计算

（1）计算测区平均回弹值，应从该测区的16个回弹值中剔除3个最大值和3个最小值，余下的10个回弹值按式(3-1)计算：

$$R_\mathrm{m} = \frac{\sum_{i=1}^{10} R_i}{10} \tag{3-1}$$

式中：R_m——测区平均回弹值，精确至 0.1；

R_i——第 i 个测点的回弹值。

（2）非水平方向检测混凝土浇筑侧面时，应按式（3-2）修正：

$$R_\mathrm{m} = R_{\mathrm{m}a} + R_{a\alpha} \tag{3-2}$$

式中：$R_{\mathrm{m}a}$——非水平状态检测时测区的平均回弹值，精确至 0.1；

$R_{a\alpha}$——非水平状态检测时回弹值修正值，可按《回弹法检测混凝土抗压强度技术规程》（JGJ/T 23—2011）附录 C 采用。

（3）水平方向检测混凝土浇筑表面或底面时，应按式（3-3）修正：

$$R_\mathrm{m} = R_\mathrm{m}^\mathrm{t} + R_a^\mathrm{t} \tag{3-3}$$

$$R_\mathrm{m} = R_\mathrm{m}^\mathrm{b} + R_a^\mathrm{b} \tag{3-4}$$

式中：R_m^t——水平方向检测混凝土浇筑表面时，测区的平均回弹值，精确至 0.1；

R_m^b——水平方向检测混凝土浇筑底面时，测区的平均回弹值，精确至 0.1；

R_a^t——混凝土浇筑表面回弹值的修正值，应按《回弹法检测混凝土抗压强度技术规程》（JGJ/T 23—2011）附录 D 采用；

R_a^b——混凝土浇筑底面回弹值的修正值，应按《回弹法检测混凝土抗压强度技术规程》（JGJ/T 23—2011）附录 D 采用。

（4）当检测时回弹仪为非水平方向且测试面为非混凝土的浇筑侧面时，应先按《回弹法检测混凝土抗压强度技术规程》（JGJ/T 23—2011）附录 C 对回弹值进行角度修正，再按本规程附录 D 对修正后的值进行浇筑面修正。

2. 混凝土强度计算

结构或构件第 i 个测区混凝土强度换算值，可按所求得的平均回弹值 R_m 及所求得的平均碳化深度值 d_m 由《回弹法检测混凝土抗压强度技术规程》（JGJ/T 23—2011）附录 A 查表得出。

（1）结构或构件的测区混凝土强度平均值可根据各测区的混凝土强度换算值计算。当测区数为 10 个及以上时，应计算强度标准差。平均值及标准差应按式（3-5）、式（3-6）计算：

$$m_{f_\mathrm{cu}^\mathrm{c}} = \frac{\sum_{i=1}^{n} f_{\mathrm{cu},i}^\mathrm{c}}{n} \tag{3-5}$$

$$s_{f_\mathrm{cu}^\mathrm{c}} = \sqrt{\frac{\sum_{i=1}^{n}(f_{\mathrm{cu},i}^\mathrm{c})^2 - n(m_{f_\mathrm{cu}^\mathrm{c}})^2}{n-1}} \tag{3-6}$$

式中：$m_{f_\mathrm{cu}^\mathrm{c}}$——结构或构件测区混凝土强度换算值的平均值（MPa），精确至 0.1MPa；

n——对于单个检测的构件，取一个构件的测区数，对于批量检测的构件，取被抽检构件测区数之和；

$s_{f_{cu}^c}$——结构或构件测区混凝土强度换算值的标准差(MPa),精确至 0.01MPa。

(2) 结构或构件的混凝土强度推定值 $f_{cu,e}$ 应按下列公式确定:

① 当该结构或构件测区数少于 10 个时:$f_{cu,e}=f_{cu,min}^c$。式中,$f_{cu,min}^c$ 表示构件中最小的测区混凝土强度换算值。

② 当该结构或构件的测区强度值小于 10.0MPa 时,$f_{cu,e}<10.0$MPa。

③ 当该结构或构件的测区数≥10 个或批量检测时,应按式(3-7)计算:

$$f_{cu,e}=m_{f_{cu}^c}-1.645s_{f_{cu}^c} \tag{3-7}$$

注:结构或构件的混凝土强度推定值是指相应于强度换算值总体分布中保证率不低于 95%的结构或构件中的混凝土抗压强度值。

(3) 对按批量检测的构件,当该批构件混凝土强度标准差出现下列情况之一时,该批构件应全部按单个构件检测:

① 当该批构件混凝土强度平均值<25MPa 时,$s_{f_{cu}^c}>4.5$MPa;

② 当该批构件混凝土强度平均值≥25MPa 时,$s_{f_{cu}^c}>5.5$MPa。

(4) 当检测条件与测强曲线的适用条件有较大差异时,可采用同条件试件或钻取混凝土芯样进行修正,试样或钻取芯样数量≥6 个。钻取芯样时每个部位应钻取一个芯样,计算时,测区混凝土强度换算值应乘以修正系数。

修正系数应按式(3-8)、式(3-9)计算:

$$\eta=\frac{1}{n}\sum_{i=1}^{n}f_{cu,i}/f_{cu,i}^c \tag{3-8}$$

或

$$\eta=\frac{1}{n}\sum_{i=1}^{n}f_{cor,i}/f_{cu,i}^c \tag{3-9}$$

式中:η——修正系数,精确至 0.01;

$f_{cu,i}$——第 i 个混凝土立方体试件(边长为 150mm)的抗压强度值,精确到 0.1MPa;

$f_{cor,i}$——第 i 个混凝土芯样试件的抗压强度值,精确到 0.1MPa;

$f_{cu,i}^c$——对应于第 i 个试件或芯样部位回弹值和碳化深度值的混凝土强度换算值,可按《回弹法检测混凝土抗压强度技术规程》(JGJ/T 23—2011)附录 A 采用;

n——试件数。

3.3.6 问题与讨论

(1) 回弹法检测混凝土强度的适用范围有哪些?

(2) 回弹法检测混凝土强度的检验批应该怎么划分?

3.4 电磁感应法检测混凝土结构内部钢筋位置、数量和间距

3.4.1 实验目的

掌握钢筋探测仪检测混凝土内部钢筋位置、数量和间距的原理和步骤;学会使用钢筋

探测仪。

3.4.2　实验原理和依据

仪器通过传感器向被测结构内部局域范围发射电磁场,同时接收在电磁场覆盖范围内铁磁性介质(钢筋)产生的感生磁场,并转换为电信号,主机系统实时分析处理数字化的电信号,并以图形、数值、提示音等多种方式显示,从而准确判定钢筋位置、数量和间距。不适用于含有铁磁性物质的混凝土检测。

本实验参照《混凝土结构现场检测技术标准》(GB/T 50784—2013)、《混凝土中钢筋检测技术标准》(JGJ/T 152—2019)、《混凝土结构工程施工质量验收规范》(GB 50204—2015)进行。

3.4.3　实验设备和材料

钢筋探测仪:电磁感应法钢筋探测仪的校准应按《混凝土中钢筋检测技术标准》(JGJ/T 152—2019)附录 A 的规定进行,当混凝土保护层厚度为 10~50mm 时,钢筋间距的检测允许偏差应为±2mm。

仪器的校准有效期可为 1 年,发生下列情况之一时,应对仪器进行校准:
① 新仪器启用前;
② 检测数据异常,无法进行调整;
③ 经过维修或更换主要零配件。

3.4.4　实验内容和步骤

1. 检测前准备

(1) 根据已有资料了解钢筋的直径和间距。

(2) 根据检测目的确定检测部位,检测部位应避开钢筋接头、绑丝及金属预埋件。检测部位的钢筋间距应符合电磁感应法钢筋探测仪的检测要求。

(3) 根据所检钢筋的布置状况,确定垂直于所检钢筋轴线方向为探测方向,检测部位应平整光洁。

(4) 对仪器进行预热和调零,调零时探头应远离金属物体。

2. 检测步骤

(1) 预扫描。将探头在检测面上沿指定方向移动,直到钢筋探测仪保护层厚度示值最小,探头中心线与钢筋轴线重合,在相应位置做好标记。重复上述步骤将相邻其他钢筋位置逐一标出。

(2) 钢筋定位。根据预扫描结果,设定仪器量程范围,在预扫描基础上进行扫描,确定钢筋的准确位置。

(3) 钢筋间距和数量检测。检测钢筋间距时,应将检测范围内的设计间距相同的连续相邻钢筋逐一标出,并应逐个量测钢筋间距。当同一构件检测的钢筋数量较多时,应对钢筋间距进行连续量测,且宜≥6 个。

(4) 对于下列情况之一时,应采用直接法验证:

① 认为相邻钢筋对检测结果有影响；
② 钢筋公称直径未知或有异议；
③ 钢筋实际根数、位置与设计有较大偏差；
④ 钢筋以及混凝土材质与校准试件有显著差异。

3.4.5 实验结果处理

检测钢筋间距时，可根据实际需要采用绘图方式给出相邻钢筋间距，当同一构件检测钢筋不少于 7 根（6 个间隔）时，也可给出被测钢筋的最大间距、最小间距，并按式（3-10）计算钢筋平均间距：

$$s_m = \frac{\sum_{i=1}^{n} s_i}{n} \tag{3-10}$$

式中：s_m——钢筋平均间距，精确至 1mm；

s_i——第 i 个钢筋间距，精确至 1mm。

3.4.6 问题与讨论

钢筋位置的检测方法还有哪些？

3.5 电磁感应法测混凝土保护层厚度

3.5.1 实验目的

掌握钢筋探测仪检测混凝土保护层的方法；掌握剔凿原位检测法。

3.5.2 实验原理和依据

仪器通过传感器向被测结构内部局域范围发射电磁场，同时接收在电磁场覆盖范围内铁磁性介质（钢筋）产生的感生磁场，并转换为电信号，主机系统实时分析处理数字化的电信号，并以图形、数值、提示音等多种方式显示，从而准确判定混凝土保护层厚度。不适用于含有铁磁性物质的混凝土检测。

本实验参照《混凝土结构工程施工质量验收规范》（GB 50204—2015）、《混凝土中钢筋检测技术标准》（JGJ/T 152—2019）进行。

3.5.3 实验设备和材料

电磁感应法钢筋探测仪的校准应按《混凝土中钢筋检测技术标准》（JGJ/T 152—2019）附录 A 的规定进行，当混凝土保护层厚度为 10～50mm 时，保护层厚度检测的允许偏差应为±1mm；当混凝土保护层厚度大于 50mm 时，保护层厚度检测允许偏差应为±2mm。

仪器的校准有效期可为 1 年，发生下列情况之一时，应对仪器进行校准：
① 新仪器启用前；
② 检测数据异常，无法进行调整；

③ 经过维修或更换主要零配件。

3.5.4 实验内容和步骤

1. 检测前准备

（1）检测的混凝土结构面应平整，便于扫描器在结构面上移动，紧密接触，必要时应整平处理。

（2）应仔细检查仪器，使测试系统之间匹配良好，显像清楚。

（3）对仪器进行预热和调零，调零时探头应远离金属物体。

2. 检测步骤

（1）预扫描。将探头在检测面上沿指定方向移动，直到钢筋探测仪保护层厚度示值最小，此时探头中心线与钢筋轴线重合，在相应位置做好标记。

（2）钢筋间距检测。根据预扫描结果，设定仪器量程范围，在预扫描的基础上进行扫描，确定钢筋的准确位置。将探头放在与钢筋轴线重合的检测面上读取保护层厚度检测值。

（3）同一根钢筋同一处应检测 2 次，2 次读取的保护层厚度值相差不大于 1mm 时，取 2 次检测数据的平均值为保护层厚度值，精确至 1mm；相差值大于 1mm 时，该次检测数据无效，并应查明原因，在该处重新进行 2 次检测，仍不符合规定时，应更换电磁感应法钢筋探测仪进行检测或采用直接法进行检测。

（4）当实际保护层厚度值小于仪器最小示值时，应采用在探头下附加垫块的方法进行检测。垫块对仪器检测结果不应产生干扰，表面应光滑平整，其各方向厚度值偏差不应大于 0.1mm。垫块应与探头紧密接触，不得有间隙。所加垫块厚度在计算保护层厚度时应予以扣除。

（5）剔凿原位检测法验证。在测点钢筋位置上垂直于混凝土表面成孔，以钢筋表面至混凝土表面的垂直距离作为该点的保护层厚度测试值，验证点不得少于《混凝土结构现场检测技术标准》(GB/T 50784—2013)中 B 类检验批最小样本容量，且不得少于 3 处。

3.5.5 实验结果处理

1. 混凝土保护层厚度测点检测值计算

混凝土保护层厚度测点检测值计算公式如下：

$$c_m^t = \frac{c_1^t + c_2^t + 2c_c - 2c_0}{2} \tag{3-11}$$

式中：c_m^t——混凝土保护层厚度检测值(mm)，精确至 1mm；

c_1^t、c_2^t——第 1、第 2 次混凝土保护层厚度电磁感应法钢筋探测仪器示值(mm)，精确至 1mm；

c_c——混凝土保护层厚度修正量(mm)；没有进行钻孔剔凿验证时取 0；

c_0——探头垫块厚度(mm)，精确至 0.1mm；无垫块时取 0。

2. 混凝土保护层厚度修正量计算

当采用直接法验证混凝土保护层厚度时，混凝土保护层厚度的修正量计算公式如下：

$$c_c = \frac{\sum_{i=1}^{n}(c_i^z - c_i^t)}{n} \tag{3-12}$$

式中：c_c——混凝土保护层厚度修正量(mm)，精确至 0.1mm；

c_i^z——第 i 个测点的混凝土保护层厚度直接法实测值(mm)，精确至 0.1mm；

c_i^t——第 i 个测点的混凝土保护层厚度电磁感应法钢筋探测仪器示值(mm)，精确至 1mm；

n——钻孔、剔凿验证实测点数。

3. 结果评定

(1) 钢筋保护层厚度检验的检测误差应≤1mm。

(2) 钢筋保护层厚度检验时，纵向受力钢筋保护层厚度的允许偏差，对梁类构件为＋10mm，－7mm；对板类构件为＋8mm，－5mm。

(3) 对梁类、板类构件纵向受力钢筋的保护层厚度应分别进行验收，结构实体钢筋保护层厚度的合格点率验收合格应符合下列规定：

① 当全部钢筋保护层厚度检验的合格率为 90％及以上时，钢筋保护层厚度的检验结果应判为合格。

② 当全部钢筋保护层厚度检验的合格率小于 90％但不小于 80％时，可再抽取相同数量的构件进行检验；当按两次抽样总和计算的合格率为 90％及以上时，仍可判为合格。

③ 每次抽样检验结果中不合格点的最大偏差均不应大于上述第(2)条规定允许偏差的 1.5 倍。

3.5.6　问题与讨论

(1) 混凝土保护层厚度为什么要进行剔凿验证？

(2) 电磁感应法测混凝土保护层厚度的适用范围是什么？

3.6　钢结构对接焊缝超声检测

3.6.1　实验目的

掌握超声法检测钢结构对接焊缝缺陷的原理、检测方法；掌握探头参数(频率、折射角、晶片尺寸)的选择；掌握超声波探伤仪的使用。

3.6.2　实验原理和依据

超声波探伤法的原理是利用超声波探伤仪的换能器发射出的超声波脉冲，通过良好的耦合方式入射至被测工件内，超声波在工件内传播遇到不同界面产生反射，反射波被换能器所接收并传至超声波探伤仪示波器。通过试块或工件底面作为反射体调节时基线以确定缺陷反射回波的位置，调整检测灵敏度以确定缺陷的当量大小。

本实验参照《钢结构工程施工质量验收标准》(GB 50205—2020)、《钢结构焊接规范》(GB 50661—2011)进行。

3.6.3 实验设备和材料

超声波检测设备应符合现行国家标准《焊缝无损检测 超声检测 技术、检测等级和评定》(GB/T 11345—2013)的有关规定。

1. 超声波探伤仪

超声波探伤仪应定期进行性能测试,应按《液力变矩器 叶轮铸造技术条件》(JB/T 9712—2014)推荐的方法进行。除另有约定外,超声波探伤仪宜符合下列要求:

(1) 温度的稳定性:环境温度变化5℃,信号的幅度变化不大于全屏高度的±2%,位置变化不大于全屏宽度的±1%;

(2) 显示的稳定性:频率增加约1Hz,信号的幅度变化不大于全屏高度的±2%,信号位置变化不大于全屏宽度的±1%;

(3) 水平线性偏差不大于±2%;

(4) 垂直线性的测试值与理论值不大于±3%。

2. 探头

(1) 探头频率的选择:探头频率范围一般为2~5MHz,同时遵照验收等级要求选择合适的频率;当按《焊缝无损检测 超声检测 验收等级》(GB/T 29712—2013)标准评定显示时,初始检测应尽可能在上述范围内选择较低的检测频率;当按《焊缝无损检测 超声检测 焊缝中的显示特征》(GB/T 29711—2013)标准评定时,如需要,可选择较高的检测频率,以改善探头分辨力。

(2) 探头折射角的选择:当检测采用横波且所用技术需要超声从底面反射时,应保证声速与底面反射面法线的夹角在35°~70°。当用多个探头进行探测时,其中一个探头应符合上述要求,且应保证一个探头的声速尽可能与焊缝融合面垂直。多个探头之间的折射角度之差应不小于10°。

(3) 探头晶片尺寸选择:探伤面积范围大的工件时,为提高探伤效率宜选用大晶片探头;探伤厚度大的工件时,为有效发现远距离的缺陷宜选用大晶片探头;探伤小型工件时,为提高缺陷精度宜选用小晶片探头;探伤表面不太平整、曲率较大的工件时,为减少耦合损失宜选用小晶片探头。

3. 标准试块

标准试块的制作技术要求应符合现行行业标准《无损检测 超声试块通用规范》(JB/T 8428—2015)的有关规定。标准试块CSK-ⅠA/CSK-ⅠB主要用于测定探伤仪、探头及系统性能,调校探头 K 值、前沿,调整时基线比例。

4. 对比试块

ϕ3mm横通孔主要有RB-1(适用于8~25mm板厚)、RB-2(适用于8~100mm板厚)和RB-3(适用于8~150mm板厚)。

5. 耦合剂

机油或浆糊(时基范围调节、灵敏度设定和工件检测时应采用相同的耦合剂)。

3.6.4 实验内容和步骤

1. 检测准备

仪器调校,制作波幅曲线(DAC 曲线)。

(1) 探头前沿长度测量和时基线比例调整

将探头置于 CSK-ⅠA 或 CSK-ⅠB 试块上,利用 $R100$ 曲面反射回波测量探头前沿长度,测量 3 次取平均值作为探头的前沿长度;利用 $R50$ 和 $R100$ 曲面反射回波调整时基线比例。

(2) K 值测量

将探头置于 CSK-ⅠA 或 RB-2 试块上,利用孔径 $\phi 50$ 或 $\phi 3$ 的孔测定 K 值(斜探头在钢中折射角),测量 3 次取平均值作为探头 K 值。

(3) 绘制距离-波幅曲线

将探头置于 RB 对比试块上,调节探头位置和仪器增益,使深度为 10mm 孔或 5mm 孔的反射波高度为满刻度的 80%,在荧光屏上标出反射波波峰所在的点;固定仪器增益不变,分别探测不同深度的孔,在荧光屏上标出最高反射波所在的点,用光滑曲线连接这些点,即得到距离-波幅曲线。

2. 现场检测

(1) 清理及打磨探头扫查区域;

(2) 涂刷耦合剂;

(3) 初步探伤,观察回波信号,对评定线以上的缺陷回波在焊缝相应位置作出标记;

(4) 精确探伤,对初步扫查已经判定的缺陷进行定位、定量的精确测量,必要时可以结合焊接工艺进行缺陷定性;

(5) 缺陷记录和评定,记录焊缝缺陷的位置、显示长度、波高,并依据标准评定缺陷。

3.6.5 实验结果处理

(1) 所有显示的位置,应参考一个坐标系定义,如图 3-1 所示。

应选择检测面的某一点作为测量原点;当从多个面检测时,每个检测面都应确定参考点。在这种情况下,应当建立所有参考点之间的位置关系,以便所有显示的绝对位置可以从制定的参考点确定;环形焊缝可在装配前确定内外圈的参考点。

(2) 最大回波幅度。应移动探头找到最大回波幅度,并记录相对于参考登记的幅度差值。

(3) 显示长度。除非另有规定,纵向显示长度(l_x)或横向显示长度(l_y)应尽可能使用验收等级标准规定的技术测定。

(4) 显示自身高度。仅在技术协议要求时应测定显示自身高度。

3.6.6 问题与讨论

超声法检测钢结构对接焊缝的优缺点和适用范围是什么?

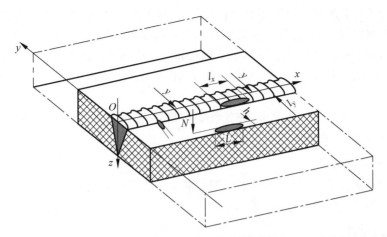

O—原点;h—显示自身高度;l—显示长度;l_x—显示在 x 方向的投影长度;l_y—显示在 y 方向的投影长度;x—显示纵向位置;y—显示横向位置;z—显示深度位置

图 3-1 显示位置坐标

3.7　钢结构焊缝磁粉检测

3.7.1　实验目的

掌握磁粉法检测钢结构焊缝缺陷的原理、检测程序。

3.7.2　实验原理和依据

当钢结构内部存在缺陷时,如裂纹、夹杂、气孔等非铁磁性物质,其磁阻非常大,磁导率低,必将引起磁力线的分布发生变化。缺陷处的磁力线不能通过,将产生一定程度的弯曲。当缺陷位于或接近钢结构表面时,会穿过钢结构表面漏到空气中形成一个微细的漏磁场。这时将磁粉洒向试件表面,落到此处的磁粉会被局部磁场吸住,于是显示出缺陷所在位置。此方法适用于铁磁性材料熔化焊焊缝表面或近表面缺陷的检测。

本实验参照《钢结构现场检测技术标准》(GB/T 50621—2010)进行。

3.7.3　实验设备和材料

1. 磁粉探伤仪

磁粉探伤仪应根据被测试件的形状、尺寸和表面状态选择,并应满足检测灵敏度的要求。当使用磁轭最大间距时,交流电磁轭至少应有 45N 的提升力;直流电磁轭至少应有 177N 的提升力;交叉磁轭至少应有 118N 的提升力(极间距离为 150mm,磁极与试件表面间隙为 0.5mm)。磁粉探伤仪的其他装置应符合现行国家标准《无损检测　磁粉检测　第 3 部分:设备》(GB/T 15822.3—2005)的有关规定。

2. 磁粉或磁悬液

磁悬液可选用油剂或水剂作为载液。常用的油剂可选用无味煤油、变压器油、煤油与变压器油的混合液;常用的水剂可选用含有润滑剂、防锈剂、消泡剂等的水溶液。

配制磁悬液时,应先将磁粉或磁膏用少量载液调成均匀状,再在连续搅拌中缓慢加入所需载液,应使磁粉均匀弥散在载液中,直至磁粉和载液达到规定比例。磁悬液的检验应按现行国家标准《无损检测 磁粉检测 第 2 部分:检测介质》(GB/T 15822.2—2005)规定的方法进行。

对用非荧光磁粉配置的磁悬液,磁粉配制浓度宜为 10~25g/L;对用荧光磁粉配置的磁悬液,磁粉配制浓度宜为 1~2g/L。

3. 黑光灯照射装置

用荧光磁悬液检测时,应采用黑光灯照射装置。当照射距离试件表面为 380mm 时,测定紫外线辐射强度不应小于 $10W/m^2$。

4. 灵敏度试片

磁粉检测时一般应选用 A1-30/100 型标准试片。当检测焊缝坡口等狭小部位,由于尺寸关系,A1-30/100 型标准试片使用不便时,一般可选用 C-15/50 型标准试片。

3.7.4 实验内容和步骤

1. 预处理

(1) 应对试件探伤面进行清理,清除检测区域内试件上的附着物(油漆、油脂、涂料、焊接飞溅物、氧化皮等);在对焊缝进行磁粉检测时,清理区域是由焊缝向两侧母材方向各延伸 20mm 的范围。

(2) 根据试件表面状况、试件使用要求,选用油剂载液或水剂载液。

(3) 根据现场条件、灵敏度要求,确定用非荧光磁粉或荧光磁粉。

(4) 根据被测试件的形状、尺寸选定磁化方法。

2. 磁化

(1) 磁化时,磁场方向宜与探测的缺陷方向垂直,与探伤面平行。

(2) 当无法确定缺陷方向或有多个方向的缺陷时,应采用旋转磁场或采用两次不同方向的磁化方法。采用两次不同方向的磁化时,两次磁化方向应垂直。

(3) 检测时,应先将灵敏度试片放置在试件表面,检验磁场强度和方向以及操作方法是否正确。

(4) 用磁轭检测时,应有覆盖区,磁轭每次移动的覆盖部分应在 10~20mm。

(5) 用触头法检测时,每次磁化的长度宜为 75~200mm。检测过程中,应保持触头端干净,触头与被检表面应接触良好,电极下宜采用衬垫。

(6) 探伤装置在被检部位放稳后方可接通电源,移去时应先断开电源。

3. 施加磁粉或磁悬液

施加磁悬液时,可先喷洒一遍磁悬液使被测部位表面湿润,磁化时再次喷洒磁悬液。磁悬液宜喷洒在行进方向的前方,磁化应一直持续到磁粉施加完成,形成的磁痕不应被流动液体所破坏。

4. 磁痕的观察与记录

(1) 磁痕的观察应在磁悬液施加形成磁痕后立即进行。

(2) 采用非荧光磁粉时,应在能清楚识别磁痕的自然光或灯光下进行观察(观察面亮度应＞500lx);采用荧光磁粉时,应使用符合 3.7.3 中规定的黑光灯装置,并应在能识别荧光磁痕的亮度下进行观察(观察面亮度应＜20lx)。

(3) 应对磁痕进行分析判断,区分缺陷磁痕和非缺陷磁痕。

(4) 可采用照相、绘图等方法记录缺陷的磁痕。

5. 退磁

(1) 被测试件因剩磁而影响使用时,应及时进行退磁。

(2) 对被测部位表面应清除磁粉,并清洗干净,必要时应进行防锈处理。

3.7.5 实验结果的处理

磁粉检测允许有线形缺陷和圆形缺陷存在。当缺陷磁痕为裂纹缺陷时,应直接评定为不合格。

3.7.6 问题与讨论

磁粉法检测钢结构焊缝的优缺点和适用范围是什么?

3.8 钢结构焊缝渗透检测

3.8.1 实验目的

掌握渗透法检测钢结构焊缝缺陷的原理、检测程序。

3.8.2 实验原理和依据

渗透法的原理是对被检验的表面施加液体渗透剂,让其渗入缺陷中,然后除去所有多余的渗透剂,干燥零件,再施加一种显像剂,将缺陷中的渗透液在毛细作用下重新吸附到钢结构表面,从而形成缺陷的痕迹。适用于钢结构焊缝表面开口性缺陷的检测。渗透检测的环境及被检测部位的温度宜在 10~50℃。当温度低于 10℃或高于 50℃时,应按现行行业标准《承压设备无损检测 第 5 部分:渗透检测》(NB/T 47013.5—2015)的规定进行灵敏度对比实验。

本实验参照《钢结构现场检测技术标准》(GB/T 50621—2010)进行。

3.8.3 实验设备和材料

1. 渗透检测剂

渗透剂、清洗剂、显像剂等渗透检测剂的质量应符合现行行业标准《无损检测 渗透检测用材料》(JB/T 7523—2010)的有关规定。并宜采用成品套装喷罐式渗透检测剂。采用喷罐式渗透检测剂时,其喷罐表面不得有锈蚀,喷罐不得泄漏。应使用同一厂家生产的同一系列配套渗透检测剂,不得将不同种类的检测剂混合使用。

2. 铝合金试块(A 型对比试块)

铝合金试块技术要求应符合现行行业标准《无损检测 渗透试块通用规范》(JB/T

6064—2015)的有关规定。

3. 镀铬试块(B型试块)

镀铬试块技术要求应符合现行行业标准《无损检测 渗透试块通用规范》(JB/T 6064—2015)的有关规定。

3.8.4 实验内容和步骤

1. 预处理

(1) 对检测面上的铁锈、氧化皮、焊接飞溅物、油污及涂料进行清理。应清理从检测部位边缘向外扩展 30mm 的范围;机加工检测面的表面粗糙度(Ra)宜≤12.5μm,非机械加工面的粗糙度不得影响检测结果。

(2) 对清理完毕的检测面应进行清洗;检测面充分干燥后,方可施加渗透剂。

2. 施加渗透剂

可采用喷涂、刷涂等方法,使被检测部位完全被渗透剂覆盖。在环境及工件温度为 10~50℃的条件下,保持湿润状态时间应≥10min。

3. 去除多余渗透剂

去除多余渗透剂时,可先用无绒洁净布擦拭。擦除检测面上大部分多余的渗透剂后,再用蘸有清洗剂的纸巾或布在检测面上朝一个方向擦洗,直至将检测面上残留渗透剂全部擦净。

4. 干燥

清洗处理后的检测面,自然干燥或用布、纸擦干或用压缩空气吹干。干燥时间宜控制在 5~10min。

5. 施加显像剂

宜使用喷罐型的快干湿式显像剂进行显像。使用前应充分摇动,喷嘴宜控制在距检测面 300~400mm 处进行喷涂,喷涂方向宜与被检测面呈 30°~40°夹角,喷涂应薄而均匀,不应在同一处多次喷涂,不得将湿式显像剂倾倒至被检测面上。

6. 痕迹观察与记录

(1) 施加显像剂后宜停留 7~30min,方可在光线充足的条件下观察痕迹显示情况。

(2) 当检测面较大时,可分区域检测。

(3) 对细小痕迹,可用 5~10 倍放大镜观察。

(4) 缺陷的痕迹可采用照相、绘图、粘贴等方法记录。

7. 后清洗

检测完成后,应将检测面清理干净。

3.8.5 实验结果处理

渗透检测可允许有线形缺陷和圆形缺陷存在。当缺陷痕迹为裂纹缺陷时,应直接评定为不合格。

3.8.6 问题与讨论

渗透法检测钢结构焊缝的优缺点和适用范围是什么？

3.9 磁性基体上防腐涂层厚度测量

3.9.1 实验目的

掌握使用涂层测厚仪测量磁性基体上防腐涂层厚度的方法。

3.9.2 实验原理和依据

涂层测厚仪测量永久磁铁和基体金属之间的磁引力，该磁引力受到覆盖层存在的影响；或者测量穿过覆盖层与基体金属的磁通路的磁阻。

本实验参照《钢结构现场检测技术标准》(GB/T 50621—2010)进行。

3.9.3 实验设备

涂层测厚仪：最大量程应≥1200μm，最小分辨率应≤2μm，示值相对误差应≤3%。

3.9.4 实验内容和步骤

1. 抽样数量

(1) 每类构件按构件数抽查10%，且应≥3件；
(2) 每件构件检测5处，每处检测3个测点，测点间隔为50mm。

2. 检测方法与步骤

(1) 检测位置应有代表性，在检测区域内分布宜均匀。检测前应清除测试点表面的防火涂层、灰尘、油污等。
(2) 检测前对仪器进行校准。宜采用二点校准，校准合格后方可测试。
(3) 应使用与被测构件基体金属具有相同性质的标准片对仪器进行校准，也可用待涂覆构件进行校准。检测期间关机再开机后，应对仪器重新校准。
(4) 测试时，测点距构件边缘或内转角处的距离不宜小于20mm。探头与测点表面应垂直接触，接触时间宜保持1~2s，读取仪器显示的测量值并打印或记录。

3.9.5 实验结果处理

每处3个测点的涂层厚度平均值不应小于设计厚度的85%，同一构件上15个测点的涂层厚度平均值不应小于设计厚度。

3.9.6 问题与讨论

非磁性基体上防腐涂层厚度应如何测量？

3.10 厚涂型防火涂料涂层厚度测量

3.10.1 实验目的

掌握使用测针测量钢结构防火涂层(厚涂型)厚度的方法。

3.10.2 实验原理和依据

测试时,将测厚探针垂直插入防火涂层直至钢基材表面上,记录标尺读数,如图 3-2 所示。

本实验参照《钢结构现场检测技术标准》(GB/T 50621—2010)进行。

3.10.3 实验设备

探针和卡尺:用于检测的卡尺尾部应有可外伸的窄片。测量设备的量程应大于被测的防火涂层厚度。

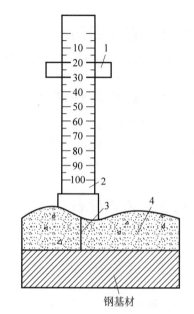

1—标尺;2—刻度;3—测针;4—防火层

图 3-2 测厚示意

3.10.4 实验内容和步骤

1. 测点选取

(1) 楼板和墙体的防火涂层厚度检测,可选两相邻纵、横轴线相交的面积为一个构件,在其对角线上,按每米长度选 1 个测点,每个构件不应少于 5 个测点。

(2) 梁、柱构件的防火涂层厚度检测,在构件长度内每隔 3m 取一个截面,且每个构件不应少于 2 个截面。对梁、柱构件的检测截面宜如图 3-3 所示布置测点。

2. 检测方法与步骤

(1) 在测点处,应将仪器的探针或窄片垂直插入防火涂层直至钢材防腐涂层表面,并记录标尺读数,测试值应精确到 0.5mm。

(2) 当探针不易插入防火涂层内部时,可采取防火涂层局部剥除的方法检测。剥除面积宜≤15mm×15mm。

3.10.5 实验结果处理

同一截面上各测点厚度的平均值不应小于设计厚度的 85%,构件上所有测点厚度的平均值不应小于设计厚度。

3.10.6 问题与讨论

钢结构防火涂料(薄涂型)厚度如何检测?

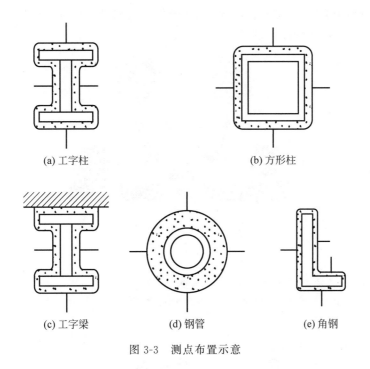

(a) 工字柱　　　(b) 方形柱

(c) 工字梁　　　(d) 钢管　　　(e) 角钢

图 3-3　测点布置示意

3.11　三维全场应变测量系统测量钢筋混凝土梁抗弯变形

3.11.1　实验目的

了解三维全场应变测量原理；掌握三维全场应变测量系统的测量方法。

3.11.2　实验原理

系统采用两个高精度摄像机实时采集物体各个变形阶段的散斑图像，利用数字图像相关算法实现物体表面变形点的匹配，根据各点的视差数据，重建物体表面计算点的三维坐标；并通过比较每一变形状态测量区内各点的三维坐标的变化得到物面的位移场，进一步计算得到物面的应变场。系统集成了动态变形系统与轨迹姿态分析系统，在散斑计算的同时对物面特殊点的位移变化和轨迹姿态进一步分析计算。

3.11.3　实验设备和材料

1. 三维全场应变测量系统（XTDIC，图 3-4）

由以下部件构成：

1）测量头

包括相机、镜头、横梁等部分。针对试件实际大小的

图 3-4　三维全场应变测量系统

测量视场，并兼顾采集频率、测量性能等需求，采用工业相机，镜头配备定焦镜头，保证畸变小，稳定性强，如图3-5所示。

图3-5　XTDIC测量头部分

2）支撑架

采用三脚架和连接云台对测量头进行支撑，便于测量头的调节及设备整体的固定和移动，收缩高度800mm、最高工作高度1880mm、最低工作高度430mm、不升中轴高度1620mm，如图3-6所示。

图3-6　支撑部分的三脚架和连接云台

3）控制箱

配备采集控制箱，实现测量头的控制、多相机的同步触发、多路模拟量和开关量数据的采集、输入、输出信号控制；实现多相机外部信号的同步触发；实现不同试验机之间的数据通信，实现应力、应变数据的融合与统一，如图3-7所示。

图3-7　XTDIC系统的控制箱

4）标定部分

标定借助于系统配置的标准标定板，计算出测量头的所有内外部结构参数，建立空间坐标系。标定板的高强度合金，都经过计量认证，满足多种视场下的标定使用，如图3-8所示。

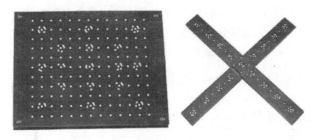

图 3-8　XTDIC 系统的标定部分

5）高性能计算机
6）XTDIC 软件（图 3-9）

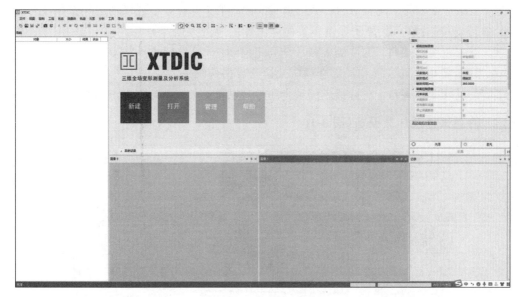

图 3-9　XTDIC 软件

XTDIC 软件用于测量采集、存储、数据分析、项目管理、系统配置管理、通信。功能指标如下：

(1) 部分分析报告功能

① 18 种变形应变计算功能：可计算三维位移、径向距离、径向距离差、径向角、径向角差、最大主应变、最小主应变、屈服应变、等效应变、剪切角等。

② 支持红外、近红外的温度场解算。

③ 支持位移、速度、加速度的解算。

④ 坐标转换功能：321 坐标转换、参考点拟合、全局点转换、矩阵转换等多种坐标转换功能。

⑤ 元素创建功能：三维点、线、面、圆、槽孔、矩形孔、球、圆柱、圆锥。

⑥ 分析创建功能：点点距离、点线距离、点面距离、线线夹角、线面夹角、面面夹角。

⑦ 图像质量分析：包括清晰度分析、亮度分析、对比度分析、散斑质量分析、扫描有效区域分析。

⑧ 材料性能分析：自动计算材料的弹性模量、泊松比等参数。

⑨ 三维截线功能：可对三维测量结果进行直线或圆形截线分析。

⑩ 曲线绘制功能：所有测量结果均可以绘制成曲线图。

⑪ 视频创建功能：可将测量过程二维图像或者三维测量结果制作成视频并输出保存。

⑫ 数据输出功能：测量结果及分析结果输出成报表，支持 TXT、XLS、DOC 文件的输出。

（2）扩展接口

① 多测头同步检测接口：可以实现 4 组测头的多相机同步测量，支持更多相机数目的扩展，可以同步测量任意多个区域的变形应变。

② 显微应变测量：配合双目体式显微镜，系统可以实现微小视场的三维全场变形应变检测，并可支持扫描电镜、原子显微镜等显微图像的应变数据计算。

③ 全方位变形接口：支持摄影测量全局定位功能，通过标志点将多个测量头统一到一个坐标系下，实现全局变形和局部全场应变检测数据的统一。

④ 大尺寸变形接口：支持摄影测量全局标定功能，最大可实现 10m 幅面的相机标定。

2. 待测试件及加载设备（图 3-10）

图 3-10　待测试件及加载设备

3.11.4　实验内容和步骤

1. 被测物体准备

测量前，被测物必须有能在相机图像里清晰且可辨认的图案。要创建一个图案可使用以下方法：

1）散斑喷涂

系统是通过双目立体视觉技术，对被测物表面进行拍照，识别物体表面特征，进而计算出物体的应变。因此测量前,需要对被测物表面进行处理,而为获得高对比度的随机灰度分布图像,试件表面必须具有随机特征。由于散斑具有随机性,测量时,需要对被测物体进行喷斑处理。步骤如下:

① 清洁被测物表面,使其没有油污等附着;
② 使用前喷漆摇匀,避免喷漆过程中出现卡块现象;
③ 均匀喷涂白色哑光漆或比较暗淡的基料层,要求不宜太厚或太薄;
④ 随机喷涂黑色哑光漆;
⑤ 喷漆完成之后静置 20min 使散斑风干。

2) 标记点粘贴

系统除了可以通过计算被测物表面的散斑变化分析物体的应变等,还可以在被测物表面粘贴标记点,通过跟踪这些标记点来进行分析计算。对物体表面粘贴标志点主要用于实现动态变形实验与刚性轨迹姿态实验。标志点实际上是一些贴在物体表面的圆点。标志点根据测量项目的需求可以制作成白底黑点、黑底白点、中心带十字或小圆点等。粘贴时需要不规则粘贴,使其具有随机性。

2. 初始化测量头

实验前要进行测量头初始化,这是将三维全场应变系统测量头调试到一个非常高精度的测量效果的过程。首先根据被测物的大小选择测量幅面,然后根据使用的相机规格以及测量幅面确定测量距离和相机间距。

1) 调节测量头

主要通过调节测量距离、相机的间距和高低、相机焦距、光圈来实现测量头的调节,如图 3-11 所示。

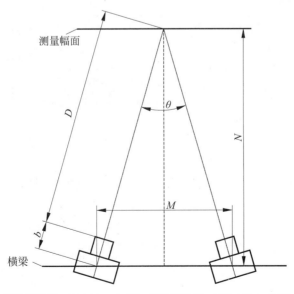

测量距离 $N=(D+b)\cos(\theta/2)$;相机间距 $M=2(D+b)\sin(\theta/2)$

图 3-11 测头简图

2）相机参数设置

目的是通过调节相机参数使三维全场应变系统软件与相机能正常识别和通信。其主要有名称、接口、色彩格式、图像格式、焦距、幅画高度、幅画宽度等，如图 3-12 所示。

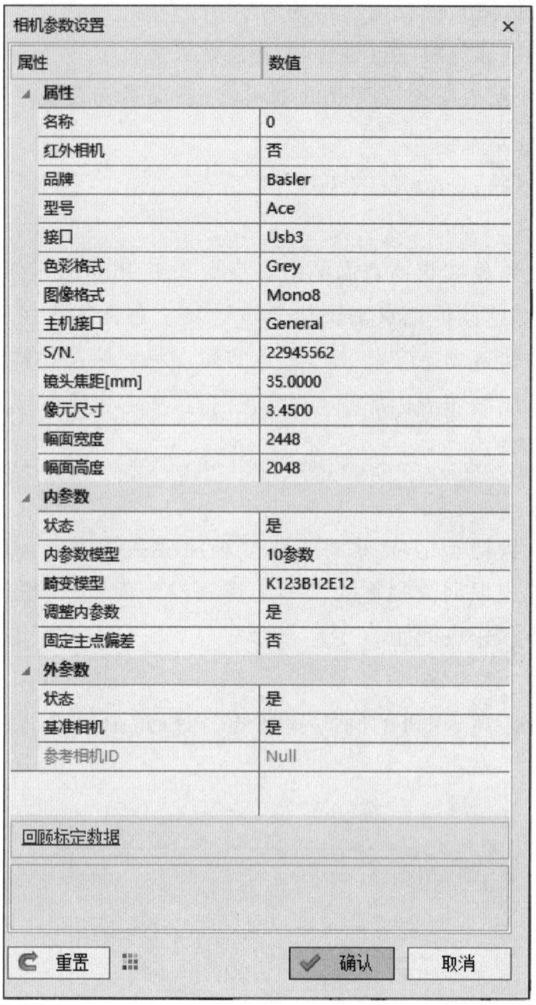
相机参数设置
属性
数值
属性
名称
0
红外相机
否
品牌
Basler
型号
Ace
接口
Usb3
色彩格式
Grey
图像格式
Mono8
主机接口
General
S/N.
22945562
镜头焦距[mm]
35.0000
像元尺寸
3.4500
幅面宽度
2448
幅面高度
2048
内参数
状态
是
内参数模型
10参数
畸变模型
K123B12E12
调整内参数
是
固定主点偏差
否
外参数
状态
是
基准相机
是
参考相机ID
Null
回顾标定数据
重置
确认
取消

图 3-12 相机参数设置

3. 布置被测物

合理地布置被测物会获得一个更高精度测量结果，保证测量头正对金属测试件。步骤如下：

（1）使用十字光标确保被测金属测试件处于视场中心位置，且保证左右相机视重合；

（2）通过激光测距仪保证测试距离为最佳工作距离；

（3）调节合适的曝光时间。

4. 相机标定

指获得相机内外参数的过程，本系统的相机标定方法是将标识板上两对标识点的准确距离设为比例尺，用两个摄像机通过不同方位拍摄标识板获得图像数据，识别标识点的三维坐标,采用一定算法计算得到相机的内外参数。相机标定是系统计算的前提,只有获得相机的内外参数,才能精确得到物体点的三维数据,如图 3-13 所示。

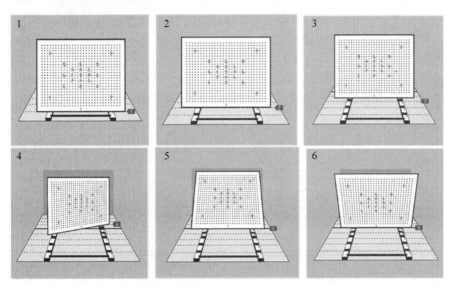

图 3-13　调节测头以及标定步骤图示

5. 图像采集

当测量头和被测物准备就绪后,便可开始进行图像采集,当前主要有两种采集方式:

(1) 标准采集:采集起始和停止均手动完成;

(2) 自定义采集:可预先设置多组多频采集方式,一旦启动则按照该预设方式自动完成采集并停止。

3.11.5　实验结果处理

1. 数据处理

1) 创建散斑块

散斑块即计算域,系统仅对散斑域内的点进行计算和三维显示。

单击菜单测量块→创建散斑块,会弹出相机域参数设置,根据需要选择一个或者多个相机加入计算使用框中,确认后根据需要设置合适的尺寸以及步长大小(图 3-14)。

2) 创建种子点

单击菜单测量块→创建种子点或单击工具栏,会弹出种子点的创建与修改对话框。

(1) 种子点创建方式

①自动连续:选择是否进行自动连续计算非基准状态的种子点;②下一状态:单击一次,计算当前状态的下一个状态的种子点。如果勾选"自动连续",则是连续计算其他所有非基准状态的种子点。

单击创建按钮才能最终完成种子点的创建。

(2) 种子点匹配方式

① 全自动:创建一个基准状态种子点,而后自动进行种子点匹配计算,如图 3-15 所示。

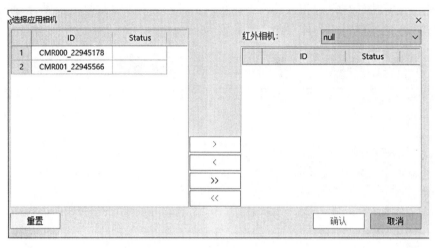

图 3-14　创建散斑块添加相机

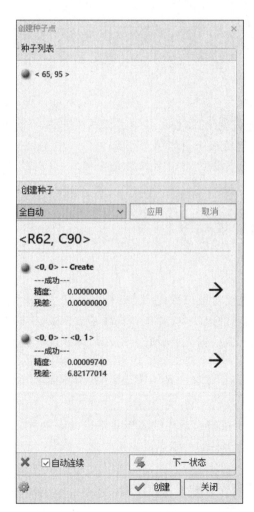

图 3-15　种子点匹配

② 垂直自动：在采集到图像中垂直方向（采集到的每一张图像）进行自动匹配种子点，但是水平方向（左右相机）需要手动进行匹配。

③ 水平自动：在采集的图像中水平方向进行自动匹配种子点，即左相机中的种子点与右相机采集的图像进行自动种子点匹配，但是垂直方向（采集的图像）需要每张与前一张种子点进行手动匹配。

④ 手动：在水平与垂直方向都需手动进行种子点匹配。

3）计算

（1）自动计算：种子点创建完成后，单击工程→自动计算或直接单击图标开始计算，计算成功后会显示 result 结果并在 3D view 显示计算最终得到的 3D 模型视图。

（2）自定义计算：单击工程→自定义计算或直接单击自定义计算图标，会弹出自定义计算对话框。

4）结果分析

（1）创建截线

截线是用户自己定义的分析对象，如果要分析某一条线上三维信息和应变变量，可以通过创建截线进行分析。创建截线的方式有两种：直线创建与圆弧创建。创建直线截线：单击分析→截线→直线创建；创建圆弧截线：单击分析→截线→圆弧创建。

（2）创建元素

元素是用户自己定义的三维对象，元素主要包括点、线、面、圆、槽孔、矩形孔、球、圆柱、圆锥等。单击"元素"，弹出创建元素类别选择菜单，根据需要选择元素即可，如图 3-16 所示。

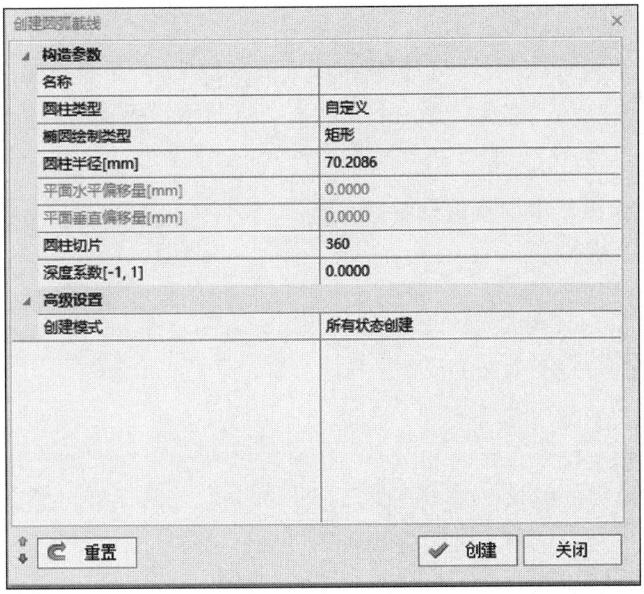

图 3-16　创建元素

（3）创建点分析

除了通过创建截线和创建元素来分析，还可以直接在 3D 创建分析。分析→点信息，可以对选中的点进行直接分析，除了分析单点信息，还可分析点点距离、点线距离、线线距离、线面距离、线线夹角、线面夹角和面面夹角。采集到的图像和分析结果如图 3-17 所示。

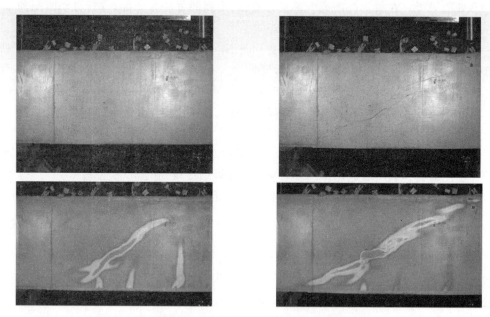

图 3-17 采集到的图像和分析结果

(4) 参考分析

分析参考值或变化率只需要在创建分析时选择参考分析类型为参考值或变化率,再选择参考的状态即可。

(5) 均值分析

可以分析一个点信息在一段状态区间范围内的平均值,在高级设置中设置初始状态 ID 和结束状态 ID,单击"评估"就会计算出起止状态该点的感兴趣量的均值。

2. 实验报告

实验报告应包含测试中所有的变量,包括:

(1) 相机图像分辨率;

(2) 镜头焦距;

(3) 图像尺度;

(4) 立体角;

(5) SOD 感兴趣区域;

(6) 图像采集频率;

(7) 曝光时间以及光圈;

(8) 试件尺寸大小;

(9) 测试步长。

3.11.6　问题与讨论

(1) 实验前被测物体和测量头要如何准备?

(2) 如何进行数据处理?

3.12 三维全场应变测量系统在铁轨基底应变测量中的应用

3.12.1 实验目的

了解三维全场应变测量原理；掌握三维全场应变测量系统测量方法；对 4m×0.7m 的轨道交通基底部分在四点弯曲加载实验下的表面中心处 2.4m×0.7m 范围进行应变监测和裂缝扩展计算。

3.12.2 实验原理

系统采用两个高精度摄像机实时采集物体各个变形阶段的散斑图像，利用数字图像相关算法实现物体表面变形点的匹配，根据各点的视差数据，重建物体表面计算点的三维坐标；并通过比较每一变形状态测量区内各点的三维坐标的变化得到物面的位移场，进一步计算得到物面的应变场。系统集成了动态变形系统与轨迹姿态分析系统，在散斑计算的同时对物面特殊点的位移变化和轨迹姿态进一步分析计算。

3.12.3 实验设备和材料

(1) 双工业相机和横梁组成的拍照系统。相机性能：1200 万像素，4096×3000 分辨率，使用 12mm 的定焦镜头。双工业相机具体摆放位置：相机间距为 950mm，相机横梁距离测量面距离为 2200mm；

(2) DIC 设备；

(3) 2 个 LED 灯；

(4) 白色哑光自喷漆；

(5) 1000mm 长度的十字标定尺；

(6) 便携式计算机。

3.12.4 实验内容和步骤

1. 制斑过程

根据现场实际情况得知，实际的测量幅面大小为被测物中心约 2.4m 的测量宽度，高度为 0.7m。接下来需要对物体表面制作白底黑点的散斑图案，散斑的要求主要为大小合适、灰度对比明显、黏附性和随动性好、随机性强等，符合这些条件的散斑能更好地被 DIC 设备的拍照和分析系统识别从而使计算结果更精确。

采取喷涂和印制的方式制作白底黑点的散斑图案，首先将试件被侧面的表面清理干净，去除粉尘、颗粒物等影响测量的物质，其次将白色哑光自喷漆均匀地喷涂在被测物表面，喷涂过程需要快速均匀，使白漆在被测物上附着轻薄一层，最后待白漆干燥以后，结合黑漆和印刷板，将 5mm 大小的圆形散斑印制在被测物表面，形成一系列散斑图案(图 3-18)。

2. 设备搭建和调试

测量幅面的宽度为 2.4m，通过相应计算可知，1200 万像素，4096×3000 分辨率的相机

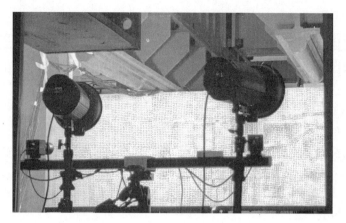

图 3-18　被测物表面的散班图案

使用 12mm 定焦镜头的情况下,设备的具体摆放位置:相机间距为 950mm,相机横梁距离测量面 2200mm。最终装置的摆放如图 3-19 和图 3-20 所示。双工业相机和横梁组成的拍照系统可以实时以不同帧率的速度进行实验过程的照片采集,两个 LED 灯在两侧起到补光作用,拍照系统和控制器以及计算机相连组成测量和分析系统。

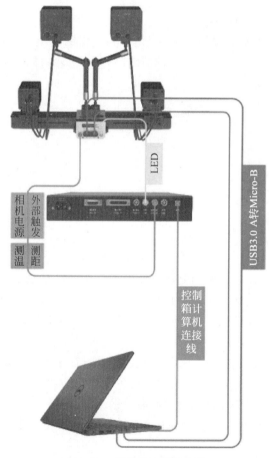

图 3-19　便携式计算机连线

图 3-20　实际设备架设摆放示意

设备搭建完成后需要对其进行标定,相机标定是指获得相机内外参数的过程,本系统的相机标定方法是将标识板上两对标识点的准确距离设为比例尺(图 3-21),用两个摄像机通过不同方位拍摄标识板获得图像数据,识别标识点的三维坐标,采用一定算法计算得到相机的内外参数。相机标定是系统计算的前提,只有获得相机的内外参数,才能精确得到物体点的三维数据。

在实际的标定场合下,将 1000mm 长的十字标定尺在相机的视野范围内,接近被测幅面处摆放 10 组左右不同的位置,用来解算相机的内

图 3-21　1000mm 长度的十字标定尺

外参数,从而对整个相机拍摄空间进行三维空间的计算,可以获得像空间的准确三维坐标值,坐标原点通常为左相机的感光芯片中心。标定完成后就可以进行实验了。

3. DIC 测量过程的实验流程

整个实验过程分为前期的预压、每个阶段的加载和持载及最后的释放回弹过程。每个阶段与实验人员相互配合采用不同帧率的拍摄方式,在能捕捉到完整实验过程的前提下,尽量减少实验数据。例如加载阶段和最后的荷载释放阶段采用 2s 一张的帧率,持荷阶段采用 60s 一张的采集帧率,同时根据位移计的不同反映来对拍摄帧率进行不断调整。前期的预压和后期的静置释放由于变化较小,只采集几张基准照片用来作为基准和对比。

3.12.5　实验结果的处理

使用 DIC 系统测量辅助实验的目的是更好地测量裂缝的宽度和试件在加载下应变的变化。首先分析位移场和应变场的云图信息。图 3-22 为实际软件分析界面。其主界面为工具栏、快捷栏、三维云图显示窗口、照片列表、左右相机照片显示窗口以及测量块计算区域。

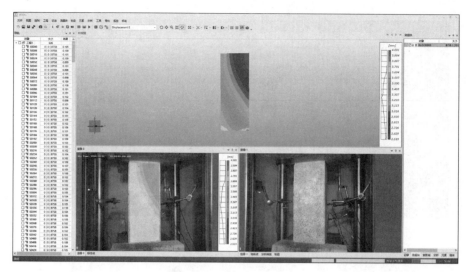

图 3-22 软件分析界面

1. 位移计算和分析

由于加载方向为垂直地面的方向,因此首先输出在不同加载段的垂直方向位移的全场云图数据,如图 3-23 所示。

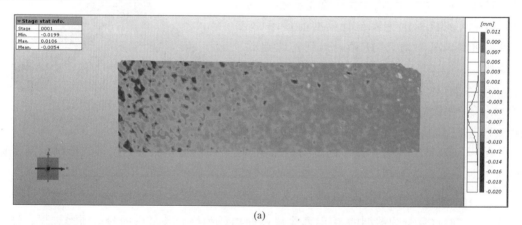

(a)

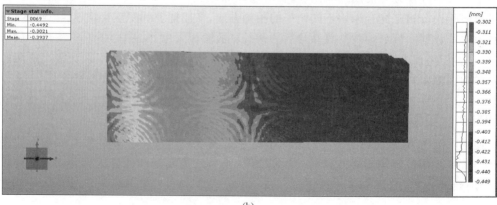

(b)

图 3-23 不同加载段的垂直方向位移的全场云图数据

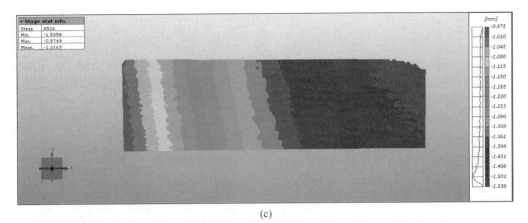

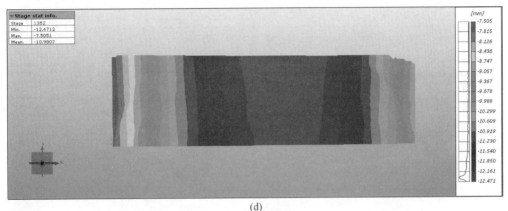

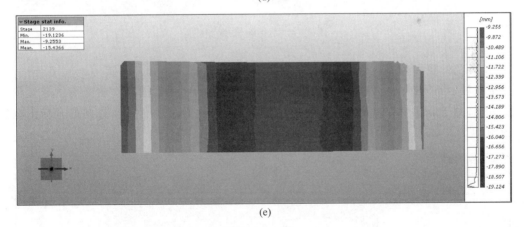

图 3-23 （续）

同时在试件中间部分选取等间距的 7 个点作为测量点，得出其 y 方向在整个实验过程中的位移变化曲线，见图 3-24。

从图 3-25 基本的位移变化看，0～1649 张照片处为加载过程，1650～2166 为卸载负荷的过程，2167～2238 为静置释放的过程。基本的位移变化呈现出一个增加、减少和回弹的变化过程。

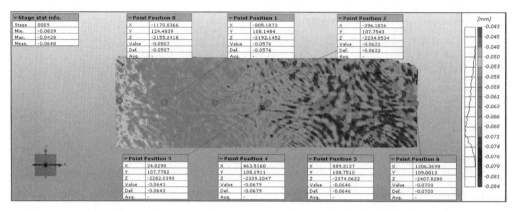

图 3-24　y 方向的位移变化曲线

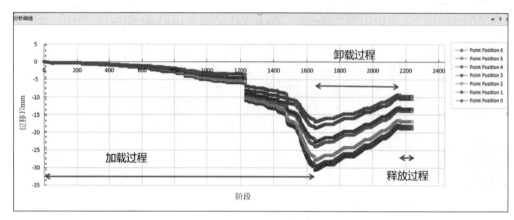

图 3-25　基本的位移变化

2. 应变计算和分析

下面展示不同时刻全场应变的相应云图数据，应变的变化云图其实就是裂纹产生和扩展的云图，由于裂缝裂开的方向主要为 x 方向，因此展示不同时刻的 x 方向的全局工程应变云图，见图 3-26。

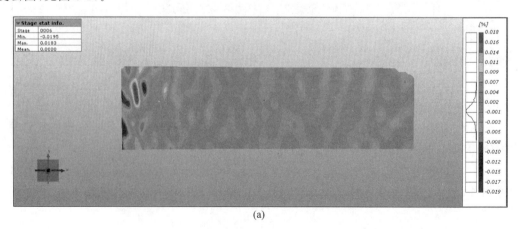

(a)

图 3-26　不同时刻的 x 方向的全局工程应变云图

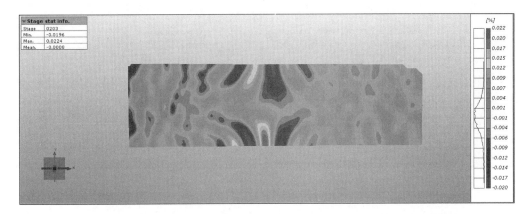

(b)

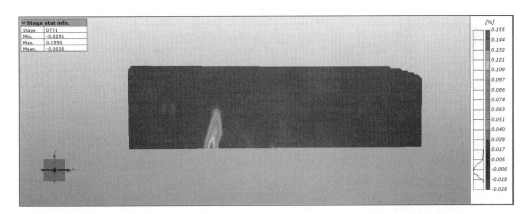

(c)

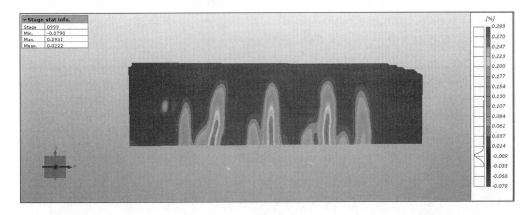

(d)

图 3-26 （续）

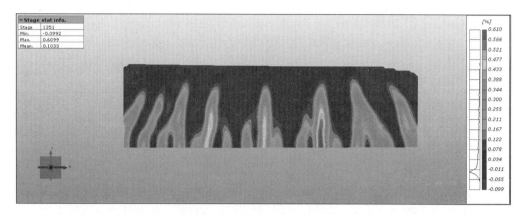

(e)

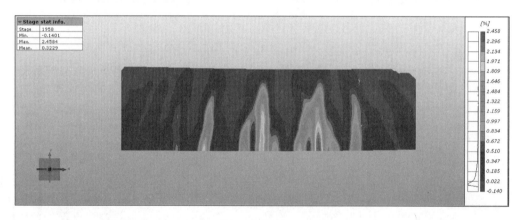

(f)

图 3-26 （续）

图 3-27 的红色应变集中区域（图 3-27 中"△"处）就是实际试件的裂缝位置，为更好地观测裂缝的宽度变化对其进行标记和排序，从左到右 11 个裂缝，其编号为 0～10，见图 3-28。

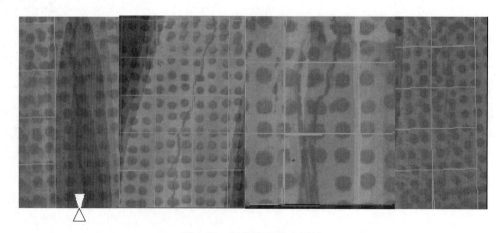

图 3-27　红色应变集中区域

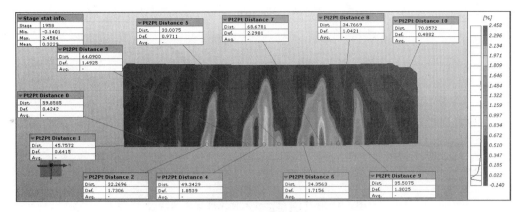

图 3-28 裂缝标注

为和实际裂缝对应,在云图中测量了实际裂缝底端与散斑左侧边界的实际距离,如表 3-1 所示。2、4、6、8 号裂缝实验全程宽度变化曲线分别见图 3-29~图 3-32。

表 3-1 裂缝实际位置

裂缝编号	0	1	2	3	4	5	6	7	8	9	10
与边界的距离/mm	306	441	670	996	1123	1252	1446	1596	1731	1885	2042

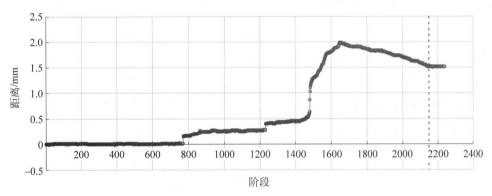

图 3-29 2 号裂缝实验全程宽度变化曲线

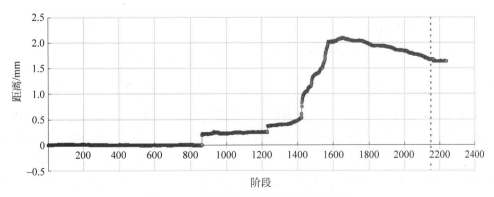

图 3-30 4 号裂缝实验全程宽度变化曲线

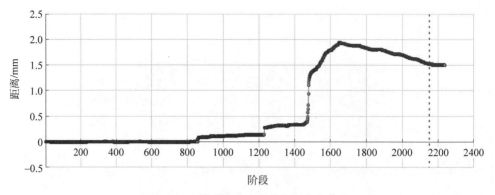

图 3-31　6 号裂缝实验全程宽度变化曲线

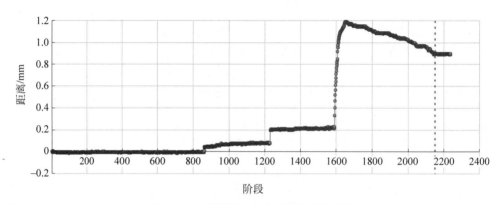

图 3-32　8 号裂缝实验全程宽度变化曲线

3.12.6　问题与讨论

（1）如何进行设备搭建和调试？

（2）如何进行位移计算和分析？

3.13　冲击实验的无损非接触成像测试

3.13.1　实验目的

了解无损非接触成像测试原理；掌握无损非接触成像测试方法。

3.13.2　实验原理

无损非接触成像测试仪是通过内置的 CMOS 芯片感受外界光信号，通过内部集成的高速图像采集控制器将信号送入高速数字处理器中，复杂的图像处理过程全部在高速相机内部完成。当所有的图像捕捉并完成处理后，全部信息将通过 Cameralink 数据传输线将图像直接传输到计算机终端。该仪器使用高速相机把高速运动的物体使用高帧速拍摄下来，再通过软件把高速运动的物体每个动作细分与分解，分析高速运动物体的运动速度、距离、角度等参数。在混凝土结构加载至破碎过程中,可有效计算并分析研究出结构破碎过程中裂缝的发育及破坏机理。

3.13.3 实验设备

无损非接触成像测试仪,如图 3-33 所示。

图 3-33 无损非接触成像测试仪

3.13.4 实验内容和步骤

1. 连接

连接相机与存储计算机,设置拍摄速度,把设备固定在三脚架上,放置在混凝土结构加载设备前,调整好观测角度。

2. 相机参数设置

(1) 在图像采集软件的右边快捷工具栏中单击记录设置窗口,单击"Optronis",打开相机设置窗口,见图 3-34。

(2) 将分辨率与帧速调整到适当的参数,调整曝光时间与光圈(都是用手调整图像的明暗,长曝光时间能够增加亮度,但不利于拍摄高速运动物体,最长曝光时间不能超过 1/Rate;光圈越大图像亮度越高,但是大光圈带来的是图像景深很浅,请注意曝光时间与光圈的调整),调整镜头对焦圈至图像清晰,轮廓分明。

3. 选择数据模式

(1) 在菜单上单击"Mode",选择相机的模式(图 3-35),在"CL Mode"的下拉菜单中选择"full:8×8bits",然后在"User Mode"中选择"User Mode 0"。

(2) 在"Mode Setup"中单击"Set Current Mode as Startup",设置选择的模式作为相机的初始模式,设置完成后关闭软件。

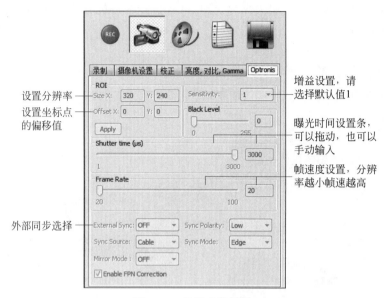

图 3-34 相机参数设置

图 3-35 数据模式

4. 设置记录模式

（1）目标

选择图像序列记录的位置，有"内存"与"硬盘"（高速磁盘阵列）两种模式可以选择。

（2）视频缓冲

视频的大小，可以基于时间或图片数量来衡量。

(3) 循环

循环模式，软件将存储空间作为一个先入先出的环形缓存器，当存储空间录满后，相机会自动将最开始的数据擦除，重新写入新数据。建议只在将数据记录至内存中时使用。

(4) 前/后触发

预触发模式，可以通过拉动滑块选择触发点的位置。

(5) 自动开始新录制

自动新建模式，选上此模式后，当上一个视频录制完成后，软件会自动新建一个任务，重新开始记录。

5. 拍摄

以冲击实验为例，利用无损非接触成像测试仪，记录冲击过程中试件破坏情况(图3-36)步骤如下：

(1) 将加载试件吊装至冲击试验机。

(2) 按前述要求安装调试好无损非接触成像测试仪参数。

(3) 安装位移计、力传感器、数据采集系统等，同步采集试件加载时的各项状态。

(4) 做好安全防护措施，先单击"REC按钮"开始记录，同时马上启动冲击试验机对试件进行冲击，待冲击结束，锤头停止后，再次单击"REC按钮"停止记录。

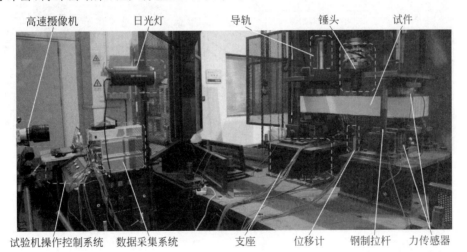

图 3-36 冲击实验

3.13.5 实验结果处理

1. 视频导出

(1) 停止录制后，会出现图 3-37 界面，单击播放工具条中的播放按钮，或者拉动进度条至动作发生的起始帧，然后拉动进度条左下边的倒三角箭头至起始帧，表明定义这一张为播放和导出的起点，然后继续播放或拉动进度条，当感兴趣的动作结束时将进度条右边的倒三角箭头拉至结束帧，定义这一张为播放和导出的终点，见图 3-37。

(2) 依次单击软件操作栏的"文件""导出"，根据需要可以将拍摄数据以视频文件或连续图片的形式导出，可以对不同时间段试件破坏情况进行对比，如图 3-38 所示。

图 3-37　视频导出操作界面

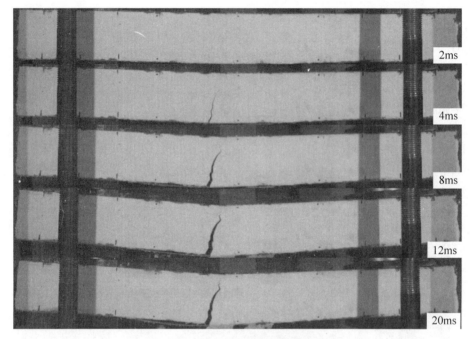

图 3-38　试件受冲击状态变化情况

2. 数据处理

根据拍摄的画面，利用专用软件及数据采集系统采集的数据进行辅助分析。

3. 实验报告

应包含测试中所有的参数，包括但不限于：

（1）实验时间；

（2）试件信息；

（3）设备相机参数；

（4）视频或图像文件。

3.13.6　问题与讨论

（1）无损非接触成像测试原理是什么？

（2）如何设置相机参数？

3.14 结构电磁探测仪检测混凝土结构缺陷

3.14.1 实验目的

了解结构电磁探测仪检测混凝土结构缺陷实验原理；掌握结构电磁探测仪检测混凝土结构缺陷实验方法。

3.14.2 实验原理

结构电磁探测仪是以超高频电磁波作为探测场源，由一个发射天线向地下发射一定中心频率的无载波电磁脉冲波，另一天线接收由地下不同介质界面产生的反射回波，电磁波在介质中传播时，其传播时间、电磁场强度与波形将随所通过介质的电性质（如介电常数 E）及测试目标体几何形态的差异而变化，根据接收的回波旅行时间、幅度和波形等信息，可探测地下目的体的结构和位置信息。工作原理如图 3-39 所示。设备可以确定地下介质分布情况，广泛应用于公路、铁路路面及路基的无损检测，隧道工程质量检测，同时可进行混凝土层厚、内部缺陷和钢筋配置等的检测。

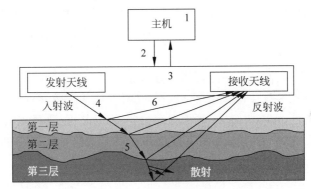

1—主机；2—主机发射电磁波；3、4—电磁波进入结构物路径存在表面反射和透射；
5—遇到目标物体反射；6—接收天线收到反射波信号

图 3-39 工作原理

3.14.3 实验设备

结构电磁探测仪，如图 3-40 所示。

3.14.4 实验内容和步骤

1. 检测环境确认

（1）测区表面宜干燥、平整，并应能保证结构电磁探测仪天线平稳移动。

（2）测区内不应存在干扰检测结果的金属物或其他电磁波源。

（3）检测环境温度应控制在 −10～50℃。

图 3-40　结构电磁探测仪

2. 参数设置

（1）设置软件语言选项：引导屏幕→Language，选择中国国旗图标，中文。

（2）引导屏窗口设置天线相关参数：SIR4000 能自动识别智能天线并设置其相关参数。

（3）对于非智能天线，手动设置，方法为引导屏幕→天线，选择并设置天线类型、天线型号、天线发射率。

（4）"新建项目"，或者选择"最近使用设置"。

（5）调用厂家设置参数文件。系统→调用，选择对应的参数文件名。

（6）修改参数文件，包括文件名、数据保存位置、记录长度、采样点数、增益、垂直滤波参数、水平滤波参数、扫描速度等，保存采集参数至 CUSTOM400MHZ-TIME 文件，下次实验可以直接调用。自动保存测试文件，系统→自动保存文件名→开启 ON。

3. 开始测量

按 Start 开始，全屏幕进行现场测量并记录。按 STOP 停止保存数据文件。每间隔一定距离作用户标记 MARK1，按暂停按钮暂时中断采集，按继续按钮继续测量。

3.14.5　实验结果处理

（1）数据处理前，应检查原始数据的完整性、可靠性。

（2）采集的数据宜进行零线设定。

（3）采集的数据应按下列方法进行滤波处理：

① 应采用带通滤波方式对结构电磁探测仪信号进行一维滤波处理，滤波参数可根据信号的频谱分析结果调整；

② 采集的数据应进行背景去噪处理；

③ 当存在地面以上物体的反射干扰时，应采用二维滤波方式进一步处理。

（4）结构电磁探测仪信号应进行增益处理。

（5）采集的数据宜有选择地进行反滤波处理、时域偏移处理等。

(6) 单道结构电磁探测仪波形分析应依次遵循以下步骤：确定反射波组的界面特征，识别干扰反射波组，识别正常介质界面反射波组，确定反射层信息。

(7) 结构电磁探测仪图像可依据入射波和反射波的振幅、相位特征和同相轴形态特征等进行识别。

(8) 结构电磁探测仪图像分析应按下列步骤进行：

① 结合多个相邻剖面单道结构电磁探测仪波形，找到数据之间的相关性；

② 结合现场实际情况，将检测区域表面情况和测得的结构电磁探测仪图像进行比对分析；

③ 将测得的结构电磁探测仪图像和经过验证的结构电磁探测仪图像进行比对分析，如图 3-41 所示。

(a) 混凝土浇筑前

(b) 结构扫描数据

图 3-41 对比图

(9) 实验报告应包括下列内容：

① 要求检测的项目名称、执行标准；

② 混凝土构件的名称、规格；

③ 仪器设备的名称、型号及编号；

④ 环境温度和湿度；

⑤ 混凝土的缺陷情况和钢筋保护层分布情况，混凝土厚度；

⑥ 要说明的其他内容。

3.14.6　问题与讨论

(1) 结构电磁探测仪检测混凝土结构缺陷实验原理是什么？

(2) 采集的数据如何进行滤波处理？

3.15　无人机搭载红外热像设备检测建筑外墙及屋面作业

3.15.1　实验目的

了解无人机搭载红外热像设备检测建筑外墙及屋面作业的原理；熟悉无人机搭载红外

热像设备检测建筑外墙及屋面作业的标准;掌握无人机搭载红外热像设备检测建筑外墙及屋面作业的方法。

3.15.2 实验原理

一般建筑物的外墙面在一天或一年中都会因气温或太阳辐射热的变化产生周期的温度变化。建筑物的表面温度将因墙面材料的比热容和热传导率的物理性质差异、表面形态及状态的差异而有所变化,从而在墙体温度场分布上产生差异。利用多旋翼无人机搭载红外热像设备,快速扫描探测建筑物外墙的温度场分布,以二维热像图的形式表现物体表面的温度场情况,并通过综合处理分析,判断是否存在缺陷。

3.15.3 实验设备

多旋翼无人机搭载红外摄像仪,如图3-42所示。

图 3-42 无人机搭载红外摄像仪

3.15.4 实验内容和步骤

1. 实验现场调查和资料收集

(1) 建筑物结构形式、规模、饰面情况、使用时间;

(2) 检测飞行区域合法性;

(3) 建筑设计图纸;

(4) 建筑物方位、朝向、日照、周边环境遮挡或反射情况;

(5) 建筑物冷、热源部位及工作情况;

(6) 建筑物外墙渗漏、开裂、脱落及维修等情况;

(7) 建筑饰面材料施工方法及养护维修记录。

2. 编写实验技术方案

根据现场调查结果和收集的资料编写技术方案,包括:

(1) 检测时间和地点;

(2) 被检墙面的方位及检测时段；

(3) 无人机飞行路线，在飞行计划的地图中标注出来；

(4) 无人机飞行高度和墙面距离、拍摄角度及拍摄次数（应保证被测建筑物周边环境无障碍物遮挡，并应保证所得图易于识别）；

(5) 针对无人机无法检测的墙面，手持红外热成像设备拍摄补充方案；

(6) 对检测结果进行验证的方法。

3. 无人机起飞检查

1) 飞行前检查

(1) 机头方向；

(2) GPS 朝向；

(3) 主控安装方向；

(4) 各个旋翼转向是否匹配；

(5) 电气连接各部分是否牢靠。

2) 通电检查

(1) 打开遥控器，接通总电源；

(2) 主控通电后，保持飞机静止，不要触碰，待 LED 灯在红绿交替闪烁完成后，观察 LED 状态指示灯颜色；

(3) 来回切换飞行模式开关，观察 LED 灯飞行模式与模式通道开关位置保持一致。

3) 低空试飞

(1) 保证距飞行器至少 10m 距离，等待飞控系统 GPS 信号正常。

(2) 在姿态模式下，将遥控器左右操控杆同时扳到右下角，电动机解锁并从电动机开始轮流启动。

(3) 电动机完全启动后，轻推油门杆至 30% 左右时保持轻微打滚转俯仰杆，观察电动机加速趋势是否与杆量一致。若一致，则滚转、俯仰杆回中，继续推油门，直到飞行器离地。

4. 使用地面站调试红外热成像仪器及设备，使其处于正常工作状态

(1) 记录天气、气温、日照、风速、饰面层表面温度等；

(2) 拍摄并记录被测区域红外及可见光图像；

(3) 验证疑似缺陷部位；

(4) 填写检测记录表。

3.15.5 实验结果的处理

1. 实验检测数据分析

(1) 红外热像图分析时，应采用易识别黏结缺陷的图像表达检测结果；

(2) 对分块拍摄的红外热像图进行准确的拼接合成；

(3) 对合成后的图像进行几何修正；

(4) 除去背景，选择适宜的温度范围，选用 2~3 色显示图像，突出缺陷在图像中的分布；

(5) 采用箭头、框图等标注方法说明缺陷位置及范围；

(6) 将经过处理得到的缺陷分布图与所测外墙立面可见光图像准确叠加，输出结果图。

2. 黏结缺陷判定

(1) 对红外热像图和可见光图像进行分析处理，得到所测饰面层红外热像和可见光黏结缺陷标记图像，如图 3-43 和图 3-44 所示；

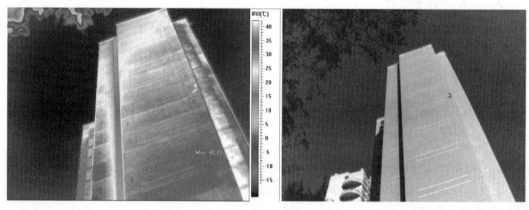

图 3-43　外墙红外成像图

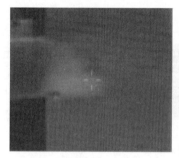 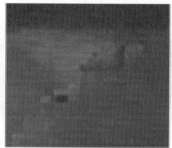 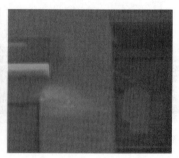

图 3-44　饰面缺陷图

(2) 根据检测现场的实际环境和条件，排除周边环境的影响，得出检测结果，必要时，应采用辅助检测方法验证检测结果；

(3) 推定饰面层黏结缺陷部位和程度。

3. 实验报告

应包含下列内容：

(1) 实验人员信息；

(2) 实验仪器型号及编号；

(3) 被检区域范围及被测墙面轴线位置；

(4) 被检区域墙体饰面材料类型；

(5) 实验时间、环境和条件；

(6) 实验数据（红外热像图及相同位置的可见光图像）；

(7) 实验结论；

(8) 图释，或者无人机 3D 建模并在模型中标注缺陷位置；

(9) 建议采取措施和需要补救材料。

3.15.6　问题与讨论

(1) 无人机起飞检查有哪些内容？

(2) 如何判定黏结缺陷？

第4章

土木工程材料智能实验

4.1 土木工程材料基本性质实验

4.1.1 体积密度实验

1. 实验目的

测定混凝土立方体试件的体积密度;掌握游标卡尺的使用方法;掌握规则形状材料体积密度测定方法。

2. 实验原理和依据

体积密度是指材料在自然状态下单位体积(包括材料实体及其开口孔隙、闭口孔隙)的质量。本实验通过测量规则形状物体的尺寸和质量,计算出材料单位体积的质量即为体积密度。

本实验参照《蒸压加气混凝土性能试验方法》(GB/T 11969—2020)进行。

3. 实验设备

(1) 干燥箱:温度可控制在(105±5)℃;

(2) 天平:称量3kg,感量0.01g;

(3) 游标卡尺:量程300mm,精度0.01mm。

4. 实验内容和步骤

(1) 取混凝土试件1组3块,在(105±5)℃温度下烘干至恒重(恒重指在烘干过程中间隔4h,前后两次质量差不超过2g),并在干燥器内冷却至室温。称取各试件的质量m,精确至0.01g。

(2) 用游标卡尺逐块测量试件长、宽、高三个方向的轴线尺寸,精确至0.01mm,计算试件的体积V。

5. 实验结果的处理

试样体积密度ρ'按下式计算,结果精确至0.01g/cm³:

$$\rho' = \frac{m}{V} \times 10^3 \tag{4-1}$$

式中：ρ'——试样体积密度（g/cm³）；

m——试样质量（g）；

V——试样的体积（mm³）；

试样体积密度取 3 块试件测量结果的算术平均值作为测量值。

4.1.2 表观密度实验

1. 实验目的

采用液体比重天平法测量给定物体的表观密度，掌握材料表观密度的测量方法。

2. 实验原理和依据

表观密度是指单位体积（含材料实体及闭口孔隙体积）材料的干质量。本实验采用液体比重天平法测量物体的表观密度。根据阿基米德的浮力定律，浸入静止流体中的物体受到的浮力等于该物体所排开的流体重量，用静水力天平分别称量物体在空气中和液体中的质量，计算出物体在液体中所受的浮力，根据阿基米德浮力定律，计算出物体的表观密度。

本实验参照《建设用卵石、碎石》(GB/T 14685—2022)进行。

3. 实验设备

(1) 干燥箱：温度可控制在(105±5)℃。

(2) 静水力天平：带吊篮、有溢流孔的盛水容器，称量 3kg，感量 0.01g。

4. 实验内容和步骤

(1) 将混凝土试件在(105±5)℃温度下烘干至恒重，并在干燥器内冷却至室温，称取混凝土试样的质量 m_0。

(2) 将混凝土试件放入盛水容器中，水面至少高出试件 50mm，浸泡 24h。

(3) 关紧静水力天平盛水容器溢流孔的水龙头，将吊篮放入盛水容器中，注水至水面高出溢流孔，打开水龙头，等水龙头中无水溢出后，关紧水龙头，称取吊篮在水中的质量 m_1。

(4) 关紧盛水容器溢流孔的水龙头；将浸泡后的混凝土试件放入吊篮，然后将吊篮放入盛水容器中，注水至水面高出溢流孔，并用上下升降吊篮的方法排除气泡（试样不得露出水面）；打开水龙头，等水龙头中无水溢出后，关紧水龙头，称取吊篮及试件在水中的质量 m_2。

5. 实验结果的处理

试样表观密度 ρ_0 按下式计算，结果精确至 0.01g/cm³：

$$\rho_0 = \left(\frac{m_0}{m_0 + m_1 - m_2}\right) \times \rho_水 \tag{4-2}$$

式中：ρ_0——试样表观密度（g/cm³）；

m_0——试件烘干质量（g）；

m_1——吊篮在水中的质量（g）；

m_2——吊篮及试件在水中的质量（g）；

$\rho_{水}$——水的密度(g/cm³)。

试样表观密度取两次测定结果的算术平均值,两次测定结果之差≤0.02g/cm³。

4.1.3 密度实验

1. 实验目的

采用李氏瓶法测定给定混凝土粉末的密度,掌握粉体材料密度的测量方法。

2. 实验原理和依据

密度是指材料在绝对密实状态下单位体积的质量。本实验中,将一定质量的粉体材料加入装有足够量液体介质的李氏瓶内,使液体充分浸润材料颗粒。根据阿基米德定律,材料颗粒的体积等于它所排开的液体体积,从而计算出单位体积材料的质量即为材料密度。

本实验参照《水泥密度测定方法》(GB/T 208—2014)进行。

3. 实验设备

(1) 李氏瓶:分度值0.1mL;

(2) 天平:称量500g,感量0.01g;

(3) 恒温水槽:使水温可以稳定控制在(20±1)℃;

(4) 鼓风干燥箱:温度可控制在(110±5)℃。

4. 实验内容和步骤

(1) 将混凝土试件破碎磨细,通过0.90mm方孔筛,在(110±5)℃温度下烘干至恒重,并在干燥器内冷却至室温。

(2) 将与试样不起反应的液体注入李氏瓶中至0~1mL之间刻度线后,盖上瓶塞放入恒温水槽内,使刻度部分浸入水中,水温应控制在(20±1)℃,恒温至少30min,记下初始刻度V_1。

(3) 从恒温箱中取出李氏瓶,用滤纸将李氏瓶细长颈内没有液体的部分仔细擦拭干净。

(4) 称取试样50g,精确至0.01g。用小匙将试样一点点装入李氏瓶中,反复摇动(亦可用超声波振动),至没有气泡排出,再次将李氏瓶放置于恒温水槽,使刻度部分浸入水中,恒温至少30min,记下第2次刻度V_2。

(5) 第1次读数和第2次读数时,恒温水槽的温度差≤0.2℃。

5. 实验结果的处理

试样密度ρ按下式计算,结果精确至0.01g/cm³:

$$\rho = \frac{m}{V_2 - V_1} \tag{4-3}$$

式中:ρ——试样密度(g/cm³);

m——试样质量(g);

V_1——李氏瓶初始读数(mL);

V_2——李氏瓶第2次读数(mL)。

实验结果取两次测定结果的算术平均值,两次测定结果之差≤0.02g/cm³。

4.1.4 问题与讨论

(1) 用液体比重天平法测量材料的表观密度,为何要将材料放入水中浸泡 24h? 浸泡时间对实验结果有何影响?

(2) 材料的密度、表观密度和体积密度有何关系?

(3) 如何计算材料的孔隙率?

4.2 水泥物理性能实验

4.2.1 水泥实验的一般规定

(1) 实验室温度为(20±2)℃,相对湿度应不低于50%;

(2) 湿气养护箱温度为(20±1)℃,相对湿度应不低于90%;

(3) 实验用水应是洁净的饮用水,如有争议时应以蒸馏水为准;

(4) 水泥试样、拌和水、仪器和用具的温度应与实验室一致。

4.2.2 水泥标准稠度用水量测定(代用法)

1. 实验目的

水泥的凝结时间、安定性均受水泥净浆稀稠的影响,为了使不同水泥的凝结时间和安定性具有可比性,必须规定一个标准稠度。此实验测定水泥净浆达到标准稠度时的用水量,作为凝结时间和安定性实验用水量的依据。

2. 实验原理和依据

水泥净浆对试杆(或试锥)的沉入具有一定阻力,通过实验不同含水量水泥净浆的穿透性,以确定达到标准稠度水泥净浆时所需加入的水量。

本实验参照《水泥标准稠度用水量、凝结时间、安定性检验方法》(GB/T 1346—2011)中的标准稠度用水量测定方法(代用法)中的不变水量法进行。

3. 实验设备

(1) 水泥净浆搅拌机:符合《水泥净浆搅拌机》(JC/T 729—2005)的要求;

(2) 代用法维卡仪:符合《水泥净浆标准稠度与凝结时间测定仪》(JC/T 727—2005)的要求;

(3) 天平:称量1000g,感量1g。

4. 实验内容和步骤

(1) 称取 500g 水泥,量取 142.5mL 水。

(2) 先用拧干的湿布擦拭水泥净浆搅拌机的搅拌锅和搅拌叶,将量好的拌和水倒入搅拌锅内,然后在5~10s内小心将称好的水泥加入水中,将搅拌锅安放在搅拌机的锅座上,升至搅拌位置,启动搅拌机,低速搅拌120s,停15s,在停止的时间内用小刀将叶片和锅壁上的水泥浆刮入锅中,接着高速搅拌120s,搅拌完成。

(3) 水泥净浆搅拌结束后,立即将拌和好的水泥净浆装入锥模中,用宽约25mm的直边刀插捣5次,再轻振5次,刮去多余的净浆,抹平后迅速放至试锥下面固定的位置上,将试锥下降至锥尖刚好与水泥净浆表面接触,拧紧螺丝,调整指针对准零点,突然放松螺丝,让试锥垂直自由沉入净浆中,释放试锥30s时,记录试锥下沉深度S。沉入深度测定应在搅拌后1.5min内完成。

5. 实验结果的处理

根据试锥下沉深度$S(mm)$按下式计算标准稠度用水量P:

$$P = 33.4 - 0.185S \tag{4-4}$$

式中:P——标准稠度用水量(%);

S——试锥下沉深度(mm)。

标准稠度用水量也可从仪器对应的标尺上读取,当$S<13mm$时,应改用调整水量法测定。

4.2.3 水泥凝结时间测定

1. 实验目的

通过凝结时间的测定,得到水泥的初凝时间和终凝时间,判定水泥是否符合技术标准要求。

2. 实验原理和依据

通过测定试针沉入标准稠度水泥净浆一定深度时所经历的时间来表示水泥初凝和终凝时间。

本实验参照《水泥标准稠度用水量、凝结时间、安定性检验方法》(GB/T 1346—2011)进行。

3. 实验设备

(1) 水泥净浆搅拌机:符合《水泥净浆搅拌机》(JC/T 729—2005)的要求;

(2) 标准法维卡仪;

(3) 天平:称量1000g,感量1g。

4. 实验内容和步骤

(1) 称取500g水泥,量取根据标准稠度用水量实验所测得的用水量。

(2) 先用拧干的湿布擦拭水泥净浆搅拌机的搅拌锅和搅拌叶,将量好的拌和水倒入搅拌锅内,然后在5~10s内小心将称好的水泥加入水中,记录水泥全部加入水中的时间作为凝结时间的起始时间。将搅拌锅安放在搅拌机的锅座上,升至搅拌位置,启动搅拌机,低速搅拌120s,停15s,在停止的时间内用小刀将叶片和锅壁上的水泥浆刮入锅中,接着高速搅拌120s,搅拌完成。

(3) 水泥净浆搅拌结束后,立即取适量水泥净浆一次性将其装入已置于玻璃板上的试模中,浆体超过试模上端,用宽约25mm的直边刀轻轻拍打超出试模部分的浆体5次以排除浆体中的孔隙,然后在试模上表面约1/3处,略倾斜于试模分别向两边轻轻锯掉多余净浆,再从试模边沿轻抹顶部一次,使浆表面光滑。在锯掉多余净浆和抹平的操作过程中,注意不要压实净浆。抹平后立即放入湿气养护箱中。

(4) 调整维卡仪的试针,接触玻璃板时指针对准零点。

(5) 试件在湿气养护箱中养护至加水后 30min 时进行第一次测定。测定时,从湿气养护箱中取出试模放到试针下,降低试针与水泥净浆表面接触。拧紧螺丝 1~2s 后,突然放松,试针垂直自由地沉入水泥净浆。观察试针停止下沉或释放试针 30s 时指针的读数。临近初凝时间时每隔 5min 测定一次,当试针沉至距底板 $(4±1)$ mm 时,为水泥达到初凝状态。

(6) 完成初凝时间测定后,立即将试模连同浆体以平移方式从玻璃板取下,翻转 180°,直径大端向上,小端向下放在玻璃板上,再放入湿气养护箱中继续养护。换上终凝试针。临近终凝时间时每隔 15min 测定一次,当试针环形附件开始不能在试件上留下痕迹时,为水泥达到终凝状态。由水泥全部加入水中至终凝状态的时间为水泥的终凝时间,用 min 表示。

(7) 测定时应注意,最初测定的操作时应轻轻扶持金属柱,使其徐徐下降,以防试针撞弯,但结果以自由下落为准。整个测试过程中试针沉入的位置至少要距试模内壁 10mm。到达初凝时应立即重复测一次,当两次结论相同时才能确定到达初凝状态,到达终凝时,需要在试体另外 2 个不同点测试,确认结论相同才能确定到达终凝状态。第 2 次测定不能让试针落入原针孔,每次测试完毕须将试针擦净并将试模放回湿气养护箱内,整个过程要防止试模受到振动。

5. 实验结果的处理

由水泥全部加入水中至初凝状态的时间间隔即为水泥的初凝时间,用 min 表示;由水泥全部加入水中至终凝状态的时间间隔即为水泥的终凝时间,用 min 表示。测得的凝结时间与《通用硅酸盐水泥》(GB 175—2007/XG 3—2018)要求相比,判定水泥凝结时间是否符合规范要求。

4.2.4 水泥安定性测定(雷氏夹法)

1. 实验目的

通过测定沸煮后标准稠度水泥净浆试样的体积变化程度,评定体积安定性是否合格,判定水泥是否符合技术标准要求。

2. 实验原理和依据

通过测定水泥标准稠度净浆在雷氏夹中沸煮后雷氏夹 2 个试针的相对位移来表征其体积膨胀程度。

本实验参照《水泥标准稠度用水量、凝结时间、安定性检验方法》(GB/T 1346—2011)进行。

3. 实验设备

(1) 水泥净浆搅拌机:符合《水泥净浆搅拌机》(JC/T 729—2005)的要求;
(2) 雷氏夹;
(3) 天平:称量 1000g,感量 1g。

4. 实验内容和步骤

(1) 采用 4.2.3 节凝结时间测定实验制备的标准稠度净浆进行实验。

(2) 将预先准备好的雷氏夹放在已稍擦油的玻璃板上，并立即将已制备好的标准稠度净浆一次装满雷氏夹，装浆时一只手轻轻扶持雷氏夹，另一只手用宽约 25mm 的直边刀在浆体表面轻轻插捣 3 次，然后抹平，接着将试件移至湿气养护箱内养护(24±2)h。

(3) 脱去玻璃板取下试件，先测量雷氏夹指针尖端的距离(A)，精确到 0.5mm，接着将试件放入沸煮箱水中的试件架上，指针朝上，然后在(30±5)min 内加热至沸腾并恒沸(180±5)min。

(4) 沸煮结束后，立即放掉沸煮箱中的热水，打开箱盖，待箱体冷却至室温，取出试件，测量雷氏夹指针尖端的距离(C)，精确至 0.5mm。

5. 实验结果的处理

当 2 个试件沸煮后雷氏夹指针尖端增加距离($C-A$)的平均值≤5.0mm 时，即认为该水泥安定性合格；当 2 个试件沸煮后雷氏夹指针尖端增加距离($C-A$)的平均值>5.0mm 时，应用同一样品立即重做一次实验。以复检结果为准。

4.2.5 水泥胶砂强度测定

1. 实验目的

通过检验不同龄期水泥胶砂试件的抗压强度、抗折强度，确定水泥的强度等级或评定水泥强度是否符合标准要求。

2. 实验原理和依据

通过测定已规定水灰比及灰砂比制备成标准尺寸的胶砂试件的抗压破坏荷载及抗折破坏荷载，确定其抗压强度、抗折强度。

本实验参照《水泥胶砂强度检验方法(ISO)》(GB/T 17671—2021)进行。

3. 实验设备

(1) 行星式水泥胶砂搅拌机：符合《行星式水泥胶砂搅拌机》(JC/T 681—2005)的要求；

(2) 水泥胶砂试模：符合《水泥胶砂试模》(JC/T 726—2005)的要求；

(3) 水泥胶砂试体成型振实台：符合《水泥胶砂试体成型振实台》(JC/T 682—2005)的要求；

(4) 抗折强度试验机：示值精度、加载速度和抗折夹具符合《水泥胶砂电动抗折实验机》(JC/T 724—2005)的要求；

(5) 抗压强度试验机：符合《水泥胶砂强度自动压力试验机》(JC/T 960—2022)的要求；

(6) 抗压夹具：符合《40mm×40mm 水泥抗压夹具》(JC/T 683—2005)的要求；

(7) 天平：称量 1000g，感量 1g。

4. 实验内容和步骤

(1) 称取水泥试样 450g，水 225g，ISO 标准砂 1 袋(1350g)。

(2) 将 1 袋标准砂倒入加砂器，将水倒入搅拌锅内，再倒入水泥，将搅拌锅放在固定架上，上升至工作位置后开动搅拌机，低速搅拌 30s 后，在第 2 个 30s 开始的同时搅拌机自动均匀加入砂子，然后机器自动转至高速，再拌 30s，停拌 90s。在第 1 个 15s 内，用胶皮刮具将叶片和锅壁上的胶砂刮入锅中间，高速下继续搅拌 60s，搅拌完成。

(3) 胶砂制备后应立即成型。将空试模及模套固定于振实台上，用料勺将锅壁上的胶砂清理到锅内并翻转搅拌使其更加均匀；将胶砂分 2 层装入试模，装第一层时每个槽内约放 300g 胶砂，先用料勺沿试模长度方向划动以布满模槽，再用大布料器将料层布平，振实 60 次；再装入第 2 层胶砂，用小布料器布平后再振实 60 次。

(4) 移走模套，从振实台上取下试模，用金属直尺以近似 90°的角度（向刮平方向稍斜）架在试模模顶一端，沿试模长度方向从横向以锯割动作慢慢向另一端移动，将超出试模部分的胶砂刮去。锯割次数的多少和直尺角度的大小取决于胶砂的稀稠程度，较稠的胶砂需要多次锯割，锯割动作要慢以防拉动已振实的胶砂。再用同一直尺以近乎水平的角度将试体表面抹平。抹平次数要尽量少，总次数不应超过 3 次。对试体做好标记。

(5) 在试模上盖上一块盖板，盖板不能与水泥胶砂接触。试模放入标准养护箱内养护。至规定的脱模时间取出，用防水笔对试件进行编号标记后脱模。对于 24h 龄期的试件，应在实验前 20min 内脱模，并用湿布覆盖到实验。对于 24h 以上龄期的试件，应在成型后 20~24h 间脱模。

(6) 脱模后的试件水平或垂直并放入 (20 ± 1)℃水中养护，水平放置时刮平面朝上，并彼此保留一定间距，使水与试件的 6 个面接触。养护期间试件的间隔或试件上表面的水深不得小于 5cm。每个养护池只能养护同类型的水泥试件。

(7) 养护到期的试件，应在实验前提前从水中取出，擦去表面沉积物，并用湿布覆盖至实验。先进行抗折实验，后做抗压实验。

(8) 抗折实验：将试件长向侧面放于抗折试验机的 2 个支撑圆柱上，试件长轴垂直于支撑圆柱，通过加载圆柱，以 (50 ± 10)N/s 速率均匀将荷载垂直地施加在试件相对侧面至折断，记录破坏荷载（F_f）。

(9) 抗压实验：以折断后保持潮湿状态的 2 个半截棱柱体的侧面为受压面，分别放入抗压夹具内，并要求试件中心、夹具中心、压力机压板中心，三心合一，偏差为 ±0.5mm，以 (2.4 ± 0.2)kN/s 的速率均匀加载至破坏，记录破坏荷载（F_c）。

5. 实验结果的处理

(1) 抗折强度 R_f 以 MPa 表示，按式(4-5)计算，精确至 0.1MPa：

$$R_f = \frac{1.5 F_f L}{b^3} \tag{4-5}$$

式中：F_f——棱柱体折断时的荷载（N）；

L——2 个支撑圆柱之间的距离（$L=100$mm）；

b——棱柱体正方形截面的边长（$b=40$mm）。

以一组 3 个棱柱体抗折强度的平均值为实验结果，当 3 个强度值中有一个超出平均值 $\pm10\%$时，应剔除后再取平均值作为抗折强度实验结果。当 3 个强度值有 2 个超出平均值 $\pm10\%$时，则以剩余的 1 个作为抗折强度结果。

(2) 抗压强度 R_c 以 MPa 表示，按式(4-6)计算，精确至 0.1MPa：

$$R_c = \frac{F_c}{A} \tag{4-6}$$

式中：F_c——受压破坏最大荷载(N)；

A——受压面积($1600mm^2$)。

以一组 3 个棱柱体上得到的 6 个抗压强度测定值的算术平均值为实验结果。当 6 个测定值中有 1 个超出 6 个平均值的±10%时，剔除这个结果，以剩下的 5 个抗压强度的平均值为结果。若 5 个测定值中再有超出它们平均值的±10%时，则此组结果作废。当 6 个测定值中同时有 2 个或 2 个以上超出平均值的±10%时，则此组结果作废。

4.2.6　问题与讨论

(1) 水泥的标准稠度用水量有何意义？为何要测量水泥的标准稠度用水量？

(2) 什么是水泥的安定性，产生安定性不良的原因有哪些？是否都可由沸煮法检测？

(3) 水泥胶砂强度抗压实验为什么一定以侧面为受压面？以刮平面为受压面对实验结果有什么影响？

(4) 水泥胶砂强度实验中，是否可用普通砂代替标准砂？

4.3　砂、石物理性能实验

4.3.1　砂的颗粒级配实验

1. 实验目的

通过筛分析实验测定不同粒径骨料的含量比例，评定砂的颗粒级配状况及粗细程度，计算砂的细度模数，为混凝土配合比设计及工程合理用砂提供技术依据。

2. 实验原理和依据

用由不同孔径的方孔筛组成的一套标准筛对砂样进行筛分，测定砂样中不同粒径的颗粒含量。

本实验参照《建设用砂》(GB/T 14684—2022)进行。

3. 实验设备和材料

(1) 试验筛：符合《试验筛　技术要求和检验　第 1 部分：金属丝编织网试验筛》(GB/T 6003.1—2022)中方孔试验筛的规定，孔径 150μm、300μm、600μm、1.18mm、2.36mm、4.75mm 及 9.5mm，附有筛底和筛盖；

(2) 鼓风干燥箱：能使温度控制在(105±5)℃；

(3) 天平：称量 1000g，感量 1g；

(4) 摇筛机。

4. 实验内容和步骤

(1) 按规定取样，用分样器或四分法将试样缩分至约 1100g，放入干燥箱内于(105±5)℃烘干至恒量，待冷却至室温后，筛除大于 9.5mm 的颗粒，并计算其筛余百分率。将过筛后的试样分成大致相等的 2 份备用。

(2) 称取试样 500g，精确至 1g。将试样倒入按孔径大小从上至下组合的套筛(附筛底)上，盖上筛盖。

(3) 将套筛安放在摇筛机上摇 10min，取下套筛，按筛孔大小顺序依次进行手筛，筛至每分钟通过量小于试样总量的 0.1%（即 0.5g）为止，通过的试样并入下一号筛，并和下一号筛中的试样一起手筛，依次分别进行至各号筛全部筛完为止。

(4) 称量各号筛的筛余量，精确至 1g。试样在各号筛上的筛余量不得超过按式（4-7）计算出的量，若超过应按下列处理方法之一进行。

$$m_a = \frac{A\sqrt{d}}{200} \tag{4-7}$$

式中：m_a——某一个筛上的筛余量(g)；

A——筛面面积(mm^2)；

d——筛孔尺寸(mm)。

筛余量超出规定筛余量的处理方法：

① 将该粒级试样分成少于按式（4-7）计算出的量（至少分成 2 份），分别筛分，并以筛余量之和作为该号筛的筛余量。

② 将该粒级及以下各粒级的筛余混合均匀，称出其质量（精确至 1g），再用四分法缩分为大致相等的 2 份，取其中 1 份，称出其质量（精确至 1g），继续筛分。计算该粒级及以下各粒级的分计筛余量时，应根据缩分比例进行修正。

5. 实验结果的处理

(1) 计算分计筛余百分率：各号筛的筛余量与试样总量之比，精确至 0.1%。

(2) 计算累计筛余百分率：该号筛的筛余百分率加上该号筛以上各筛余百分率之和，精确至 0.1%。筛分后，如每号筛的筛余量与筛底的剩余量之和同原试样质量之差超过 1%，应重新实验。

(3) 按式（4-8）计算细度模数（M_x）细度模数，精确至 0.01：

$$M_x = \frac{(A_2 + A_3 + A_4 + A_5 + A_6) - 5A_1}{100 - A_1} \tag{4-8}$$

式中：M_x——细度模数；

$A_1、A_2、A_3、A_4、A_5、A_6$——分别是孔径为 4.75mm、2.36mm、1.18mm、600μm、300μm、150μm 筛的累计筛余百分率。

(4) 细度模数取两次实验结果的算术平均值，精确至 0.1。如两次实验的细度模数之差超过 0.20，重新实验。

(5) 根据计算得到的累计筛余百分率评定该砂颗粒级配情况。

4.3.2 砂的表观密度实验

1. 实验目的

通过测定砂的表观密度为计算空隙率及混凝土配合比设计提供依据。

2. 实验原理和依据

利用阿基米德定理（即骨料排出水的体积为骨料的体积）确定一定质量砂的体积（包括封闭孔隙在内），计算砂的表观密度。

本实验参照《建设用砂》（GB/T 14684—2022）进行。

3. 实验设备和材料

(1) 鼓风干燥箱：能使温度控制在(105±5)℃；

(2) 容量瓶：500mL；

(3) 天平：称量1000g，感量0.1g。

4. 实验内容和步骤

(1) 按规定取样并将试样缩分至约660g，放在干燥箱中于(105±5)℃下烘干至恒量，待冷却至室温后，分成大致相等的2份备用。

(2) 称取试样300g，精确至0.1g。将试样装入容量瓶中，注入冷开水至接近500mL的刻度处，用手旋转摇动容量瓶，使砂样充分摇动，排除气泡，塞紧瓶塞，静置24h。然后用滴管小心加水至容量瓶500mL刻度处，塞紧瓶塞，擦干瓶外水分，称出其质量，精确至0.1g。

(3) 倒出瓶内水和试样，洗净容量瓶，再向容量瓶内注水至500mL刻度处塞紧瓶塞，擦干瓶外水分，称出其质量，精确至0.1g。

5. 实验结果的处理

砂的表观密度按下式计算，精确至$10 kg/m^3$：

$$\rho_0 = \left(\frac{m_{i0}}{m_{i0} + m_{i2} - m_{i1}} - \alpha_i \right) \times \rho_w \tag{4-9}$$

式中：ρ_0——表观密度(kg/m^3)；

ρ_w——水的密度(取$1000 kg/m^3$)；

m_{i0}——烘干试样的质量(g)；

m_{i1}——试样、水及容量瓶的总质量(g)；

m_{i2}——水及容量瓶的总质量(g)；

α_i——水温对表观密度影响的修正系数，如表4-1所示。

表观密度取两次实验结果的算术平均值，精确至$10 kg/m^3$；如两次实验结果之差>$20 kg/m^3$，应重新实验。

表4-1 不同水温对砂的表观密度影响的修正系数

水温/℃	16	17	18	19	20	21	22	23	24	25
α_i	0.003	0.003	0.004	0.004	0.005	0.005	0.006	0.006	0.007	0.008

4.3.3 砂的堆积密度实验

1. 实验目的

通过测定砂的堆积密度为计算空隙率及混凝土配合比设计提供依据。

2. 实验原理和依据

通过测定装满容量筒的砂的质量和体积计算堆积密度。

本实验参照《建设用砂》(GB/T 14684—2022)进行。

3. 实验设备和材料

(1) 鼓风干燥箱：能使温度控制在(105±5)℃；

(2) 容量筒：容积为1L；

(3) 天平：称量1000g，感量0.1g；

(4) 试验筛：孔径为4.75mm的方孔筛。

4. 实验内容和步骤

(1) 取试样约3L，放在干燥箱中于(105±5)℃下烘干至恒量，待冷却至室温后，筛除直径大于4.75mm的颗粒，分成大致相等的2份备用。

(2) 测定松散堆积密度：取试样1份，用料斗将试样从容量筒中心上方50mm处，以自由落体落下徐徐倒入容量筒中并呈堆积体，容量筒四周溢满时停止加料，实验过程中应防止振动容量筒。用直尺沿筒口中心向两边刮平，称出试样和容量筒的总质量，称出容量筒质量，精确至1g。

(3) 测定紧密堆积密度：取试样1份分两次装入容量筒，装完第1层后(约稍高于筒体1/2)，在筒底垫放一根直径10mm的圆钢，将筒按住，左右交替敲击地面各25下。然后装入第2层，第2层装满后用同样方法颠实，筒底所垫钢筋的方向与第1层时的方向垂直。再加试样直至超过筒口，用直尺沿筒口中心向两边刮平，称出试样和容量筒的总质量，称出容量筒质量，精确至1g。

5. 实验结果的处理

(1) 松散堆积密度和紧密堆积密度分别按式(4-10)、式(4-11)计算，取两次实验结果的算术平均值，精确至10kg/m³：

$$\rho_l = \frac{m_{j1} - m_{j0}}{V_j} \tag{4-10}$$

$$\rho_c = \frac{m_{j2} - m_{j0}}{V_j} \tag{4-11}$$

式中：ρ_l——松散堆积密度(kg/m³)；

ρ_c——紧密堆积密度(kg/m³)；

m_{j0}——容量筒质量(g)；

m_{j1}——松散堆积时容量筒和试样总质量(g)；

m_{j2}——紧密堆积时容量筒和试样总质量(g)；

V_j——容量筒体积(L)。

(2) 松散堆积空隙率和紧密堆积空隙率分别按式(4-12)和式(4-13)计算，取两次实验结果的算术平均值，精确至1%：

$$P_l = \left(1 - \frac{\rho_l}{\rho_0}\right) \times 100\% \tag{4-12}$$

$$P_c = \left(1 - \frac{\rho_c}{\rho_0}\right) \times 100\% \tag{4-13}$$

式中：P_l——松散堆积空隙率；

P_c——紧密堆积空隙率；

ρ_0——砂的表观密度(kg/m³)。

4.3.4 石子的颗粒级配实验

1. 实验目的

通过筛分析实验测定石子样品中不同粒径颗粒的含量比例,评定石子的颗粒级配,为混凝土配合比设计提供原材料参数。

2. 实验依据

本实验参照《建设用卵石、碎石》(GB/T 14685—2022)进行。

3. 实验设备和材料

(1) 试验筛:符合《试验筛 技术要求和检验 第1部分:金属丝编织网试验筛》(GB/T 6003.1—2022)中方孔试验筛的规定,筛框内径为300mm,孔径为2.36mm、4.75mm、9.50mm、16.0mm、19.0mm、26.5mm、31.5mm、37.5mm、53.0mm、63.0mm、75.0mm、90.0mm的方孔筛,附有筛底和筛盖;

(2) 鼓风干燥箱:能使温度控制在(105±5)℃;

(3) 天平:分度值不大于最少试样量的0.1%;

(4) 摇筛机。

4. 实验内容和步骤

(1) 按规定取样,取回的试样用四分法缩分至不少于表4-2规定的试样数量,经烘干或风干后备用。

表4-2 颗粒级配实验所需试样数量

最大粒径/mm	9.5	16.0	19.0	26.5	31.5	37.5	63.0	75.0
最少试样质量/kg	1.9	3.2	3.8	5.0	6.3	7.5	12.6	16.0

(2) 根据试样的最大粒径,按表4-2规定的试样数量称取试样。将试样倒入按孔径大小从上至下组合的套筛(附筛底)上,盖上筛盖。

(3) 将套筛安放在摇筛机上,摇10min后,取下套筛,按筛孔大小顺序依次进行手筛,筛至每分钟通过量小于试样总量的0.1%为止,通过的试样并入下一号筛,并和下一号筛中的试样一起手筛,依次进行至各号筛全部筛完为止。当筛余颗粒的粒径大于19.0mm时,在筛分过程中,允许用手指拨动颗粒。

(4) 称量各号筛的筛余量。

5. 实验结果的处理

(1) 计算分计筛余百分率:各号筛的筛余量与试样总量之比,精确至0.1%。

(2) 计算累计筛余百分率:该号筛的筛余百分率加上该号筛以上各分计筛余百分率之和,精确至1%。筛分后,如每号筛的筛余量与筛底的剩余量之和同原试样质量之差超过1%,应重新实验。

(3) 根据各号筛的累计筛余百分率,采用修约值比较法评定该试样的颗粒级配。

4.3.5 石子的表观密度实验

1. 实验目的

测定石子的表观密度,为计算试样空隙率及混凝土配合比设计提供依据。

2. 实验原理和依据

利用阿基米德原理(即骨料排出水的体积为骨料的体积)确定粗骨料(卵石或碎石)的近似密实体积(包括封闭孔隙在内),计算粗骨料的密度。

本实验参照《建设用卵石、碎石》(GB/T 14685—2022)中的广口瓶法进行。

3. 实验设备

(1) 干燥箱:能使温度控制在(105±5)℃;
(2) 试验筛:孔径为4.75mm的方孔筛;
(3) 天平:称量5kg,感量1g;
(4) 广口瓶:1000mL,磨口,带玻璃片。

4. 实验内容和步骤

(1) 按规定取样缩分至规定的数量,风干后筛除直径小于4.75mm的颗粒,洗净,分成大致相等的试样2份备用。

(2) 将试样浸水饱和,装入广口瓶,装试样时,广口瓶应倾斜放置,注入饮用水,左右摇动排尽气泡后,向瓶内滴水至瓶口边缘,用玻璃片沿瓶口迅速滑行,紧贴瓶口水面,覆盖瓶口,擦干瓶外水分后,称出试样、水、瓶和玻璃片总质量。

(3) 将瓶中试样倒入浅盘,放入干燥箱内,在(105±5)℃的温度下烘干至恒量,冷却至室温后称其质量。

(4) 将瓶内重新注水至瓶口,用玻璃片紧贴瓶口水面覆盖瓶口,擦干瓶外水分后,称出水、瓶和玻璃片总质量。

5. 实验结果的处理

石子的表观密度按下式计算,精确至10kg/m³:

$$\rho_0 = \left(\frac{m_{b4}}{m_{b4} + m_{b6} - m_{b5}} - \alpha_i\right) \times \rho_w \tag{4-14}$$

式中:ρ_0——表观密度(kg/m³);

m_{b4}——烘干后试样的质量(g);

m_{b5}——试样、水、瓶和玻璃片的质量(g);

m_{b6}——水瓶和玻璃片的质量(g);

α_i——水温对表观密度影响的修正系数,见表4-1;

ρ_w——水的密度,取1000kg/m³。

表观密度取两次实验结果的平均值,当两次实验结果之差>20kg/m³时,须重新取样实验。

4.3.6 问题与讨论

(1) 砂、石取样是如何缩分?为何要缩分?

(2) 砂的颗粒级配实验中,有部分颗粒卡在筛网上无法倒出,如何处理?

4.4 砂浆物理性能实验

4.4.1 稠度实验

1. 实验目的

掌握砂浆稠度的测定方法,为砂浆配合比确定及用水量提供参考。

2. 实验原理和依据

通过测量新拌砂浆的沉入度来表征其稠度。

本实验参照《建筑砂浆基本性能试验方法标准》(JGJ/T 70—2009)进行。

3. 实验设备和材料

(1) 砂浆稠度仪:由试锥、容器和支座三部分组成,如图 4-1 所示。

(2) 钢制捣棒:直径为 10mm,长度 350mm,端部磨圆;

(3) 秒表。

4. 实验内容和步骤

(1) 用少量润滑油擦拭滑杆,再将滑杆上多余的油用油纸擦净,使滑杆能自由滑动;

(2) 采用湿布擦净盛浆容器和试锥表面,再将砂浆拌和物一次装入容器,砂浆表面宜低于容器口 10mm,用捣棒自容器中心向边缘均匀地插捣 25 次,然后轻轻地将容器摇动或敲击 5~6 下,使砂浆表面平整,随后将容器置于砂浆稠度仪的底座上;

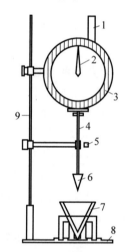

1—齿条测杆;2—指针;3—刻度盘;
4—滑杆;5—制动螺丝;6—试锥;
7—盛浆容器;8—底座;9—支架

图 4-1 砂浆稠度仪

(3) 拧开制动螺丝,向下移动滑杆,当试锥尖端与砂浆表面刚接触时,拧紧制动螺丝,使齿条测杆下端刚接触滑杆上端,并将指针对准零点;

(4) 拧开制动螺丝,同时计时间,10s 时立即拧紧螺丝,将齿条测杆下端接触滑杆上端,从刻度盘上读出下沉深度(精确至 1mm),即为砂浆的稠度值;

(5) 盛浆容器内的砂浆,只允许测定一次稠度,重复测定时,应重新取样测定;

(6) 同盘砂浆应取两次实验结果的算术平均值作为测定值,并应精确至 1mm,当两次实验值之差>10mm 时,应重新取样测定。

4.4.2 保水性实验

1. 实验目的

掌握砂浆保水性测定,判定砂浆拌和物在运输及停放时内部组分的稳定性。

2. 实验原理和依据

通过实验确定各个参数值,然后运用保水性计算公式,计算出砂浆的保水性。

本实验参照《建筑砂浆基本性能试验方法标准》(JGJ/T 70—2009)进行。

3. 实验设备和材料

(1) 金属或硬塑料圆环试模:内径 100mm、内部高度 25mm;

(2) 可密封的取样容器:清洁、干燥;

(3) 2kg 的重物;

(4) 医用棉纱:尺寸为 110mm×110mm;

(5) 超白滤纸:直径 110mm,200g/m²,符合《化学分析滤纸》(GB/T 1914—2017)"中速定性滤纸"的规定;

(6) 2 片金属或玻璃的方形或圆形不透水片:边长或直径>110mm;

(7) 天平:称量 200g,感量 0.1g;称量 2000g,感量 1g;

(8) 烘箱。

4. 实验内容和步骤

(1) 称量不透水片与干燥试模质量 m_1 和 8 片中速定性滤纸质量 m_2。

(2) 将砂浆拌和物一次性填入试模,并用抹刀插捣数次,当填充砂浆略高于试模边缘时,用抹刀将试模表面多余的砂浆刮去,然后再用抹刀在试模表面反方向将砂浆刮平。

(3) 抹掉试模边的砂浆,称量试模、下不透水片与砂浆总质量 m_3。

(4) 用 2 片医用棉纱覆盖在砂浆表面,再在棉纱表面放上 8 片滤纸,用不透水片盖在滤纸表面,以 2kg 的重物把不透水片压着。

(5) 静止 2min 后移走重物及不透水片,取出滤纸(不包括棉纱),迅速称量滤纸质量 m_4。

(6) 从砂浆的配合比及加水量计算砂浆的含水率,若无法计算,可按以下规定测定砂浆的含水率。

称取 100g 砂浆拌和物试样,置于一干燥并已称重的盘中,在(105±5)℃的烘箱中烘干至恒重,砂浆含水率按式(4-15)计算,结果精确至 0.1%:

$$\alpha = \frac{m_5}{m_6} \times 100\% \tag{4-15}$$

式中:α——砂浆含水率(%);

m_5——烘干后砂浆样本损失的质量(g);

m_6——砂浆样本的总质量(g)。

(7) 砂浆保水性按式(4-16)计算,取两次实验结果的平均值作为结果,如两个测定值中有 1 个超出平均值的 5%,则此组实验结果无效:

$$W = \left[1 - \frac{m_4 - m_2}{\alpha \times (m_3 - m_1)}\right] \times 100\% \tag{4-16}$$

式中:W——保水性(%);

m_1——下不透水片与干燥试模质量(g);

m_2——8 片滤纸吸水前的质量(g);

m_3——试模、下不透水片与砂浆总质量(g);

m_4——8 片滤纸吸水后的质量(g);

α——砂浆含水率(%);按式(4-15)确定。

4.4.3 抗压强度实验

1. 实验目的

测定砂浆抗压强度,作为砂浆强度等级划分的依据。

2. 实验原理和依据

通过压力试验机得到试样破坏时的荷载 N_u,结合承压面面积 A,可计算出抗压强度 $f_{m,cu}$。

本实验参照《建筑砂浆基本性能试验方法标准》(JGJ/T 70—2009)进行。

3. 实验设备

(1) 压力试验机:精度为 1%,试件破坏荷载不小于压力试验机量程的 20%,且不大于全量程的 80%。

(2) 试模:70.7mm×70.7mm×70.7mm 的带底试模,符合行业标准《混凝土试模》(JG/T 237—2008)的规定。

(3) 钢制捣棒:直径为 10mm,长度为 350mm,端部磨圆。

(4) 振动台:空载中台面的垂直振幅为(0.5±0.05)mm,空载频率为(50±3)Hz,空载台面振幅均匀度不应大于 10%,一次实验至少可固定 3 个试模。

4. 实验内容和步骤

1) 立方体抗压强度试件的制作及养护

应按下列步骤进行:

(1) 采用立方体试件,每组试件应为 3 个。

(2) 采用黄油等密封材料涂抹试模的外接缝,试模内应涂刷薄层机油或隔离剂。将拌制好的砂浆一次性装满砂浆试模,成型方法应根据稠度确定。当稠度>50mm 时,宜采用人工插捣成型;当稠度≤50mm 时,宜采用振动台振实成型。

① 人工插捣:采用捣棒均匀地由边缘向中心按螺旋方式插捣 25 次,插捣过程中当砂浆沉落低于试模口时,应随时添加砂浆,可用油灰刀插捣数次,并用手将试模一边抬高 5~10mm 各振动 5 次,砂浆应高出试模顶面 6~8mm。

② 机械振动:将砂浆一次装满试模,放置到振动台上,振动时试模不得跳动,振动 5~10s 或持续到表面泛浆为止,不得过振。

(3) 应待表面水分稍干后,再将高出试模部分的砂浆沿试模顶面刮去并抹平。

(4) 试件制作后应在温度为(20±5)℃的环境下静置(24±2)h,对试件进行编号、拆模。当气温较低时,或者凝结时间大于 24h 的砂浆,可适当延长时间,但不应超过 2d。试件拆模后应立即放入温度为(20±2)℃,相对湿度为 90%以上的标准养护室中养护。养护期间,试件彼此间隔不得小于 10mm,混合砂浆、湿拌砂浆试件上面应覆盖,防止有水滴在试件上。

(5) 从搅拌加水开始计时,标准养护龄期应为 28d,也可根据相关标准要求增加 7d 或 14d。

2) 立方体试件抗压强度实验

应按下列步骤进行：

(1) 试件从养护地点取出后应及时进行实验。实验前应将试件表面擦拭干净，测量尺寸，并检查其外观，并应计算试件的承压面面积。当实测尺寸与公称尺寸之差不超过 1mm 时，可按照公称尺寸进行计算。

(2) 将试件安放在试验机的下压板或下垫板上，试件的承压面应与成型时的顶面垂直，试件中心应与试验机下压板或下垫板中心对准。开动试验机，当上压板与试件或上垫板接近时，调整球座，使接触面均衡受压。承压实验应连续均匀地加载，加载速度应为 0.25～1.5kN/s；砂浆强度≤2.5MPa 时，宜取下限。当试件接近破坏而开始迅速变形时，停止调整试验机油门，直至试件破坏，然后记录破坏荷载。

5. 实验结果的处理

砂浆立方体抗压强度按式(4-17)计算：

$$f_{m,cu} = K \frac{N_u}{A} \tag{4-17}$$

式中：$f_{m,cu}$——砂浆立方体抗压强度(MPa)，精确至 0.1MPa；

N_u——试件破坏荷载(N)；

A——试件承压面面积(mm^2)；

K——换算系数，取 1.35。

立方体抗压强度实验的实验结果应按下列要求确定：应以 3 个试件测值的算术平均值作为该组试件的砂浆立方体抗压强度平均值(f_2)，精确至 0.1MPa；当 3 个测值的最大值或最小值中有一个与中间值的差值超过中间值的 15% 时，应把最大值及最小值一并舍去，取中间值作为该组试件的抗压强度值；当 2 个测值与中间值的差值均超过中间值的 15% 时，该组实验结果应为无效。

4.4.4 问题与讨论

(1) 砂浆稠度在什么时间读取，测试结果出现什么情况需要重新进行实验？

(2) 砂浆保水性实验结果出现什么情况需要重新测定？

(3) 砂浆抗压强度实验中抗压加载标准是什么？

4.5 混凝土配合比设计及新拌混凝土性能实验

4.5.1 普通混凝土配合比设计

1. 实验目的

掌握混凝土配合比的设计方法。在满足设计和施工要求，保证工程质量的前提下，尽量使设计达到经济合理。

2. 实验原理和依据

通过确定水胶比、用水量、外加剂用量、胶凝材料、矿物掺和料和水泥用量、砂率、粗细骨料用量从而确定混凝土的配合比。

本实验参照《普通混凝土配合比设计规程》(JGJ 55—2011)中的相关规定执行。

3. 实验设备和材料

(1) 混凝土搅拌机：符合《混凝土试验用搅拌机》(JG/T 244—2009)的规定；

(2) 磅秤：精度 50g；

(3) 天平：精度 1g；

(4) 坍落度筒：符合《混凝土坍落度仪》(JG/T 248—2009)的规定；

(5) 尺子：分度值不应大于 1mm；

(6) 水泥、砂、石、自来水、减水剂、粉煤灰等。

4. 实验内容和步骤

本章节涉及各参数的意义及取值参照《普通混凝土配合比设计规程》(JGJ 55—2011)中的规定执行。

(1) 确定配制强度：

① 当混凝土强度等级＜C60 时，配制强度应按式(4-18)计算：

$$f_{cu,0} \geqslant f_{cu,k} + 1.645\sigma \tag{4-18}$$

式中：$f_{cu,0}$——混凝土配制强度(MPa)；

$f_{cu,k}$——混凝土立方体抗压强度标准值，这里取混凝土的设计强度值(MPa)；

σ——混凝土强度标准差(MPa)。

② 当混凝土强度等级≥C60 时，配制强度应按式(4-19)计算：

$$f_{cu,0} \geqslant 1.15 f_{cu,k} \tag{4-19}$$

(2) 混凝土强度标准差按以下规定确定：

① 当具有 1~3 个月的同一品种、同一强度等级混凝土的强度资料，且试件组数≥30 时，其混凝土强度标准差 σ 应按式(4-20)计算：

$$\sigma = \sqrt{\frac{\sum\limits_{i=1}^{n} f_{cu,i}^2 - n m_{fcu}^2}{n-1}} \tag{4-20}$$

式中：σ——混凝土强度标准差(MPa)；

$f_{cu,i}$——第 i 组的试件强度(MPa)；

m_{fcu}——n 组试件的强度平均值(MPa)；

n——试件组数。

对于强度等级≤C30 的混凝土，当混凝土强度标准差计算值≥3.0MPa 时，应按式(4-20)计算结果取值；当混凝土强度标准差计算值＜3.0MPa 时，应取 3.0MPa。

对于强度等级＞C30 且＜C60 的混凝土，当混凝土强度标准差计算值≥4.0MPa 时，应按式(4-20)计算结果取值；当混凝土强度标准差计算值＜4.0MPa 时，应取 4.0MPa。

② 当没有近期的同一品种、同一强度等级混凝土强度资料时，其强度标准差可按表 4-3 取值。

表 4-3 标准差值 σ MPa

混凝土强度标准值	≤C20	C25~C45	C50~C55
σ	4.0	5.0	6.0

(3) 确定水胶比。当混凝土强度等级<C60时,混凝土水胶比根据式(4-21)计算:

$$W/B = \frac{\alpha_a f_b}{f_{cu,0} + \alpha_a \alpha_b f_b} \tag{4-21}$$

式中:W/B——混凝土水胶比;

α_a、α_b——回归系数,取值见表 4-4;

$f_{cu,0}$——混凝土配制强度(MPa);

f_b——胶凝材料 28d 胶砂抗压强度(MPa),取值按以下方法确定。

表 4-4 回归系数 α_a、α_b 取值

系 数	粗骨料品种	
	碎 石	卵 石
α_a	0.53	0.49
α_b	0.20	0.13

当胶凝材料 28d 胶砂抗压强度(f_b)无实测值时,可按式(4-22)计算:

$$f_b = \gamma_f \gamma_s f_{ce} \tag{4-22}$$

式中:γ_f、γ_s——粉煤灰影响系数和粒化高炉矿渣粉影响系数,按表 4-5 选用;

f_{ce}——28d 胶砂抗压强度(MPa),可实测,也可按以下方法确定:

当水泥 28d 胶砂抗压强度(f_{ce})无实测值时,按式(4-23)计算:

$$f_{ce} = \gamma_c \gamma_{ce,g} \tag{4-23}$$

式中:f_{ce}——水泥 28d 胶砂抗压强度(MPa);

γ_c——水泥强度等级值的富余系数,按实际统计资料确定,当缺乏实际统计资料时,按表 4-6 选用;

$\gamma_{ce,g}$——水泥强度等级值(MPa)。

表 4-5 粉煤灰影响系数(γ_f)和粒化高炉矿渣粉影响系数(γ_s)

掺量/%	种 类	
	粉煤灰影响系数 γ_f	粒化高炉矿渣粉影响系数 γ_s
0	1.0	1.00
10	0.85~0.95	1.00
20	0.75~0.85	0.95~1.00
30	0.65~0.75	0.90~1.00
40	0.55~0.65	0.80~0.90
50	—	0.70~0.85

表 4-6 水泥强度等级值富余系数(γ_c)

水泥强度等级值	32.5	42.5	52.5
富余系数	1.12	1.16	1.10

(4) 确定用水量和外加剂:

① $1m^3$ 干硬性或塑性混凝土的用水量 m_{w0},掺外加剂时,$1m^3$ 混凝土的用水量按式(4-24)计算:

$$m_{w0} = m'_{w0}(1-\beta) \tag{4-24}$$

② $1m^3$ 混凝土中外加剂的用量根据式(4-25)计算:

$$m_{a0} = m_{b0}\beta_a \tag{4-25}$$

式中:m_{w0}——计算配合比混凝土的用水量(kg/m^3);

m'_{w0}——未掺外加剂时推定的满足实际坍落度要求的混凝土用水量(kg/m^3),以表 4-7 中 90mm 坍落度的用水量为基础,按每增大 20mm 坍落度相应增加 $5kg/m^3$ 用水量来计算,当坍落度增大到 180mm 以上时,随坍落度增加相应的用水量可减少;

m_{a0}——计算配合比混凝土外加剂用量(kg/m^3);

m_{b0}——计算配合比混凝土中胶凝材料用量(kg/m^3);

β_a——外加剂掺量(%)。

表 4-7 塑性混凝土的用水量　　　　　　　　　　　kg/m^3

拌和物稠度		卵石最大公称粒径/mm				碎石最大公称粒径/mm			
项目	指标	10.0	20.0	31.5	40.0	16.0	20.0	31.5	40.0
坍落度/mm	10~30	190	170	160	150	200	185	175	165
	35~50	200	180	170	160	210	195	185	175
	55~70	210	190	180	170	220	205	195	185
	75~90	215	195	185	175	230	215	205	195

(5) 确定胶凝材料、矿物掺和料和水泥用量:

① $1m^3$ 混凝土的胶凝材料用量 m_{b0} 按式(4-26)计算:

$$m_{b0} = \frac{m_{w0}}{W/B} \tag{4-26}$$

② $1m^3$ 混凝土的矿物掺和料用量 m_{f0} 按式(4-27)计算:

$$m_{f0} = m_{b0}\beta_f \tag{4-27}$$

③ $1m^3$ 混凝土的水泥用量 m_{c0} 按式(4-28)计算:

$$m_{c0} = m_{b0} - m_{f0} \tag{4-28}$$

式中:m_{b0}——计算配合比混凝土中胶凝材料用量(kg/m^3);

m_{w0}——计算配合比混凝土的用水量(kg/m^3);

W/B——混凝土水胶比;

m_{f0}——计算配合比混凝土中矿物掺和料用量(kg/m^3);

β_f——矿物掺和料掺量(%),结合表 4-8 和水胶比的规定确定;

m_{c0}——计算配合比混凝土中水泥用量(kg/m^3)。

(6) 确定砂率。砂率 β_s 应根据骨料的技术指标、混凝土拌和物的物理性能和施工要求,参考既有历史资料确定。当缺乏既有历史参考资料时,混凝土砂率的确定应符合下列规定:

① 坍落度<10mm 的混凝土,其砂率应经实验确定;

表 4-8　钢筋混凝土中矿物掺和料最大掺量

矿物掺和料种类	水胶比	最大掺量/%	
		硅酸盐水泥	普通硅酸盐水泥
粉煤灰	≤0.40	45	35
	>0.40	40	30
粒化高炉矿渣粉	≤0.40	65	55
	>0.40	55	45
钢渣粉	—	30	20
磷渣粉	—	30	20
硅灰	—	10	10
复合掺和料	≤0.40	65	55
	>0.40	55	45

注：①采用其他通用硅酸盐水泥时，宜将水泥混合材掺量20%以上的混合材量计入矿物掺和料；②复合掺和料各组分的掺量不宜超过单掺时的最大掺量；③混合使用2种或2种以上矿物掺和料时，矿物掺和料总掺量应符合表中复合掺和料的规定。

② 坍落度为 10～60mm 的混凝土，其砂率根据粗骨料品种、最大公称粒径及水胶比按表 4-9 确定；

③ 坍落度>60mm 的混凝土，其砂率可根据实验确定，也可在表 4-9 的基础上，按坍落度每增大 20mm、砂率增大 1% 的幅度予以调整。

表 4-9　混凝土的砂率　　　　　　　　　　　　　　　　　　　　　　%

水胶比	卵石最大公称粒径			碎石最大公称粒径		
	10.0mm	20.0mm	40.0mm	16.0mm	20.0mm	40.0mm
0.40	26～32	25～31	24～30	30～35	29～34	27～33
0.50	30～35	29～34	28～33	33～38	32～37	30～35
0.60	33～38	32～37	31～36	36～41	35～40	33～38
0.70	36～41	35～40	34～39	39～44	38～43	36～41

注：①本表数值系中砂的选用率，对细砂或粗砂，可相应地减少或增大砂率；②采用人工砂配制混凝土时，砂率可适当增大；③只用一个单粒级粗骨料配制混凝土时，砂率应适当增大。

（7）确定粗、细骨料用量：

① 当采用质量法计算混凝土配合比时，粗、细骨料用量应按式(4-29)确定：

$$m_{f0} + m_{c0} + m_{g0} + m_{s0} + m_{w0} = m_{cp} \tag{4-29}$$

砂率按式(4-30)确定：

$$\beta_s = \frac{m_{s0}}{m_{g0} + m_{s0}} \times 100\% \tag{4-30}$$

式中：m_{g0}——计算配合比混凝土的粗骨料用量(kg/m³)；

　　　m_{s0}——计算配合比混凝土的细骨料用量(kg/m³)；

　　　β_s——砂率(%)；

　　　m_{cp}——混凝土拌和物的假定质量(kg/m³)，可取 2350～2450kg/m³。

② 当采用体积法计算混凝土配合比时，砂率应按式(4-30)计算。

粗、细骨料用量按式(4-31)确定：

$$\frac{m_{c0}}{\rho_c} + \frac{m_{f0}}{\rho_f} + \frac{m_{g0}}{\rho_g} + \frac{m_{s0}}{\rho_s} + \frac{m_{w0}}{\rho_w} + 0.01\alpha = 1 \tag{4-31}$$

式中：ρ_c——水泥密度(kg/m^3)；

ρ_f——矿物掺和料密度(kg/m^3)；

ρ_g——粗骨料的表观密度(kg/m^3)；

ρ_s——细骨料的表观密度(kg/m^3)；

ρ_w——水的密度(kg/m^3)；

α——混凝土的含气量百分数。

(8) 试配。

① 混凝土试配应采用强制式搅拌机进行搅拌，并应符合现行行业标准《混凝土试验用搅拌机》(JG/T 244—2003)的规定，搅拌方法宜与施工采用的方法相同。

② 实验室成型条件应符合现行国家标准《普通混凝土拌合物性能试验方法标准》(GB/T 50080—2016)的规定。

③ 每盘混凝土试配的最小搅拌量应符合《普通混凝土配合比设计规程》(JGJ 55—2011)中的规定，并不应小于搅拌机公称容量的1/4且不应大于搅拌机公称容量。

④ 在计算配合比的基础上应进行试拌。计算水胶比宜保持不变，并应通过调整配合比其他参数使混凝土拌和物性能符合设计和施工要求，然后修正计算配合比，提出试拌配合比。

⑤ 在试拌配合比的基础上应进行混凝土强度实验，并应符合《普通混凝土配合比设计规程》(JGJ 55—2011)中的规定。

(9) 配合比调整与确定。配合比调整应符合《普通混凝土配合比设计规程》(JGJ 55—2011)中的规定。

5. 问题与讨论

(1) 水胶比的确定与哪些因素有关？

(2) 外加剂的掺量跟哪些因素有关？

4.5.2 混凝土拌和物的制备

1. 实验目的

掌握规范的混凝土拌和物制备方法，为制备具有稳定性能的混凝土打下基础。

2. 实验依据

本实验参照《普通混凝土配合比设计规程》(JGJ 55—2011)和《普通混凝土拌合物性能试验方法标准》(GB/T 50080—2016)进行。

3. 实验设备和材料

(1) 混凝土搅拌机：符合《混凝土试验用搅拌机》(JG/T 244—2009)的规定；

(2) 磅秤：精度50g；

(3) 天平：精度1g；

(4) 水泥、砂、石、自来水、减水剂、粉煤灰等。

4. 实验内容和步骤

(1) 搅拌机内加入砂、石、水泥、掺和料等固体材料,难溶和不溶的粉状外加剂宜与胶凝材料同时加入。

(2) 搅拌机内加入拌和水等液体材料,液体和可溶性外加剂宜与拌和水同时加入。

(3) 接通电源开始搅拌,拌和物宜搅拌 2min 以上,直至搅拌均匀。

5. 问题与讨论

制备混凝土时,一般的加料顺序是什么?

4.5.3 混凝土坍落度实验

1. 实验目的

掌握混凝土坍落度的测试方法,判定混凝土工作性能是否符合要求,并作为配合比调整的依据。

2. 实验依据

本实验参照《普通混凝土拌合物性能试验方法标准》(GB/T 50080—2016)中的规定执行。

3. 实验设备和材料

(1) 坍落度筒:符合《混凝土坍落度仪》(JG/T 248—2009)的规定;

(2) 钢尺:量程≥300mm,分度值≤1mm;

(3) 钢底板:平面尺寸≥1500mm×1500mm,厚度≥3mm,挠度≤3mm。

4. 实验内容和步骤

(1) 本实验方法宜用于骨料最大公称粒径≤40mm、坍落度≥10mm 的混凝土拌和物坍落度的测定。

(2) 坍落度和底板先浸润且无明水,底板放置于坚实水平面上,并把坍落度筒放置于底板中心,然后用脚踩住坍落度筒两边的踏板,使其保持在固定位置。

(3) 混凝土拌和物分 3 层均匀装入坍落度筒内,每装一层应用捣棒由边缘到中心按螺旋形均匀插捣 25 次,捣实后每层混凝土拌和物高度约为坍落度筒的 1/3。插捣底层(第 1 层)时,捣棒应贯穿这个深度;插捣中间层(第 2 层)和顶层(第 3 层)时,捣棒应插透本层至下一层的表面。

(4) 顶层混凝土拌和物装料应高出坍落度筒口,插捣过程中,若混凝土拌和物低于筒口时,应随时添加。顶层插捣完毕,取下漏斗,将高出筒口的混凝土拌和物刮去,并沿筒口抹平。

(5) 清除坍落度筒边底板上的混凝土拌和物后,垂直平稳地提起坍落度筒,并放置于试样旁边;当试样不再继续坍落或者坍落时间达 30s 时,用钢尺测量出坍落度筒高度与坍落后混凝土拌和物试样最高点之间的高度差,即为该混凝土拌和物的坍落度值。

5. 问题与讨论

(1) 混凝土拌和物分几层装入坍落度筒内,每层装填高度是多少?

(2) 捣棒插捣每层混凝土的标准是什么?

4.5.4 混凝土扩展度实验

1. 实验目的

掌握混凝土的扩展度的测试方法,判定混凝土工作性能是否符合要求,并作为配合比调整的依据。

2. 实验原理和依据

在规定时间内测量混凝土扩展面的直径,从而判定其扩展度大小。

本实验参照《普通混凝土拌合物性能试验方法标准》(GB/T 50080—2016)进行。

3. 实验设备和材料

(1)坍落度筒:符合《混凝土坍落度仪》(JG/T 248—2009)的规定。

(2)钢尺:量程≥1000mm,分度值≤1mm。

(3)钢底板:平面尺寸≥1500mm×1500mm,厚度≥3mm,挠度≤3mm。

4. 实验内容和步骤

(1)本实验方法宜用于骨料最大公称粒径≤40mm、坍落度≥160mm 的混凝土拌和物扩展度的测定。

(2)实验准备、混凝土拌和物装料和插捣应符合 4.5.3 节"实验内容和步骤"第(2)~(4)款的规定。

(3)清除坍落度筒边底板上的混凝土拌和物后,垂直平稳地提起坍落度筒,坍落度筒的提离过程控制在 3~7s;当试样不再扩散或者扩散时间达 50s 时,用钢尺测量出混凝土拌和物展开扩展面的最大直径以及与最大直径垂直方向的直径。

(4)当两直径之差<50mm 时,应取其算数平均值作为扩展度实验结果;当两直径之差≥50mm 时,应重新取样测定。

5. 问题与讨论

(1)扩展度如何测量?

(2)什么情况下,扩展度实验结果需要重新取样测定?

4.5.5 混凝土表观密度实验

1. 实验目的

掌握混凝土表观密度的测试方法,为混凝土配合比设计及工作性能提供参考。

2. 实验原理和依据

通过测量混凝土的体积及质量计算其表观密度。

本实验参照《普通混凝土拌合物性能试验方法标准》(GB/T 50080—2016)进行。

3. 实验设备和材料

(1)容量筒:金属材质且外壁有提手;

(2)振动台:符合《混凝土试验用振动台》(JG/T 245—2009)的规定;

(3)电子天平:量程 50kg,感量≤10g;

(4) 捣棒：符合《混凝土坍落度仪》(JG/T 248—2009)的规定。

4．实验内容和步骤

(1) 按下列步骤测定容量筒的容积：

① 将干净容量筒与玻璃板一起称重；

② 将容量筒装满水，缓慢将玻璃板从筒口一侧推到另一侧，容量筒内应装满水且不应存在气泡，擦干容量筒外壁，再次称重；

③ 两次称重结果之差除以该温度下水的密度应为容量筒容积 V；常温下水的密度可取 $1kg/L$。

(2) 容量筒内外壁擦干净，称出容量筒质量 m_1，精确至 10g。

(3) 混凝土拌和物试样应按下列要求装料，并插捣密实：

① 坍落度≤90mm 时，混凝土拌和物宜用振动台振实；振动台振实时，应一次性将混凝土拌和物装填至高出容量筒筒口；装料时可用捣棒稍加插捣，振动过程中混凝土低于筒口，应随时添加混凝土，振动直至表面出浆为止。

② 坍落度>90mm 时，混凝土拌和物宜用捣棒插捣密实。插捣时，应根据容量筒的大小决定分层与插捣次数：用 5L 容量筒时，混凝土拌和物应分两层装入，每层的插捣次数应为 25 次；用大于 5L 的容量筒时，每层混凝土的高度应≤100mm，每层插捣次数应按每 $10000mm^2$ 截面≥12 次计算。各次插捣应由边缘向中心均匀插捣，插捣底层时捣棒应贯穿整个深度，插捣第 2 层时，捣棒应插透本层至下层的表面；每层插捣完后用橡皮锤沿容量筒外壁敲击 5～10 次，振实，直至混凝土拌和物表面插捣孔消失并不见大气泡为止。

③ 自密实混凝土应一次性填满，且不应进行振动和插捣。

(4) 将筒口多余的混凝土拌和物刮去，表面有凹陷应填平；应将容量筒外壁擦净，称出混凝土拌和物试样与容量筒总质量 m_2，精确至 10g。

5．实验结果处理

混凝土拌和物的表观密度按式(4-32)计算：

$$\rho = \frac{m_1 - m_2}{V} \times 1000 \qquad (4-32)$$

式中：ρ——混凝土拌和物表观密度(kg/m^3)；

　　　m_1——容量筒质量(kg)；

　　　m_2——容量筒和试样总质量(kg)；

　　　V——容量筒容积(L)。

6．问题与讨论

混凝土拌和物插捣次数及深度标准是什么？

4.6　混凝土力学性能实验

4.6.1　抗压强度实验

1．实验目的

掌握混凝土抗压强度的测试方法及其计算。

2. 实验原理和依据

通过测试混凝土破坏时的荷载，再除以试件承压面面积，得出混凝土立方体试件抗压强度。

本实验参照《混凝土物理力学性能试验方法标准》(GB/T 50081—2019)进行。

3. 实验设备和材料

(1) 压力试验机：符合国家标准《液压式万能试验机》(GB/T 3159—2008)和《试验机通用技术要求》(GB/T 2611—2022)的规定。

(2) 游标卡尺：量程≥200mm，分度值为0.02mm。

(3) 混凝土立方体试件：边长为150mm的标准试件，边长为100mm和200mm的非标准试件。

4. 实验内容和步骤

(1) 试件到达实验龄期时，从养护地点取出，检查其尺寸及形状，尺寸公差应满足规定，应尽快进行实验。

(2) 试件放置试验机前，应将试件表面与上、下承压板面擦拭干净。

(3) 以试件成型时的侧面为承压面，应将试件安放在试验机的下压板或垫板上，试件中心应与试验机下压板中心对准。

(4) 启动试验机，试件表面与上、下承压板或钢垫板应均匀接触。

(5) 实验过程中应连续均匀加载，加载速度应取0.3~1.0MPa/s。当立方体抗压强度<30MPa时，加载速度宜取0.3~0.5MPa/s；立方体抗压强度为30~60MPa时，加载速度宜取0.5~0.8MPa/s；立方体抗压强度≥60MPa时，加载速度宜取0.8~1.0MPa/s。

(6) 手动控制压力机加载速度时，当试件接近破坏开始急剧变形时，应停止调整试验机油门，直至破坏，并记录破坏荷载。

5. 实验结果的处理

(1) 混凝土立方体试件抗压强度应按式(4-33)计算：

$$f_{cc} = \frac{F}{A} \tag{4-33}$$

式中：f_{cc}——混凝土立方体试件抗压强度(MPa)，计算结果应精确至0.1MPa；

F——试件破坏荷载(N)；

A——试件承压面面积(mm^2)。

(2) 立方体试件抗压强度值的确定应符合下列规定：

① 取3个试件测值的算术平均值作为该组试件的强度值，应精确至0.1MPa。

② 当3个测值中的最大值或最小值有一个与中间值的差值超过中间值的15%时，则应把最大值及最小值剔除，取中间值作为该组试件的抗压强度值。

③ 当最大值和最小值与中间值的差值均超过中间值的15%时，该组试件的实验结果无效。

(3) 混凝土强度等级<C60时，用非标准试件测得的强度值均应乘以尺寸换算系数，对200mm×200mm×200mm试件可取1.05；对100mm×100mm×100mm试件可取0.95。

(4) 当混凝土强度等级≥C60时，宜采用标准试件；当使用非标准试件时，混凝土强度等级≤C100 时,尺寸换算系数宜由实验确定,在未进行实验确定的情况下,对 100mm×100mm×100mm 试件可取 0.95;混凝土强度等级>C100 时,尺寸换算系数应经实验确定。

6. 问题与讨论

(1) 混凝土抗压强度如何确定?

(2) 什么情况下,实验结果无效?

4.6.2 抗折强度实验

1. 实验目的

掌握混凝土抗折强度值的测试及其计算方法。

2. 实验依据

本实验参照《混凝土物理力学性能试验方法标准》(GB/T 50081—2019)进行。

3. 实验设备和材料

(1) 压力试验机:符合国家标准《液压式万能试验机》(GB/T 3159—2008)和《试验机通用技术要求》(GB/T 2611—2022)的规定;

(2) 抗折实验装置如图 4-2 所示;

(3) 混凝土试件:边长为 150mm×150mm×600mm 或边长为 150mm×150mm×550mm 的标准试件,边长为 100mm×100mm×400mm 的非标准试件。

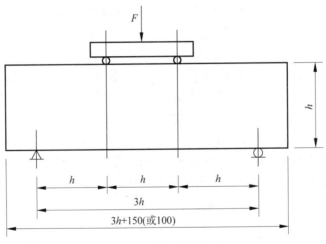

图 4-2　抗折实验装置

4. 实验内容和步骤

(1) 试件到达实验龄期时,从养护地点取出,检查其尺寸及形状,尺寸公差应满足规定,应尽快进行实验。

(2) 试件放置试验机前,应将试件表面与上、下承压板面擦拭干净,并在试件侧面画出加载线位置。

(3) 试件安装时,可调整支座和加载头位置,安装尺寸偏差不得大于 1mm(图 4-2);试件承压面应为试件成型时的侧面;支座及承压面与圆柱的接触面应平稳、均匀,否则应垫平。

(4) 实验过程中应连续均匀地加载,当对应的立方体抗压强度<30MPa 时,加载速度宜取 0.02～0.05MPa/s;对应的立方体抗压强度为 30～60MPa 时,加载速度宜取 0.05～0.08MPa/s;对应的立方体抗压强度≥60MPa 时,加载速度宜取 0.08～0.10MPa/s。

(5) 手动控制压力机加载速度时,当试件接近破坏时,应停止调整试验机油门,直至破坏,并应记录破坏荷载及试件下边缘断裂位置。

5. 实验结果处理

(1) 若试件下边缘断裂位置处于两个集中荷载作用线之间,则试件的抗折强度应按式(4-34)计算:

$$f_f = \frac{Fl}{bh^2} \tag{4-34}$$

式中:f_f——混凝土抗折强度(MPa),计算结果应精确至 0.1MPa;
  F——试件破坏荷载(N);
  l——支架间跨度(mm);
  b——试件截面宽度(mm);
  h——试件截面高度(mm)。

(2) 抗折强度值的确定应符合下列规定:
① 应以 3 个试件测值的算术平均值作为该组试件的抗折强度值,应精确至 0.1MPa。
② 3 个测值中的最大值或最小值中当有一个与中间值的差值超过中间值的 15% 时,应把最大值和最小值一并剔除,取中间值作为该组试件的抗折强度值。
③ 当最大值和最小值与中间值的差值均超过中间值的 15% 时,该组试件的实验结果无效。

(3) 3 个试件中当有 1 个折断面位于 2 个集中荷载之外时,混凝土抗折强度值应按另 2 个试件的实验结果计算。当这 2 个测值的差值不大于这 2 个测值中较小值的 15% 时,该组试件的抗折强度值应按这 2 个测值的平均值计算,否则该组试件的实验结果无效。当有 2 个试件的下边缘断裂位置位于 2 个集中荷载作用线之外时,该组试件实验结果无效。

(4) 当试件尺寸为 100mm×100mm×400mm 非标准试件时,应乘以尺寸换算系数 0.85;当混凝土强度等级≥C60 时,宜采用标准试件;当使用非标准试件时,尺寸换算系数应由实验确定。

6. 问题与讨论

(1) 混凝土抗折强度如何确定?
(2) 什么情况下实验结果无效?

4.6.3 劈裂抗拉强度实验

1. 实验目的

掌握混凝土抗拉强度值的测试及计算方法。

2. 实验原理和依据

本实验参照《混凝土物理力学性能试验方法标准》(GB/T 50081—2019)进行。

3. 实验设备和材料

(1) 压力试验机：符合国家标准《液压式万能试验机》(GB/T 3159—2008)和《试验机通用技术要求》(GB/T 2611—2022)的规定；

(2) 垫块：横截面为半径75mm的钢制弧形垫块，长度与试件相同，如图4-3所示；

(3) 垫条：宽度为20mm，厚度为3~4mm，长度不小于试件长度，由普通胶合板或硬质纤维板制成；

(4) 定位支架：钢制支架，如图4-4所示；

(5) 混凝土立方体试件：边长为150mm的标准试件，边长为100mm和200mm的非标准试件。

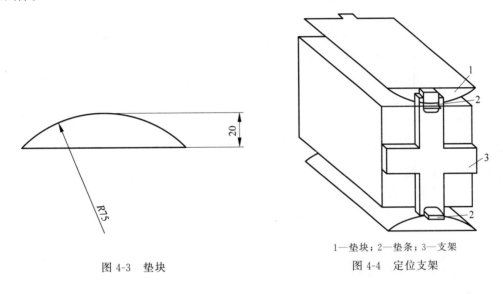

图4-3 垫块

1—垫块；2—垫条；3—支架

图4-4 定位支架

4. 实验内容和步骤

(1) 试件到达实验龄期时，从养护地点取出，检查其尺寸及形状，尺寸公差应满足《混凝土物理力学性能试验方法标准》(GB/T 50081—2019)中的相关规定，试件取出后尽快进行实验。

(2) 试件放置试验机前，应将试件表面与上、下承压板面擦拭干净。在试件成型时的顶面和底面中部画相互平行的直线，确定劈裂面的位置。

(3) 将试件放在试验机下承压板的中心位置，劈裂承压面和劈裂面与试件成型时的顶面垂直；在上、下压板与试件之间垫以圆弧形垫块及垫条各1条，垫块与垫条与试件上、下面的中心线对准并与成型时的顶面垂直；宜把垫条及试件安装在定位支架上使用(图4-4)。

(4) 开启试验机，试件表面与上、下承压板或钢垫板应均匀接触。

(5) 实验过程中应连续均匀地加载，当对应的立方体抗压强度<30MPa时，加载速度宜取0.02~0.05MPa/s；对应的立方体抗压强度为30~60MPa时，加载速度宜取0.05~0.08MPa/s；对应的立方体抗压强度≥60MPa时，加载速度宜取0.08~0.10MPa/s。

(6) 采用手动控制压力机加载速度时，当试件接近破坏时，应停止调整试验机油门，直至破坏，然后记录破坏荷载。

(7) 试件断裂面应垂直于承压面，当断裂面不垂直于承压面时，做好记录。

5. 实验结果的处理

(1) 混凝土劈裂抗拉强度实验结果计算及确定应按式(4-35)进行：

$$f_{ts} = \frac{2F}{\pi A} = 0.637 \frac{F}{A} \tag{4-35}$$

式中：f_{ts}——混凝土劈裂抗拉强度(MPa)，计算结果应精确至 0.01MPa；

F——试件破坏荷载(N)；

A——试件劈裂面面积(mm^2)。

(2) 混凝土劈裂抗拉强度值的确定应符合下列规定：

① 应以3个试件测值的算术平均值作为该组试件的劈裂抗拉强度值，应精确至 0.01MPa。

② 3个测值中的最大值或最小值中当有一个与中间值的差值超过中间值的15%时，应把最大值和最小值一并剔除，取中间值作为该组试件的劈裂抗拉强度值。

③ 当最大值和最小值与中间值的差值均超过中间值的15%时，该组试件的实验结果无效。

④ 采用100mm×100mm×100mm 非标准试件测得的劈裂抗拉强度值，应乘以尺寸换算系数 0.85；当混凝土强度等级≥C60 时，应采用标准试件。

6. 问题与讨论

(1) 混凝土劈裂抗拉强度如何确定？

(2) 非标准试件测得的结果如何转换成标准试件劈裂抗拉强度值？

4.7 建筑钢材实验

4.7.1 钢筋拉伸实验

1. 实验目的

测定钢筋的屈服强度、抗拉强度、伸长率等力学性能，评定钢筋质量。

2. 实验原理和依据

用拉力将试样拉伸至断裂，测定钢筋的屈服强度、抗拉强度、伸长率等一项或几项力学性能。实验应在 10~35℃的室温进行。

本实验参照《钢筋混凝土用钢材试验方法》(GB/T 28900—2022)、《金属材料 拉伸试验 第1部分：室温试验方法》(GB/T 228.1—2021)进行。

3. 实验设备和材料

(1) 试验机：1级或优于1级精度；

(2) 游标卡尺；

(3) 钢筋打印机或画线笔。

4. 实验内容和步骤

(1) 除非另有协议，试样应从符合交货状态的钢筋产品上制取。对于从盘卷上制取的试样,拉伸实验前应对试样进行手工矫直或机械矫直。

(2) 拉伸实验用钢筋试样不进行车削加工。除非在相关产品标准中另有规定,试样原始标距 L_0 应为 5 倍的公称直径(d)。试样总长度 L 还取决于夹持方法,$L \geqslant L_0 + \dfrac{d_0}{2} +$ 夹持长度(d_0 为试样横截面直径)。试样原始标距应使用细小的点或线进行标记,但不能使用引起过早断裂的标记。原始标距的标记精确为 $\pm 1\%$。

(3) 设定实验力零点。实验加载链装配完成后,试样两端被夹持之前,设定力测量系统的零点。实验期间力值测量系统不再发生变化。

(4) 试样夹持。应使用如楔形夹具、螺纹夹具、平推夹具、套环夹具等合适的夹具夹持试样。确保夹持的试样受轴向作用,尽量减少弯曲。

(5) 开动试验机进行拉伸实验,直至钢筋被拉断。除非另有规定,只要能满足《金属材料 拉伸试验 第 1 部分:室温试验方法》(GB/T 228.1—2021)的要求,实验室可自行选择应变速率控制的实验速率(方法 A)或应力速率控制的实验速率(方法 B),以及实验速率。

(6) 当断裂发生在夹持部位上或距夹持部位的距离<20mm 或 d(选取较大值)时,这次实验可视作无效。

5. 实验结果的处理

1) 上屈服强度(R_{eH})和下屈服强度(R_{eL})的测定

上屈服强度 R_{eH} 可以从力-延伸曲线图或峰值力显示器上测得,定义为力首次下降前的最大力值对应的应力;下屈服强度 R_{eL} 可以从力-延伸曲线图上测得,定义为不计初始瞬时效应时屈服阶段中的最小力对应的应力。

对于上、下屈服强度位置判定的基本原则如下:

① 屈服前的第 1 个峰值应力(第 1 个极大值应力)判为上屈服强度,不管其后的峰值应力比它大或比它小。

② 屈服阶段中如呈现 2 个或 2 个以上的谷值应力,舍去第 1 个谷值应力(第 1 个极小值应力)不计,取其余谷值应力中之最小者判为下屈服强度。如只呈现 1 个下降谷,此谷值应力判为下屈服强度。

③ 屈服阶段中呈现屈服平台,平台应力判为下屈服强度;如呈现多个且后者高于前者的屈服平台,判第 1 个平台应力为下屈服强度。

④ 正确的判定结果应是下屈服强度一定低于上屈服强度。

上屈服强度(R_{eH})和下屈服强度(R_{eL})分别按式(4-36)和式(4-37)计算:

$$R_{eH} = \frac{F_{eH}}{S_0} \tag{4-36}$$

$$R_{eL} = \frac{F_{eL}}{S_0} \tag{4-37}$$

式中:R_{eH}——上屈服强度(MPa);
　　　R_{eL}——下屈服强度(MPa);
　　　F_{eH}——试样发生屈服而力首次下降前的最大力(kN);
　　　F_{eL}——在屈服期间,不计初始瞬时效应的最小力(kN);

S_0——原始横截面面积(mm^2)。

2) 抗拉强度(R_m)的测定

对于呈现明显屈服(不连续屈服)现象的金属材料,从记录的力-延伸曲线或力-位移曲线图,或从测力度盘,读取过了屈服阶段之后的最大力;对于呈现无明显屈服(连续屈服)现象的金属材料,从记录的力-延伸曲线或力-位移曲线图,或从测力度盘,读取实验过程中的最大力。

抗拉强度(R_m)按式(4-38)计算:

$$R_m = \frac{F_m}{S_0} \qquad (4\text{-}38)$$

式中:R_m——抗拉强度(MPa);

F_m——最大力(kN);

S_0——原始横截面面积(mm^2)。

3) 断后伸长率(A)的测定

为了测定断后伸长度,应将试样断裂部分仔细地配接在一起使其轴线处于同一直线上,并采取特别措施确保试样断裂部分适当接触后测量试样断后标距。这对于小横截面试样和低伸长度试样尤为重要。

应使用分辨率足够的量具或测量装置测定断后伸长量($L_u - L_0$),准确到±0.25mm。

断后伸长率可按式(4-39)计算:

$$A = \frac{L_u - L_0}{L_0} \times 100\% \qquad (4\text{-}39)$$

式中:A——断后伸长率(%);

L_u——断后标距(mm);

L_0——原始标距(mm)。

4.7.2 钢筋冷弯实验

1. 实验目的

检验钢筋承受弯曲变形的能力,评定钢筋的质量。

2. 实验依据

本实验参照《钢筋混凝土用钢材试验方法》(GB/T 28900—2022)、《金属材料 弯曲试验方法》(GB/T 232—2010)进行。

3. 实验设备和材料

弯曲实验应采用图 4-5 的实验原理。弯曲实验也可通过使用带有 2 个支辊和 1 个弯芯(GB/T 232—2010 第 4 章)的装置。

4. 实验内容和步骤

(1) 除非另有协议,试样应从符合交货状态的钢筋产品上制取。对于从盘卷上制取的试样,弯曲实验前应进行手工矫直或机械矫直,并确保最小的塑性变形。

(2) 除非另有规定,弯曲实验应在 10~35℃ 的温度下进行。

(3) 试样应在弯芯上弯曲。

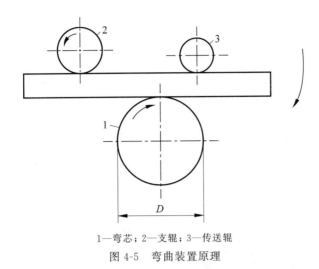

1—弯芯；2—支辊；3—传送辊

图 4-5　弯曲装置原理

（4）弯曲角度（γ）和弯芯直径（D）应符合相关产品标准规定。

5. 实验结果处理

弯曲实验应根据相关产品标准的规定进行判定。当产品标准没有规定时，若弯曲试样无目视可见的裂纹，则判定试样为合格。

4.7.3　问题与讨论

（1）进行钢筋拉伸实验时，加载速度对实验结果有何影响？
（2）测定伸长率时，如断点非常靠近夹持点，对实验结果有何影响？
（3）进行弯曲实验时，若试样表面有划痕和损伤时对实验结果有何影响？

4.8　抗水渗透实验

4.8.1　实验目的

了解抗水渗透原理；掌握抗水渗透实验方法；掌握抗渗等级评价。

4.8.2　实验原理和依据

混凝土是多孔体，孔隙结构影响着混凝土的密实性和其他性能。当水与混凝土接触时，由于压力差和毛细孔的表面张力会使水向混凝土内部迁移，于是发生了渗透现象。混凝土的渗透性能主要取决于混凝土的孔隙率、孔结构及骨料的性能。

抗水渗透实验（渗水高度法）以测定硬化混凝土在恒定水压力下的平均渗水高度来表示混凝土抗水渗透性能。抗水渗透实验（逐级加压法）是通过逐级施加水压力来测定，以抗渗等级来表示混凝土的抗水渗透性能。

本实验参照《普通混凝土长期性能和耐久性能试验方法标准》（GB/T 50082—2009）进行。

4.8.3 实验设备和材料

(1) 混凝土抗渗仪：符合《混凝土抗渗仪》(JG/T 249—2009)的规定，施加水压力范围应为 0.1～2.0MPa。抗渗仪如图 4-6 所示。

(2) 试模：上口内部直径为 175mm、下口内部直径为 185mm，高度为 150mm 的圆台体。

(3) 密封材料：密封橡胶套。

(4) 梯形板：由 200mm×200mm 透明材料制成，画有 10 条等间距、垂直于梯形底线的直线(图 4-7)。

图 4-6 抗渗仪

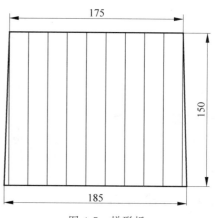

图 4-7 梯形板

(5) 钢尺：分度值应为 1mm。

(6) 钟表：分度值应为 1min。

(7) 辅助设备：螺旋加压器、烘箱、电炉、浅盘、铁锅和钢丝刷等。

4.8.4 实验内容和步骤

1. 渗水高度法

(1) 应先按规定方法进行试件的制作和养护。抗水渗透实验应以 6 个试件为 1 组。

(2) 试件拆模后，应用钢丝刷刷去两端面的水泥浆膜，并立即将试件送入标准养护室进行养护。

(3) 抗水渗透实验的龄期宜为 28d。应在到达实验龄期的前一天，从养护室取出试件，并擦拭干净。待试件表面晾干后，采用抗渗试件专用密封橡胶套，套入试件，再套上试模，并将试件压入，使试件与试模底齐平。

(4) 试件准备好后，启动抗渗仪，并开通 6 个试位下的阀门，使水从 6 个孔中渗出，水应充满试位坑，在关闭 6 个试位下的阀门后应将密封好的试件安装在抗渗仪上。

(5) 试件安装好后，立即开通 6 个试位下的阀门，使水压在 24h 内恒定控制在(1.2±0.05)MPa，且加压过程应≤5min，应以达到稳定压力的时间作为实验记录起始时间(精确至 1min)。稳压过程中随时观察试件端面的渗水情况，当有某一个试件端面出现渗水时，停止该试件的实验并记录时间，并以试件的高度作为该试件的渗水高度。对于试件端面未出现渗水的情况,应在实验24h后停止实验,并及时取出试件。实验过程中,当发现水从试件周边渗出时,应重新进行密封。

(6) 将从抗渗仪上取出来的试件放在压力机上,并在试件上下两端面中心处沿直径方向各放 1 根 $\phi 6mm$ 的钢垫条,确保它们在同一竖直平面内。然后开动压力机,将试件沿纵断面劈裂为两半。试件劈开后,应用防水笔描出水痕。

(7) 将梯形板放在试件劈裂面上,用钢尺沿水痕等间距量测 10 个测点的渗水高度值,读数应精确至1mm。当读数时若遇到某测点被骨料阻挡,以靠近骨料两端的渗水高度算术平均值作为该测点的渗水高度。

2. 逐级加压法

(1) 按渗水高度法的规定进行试件的密封和安装。

(2) 实验时,水压应从 0.1MPa 开始,以后每隔8h增加 0.1MPa 水压,并随时观察试件端面渗水情况。当 6 个试件中有 3 个试件表面出现渗水时,或加至规定压力(设计抗渗等级)在 8h 内 6 个试件中表面渗水试件少于 3 个时,可停止实验,并记下此时的水压力。实验过程中,当发现水从试件周边渗出时,应按规定重新进行密封。

(3) 混凝土的抗渗等级应以每组 6 个试件中有 4 个试件未出现渗水时的最大水压力乘以 10 来确定。

4.8.5 实验结果处理

1. 渗水高度法实验结果处理

试件渗水高度应按式(4-40)进行计算:

$$\bar{h}_i = \frac{1}{10}\sum_{j=1}^{10} h_j \tag{4-40}$$

式中:h_j——第 i 个试件第 j 个测点处的渗水高度(mm)。

$\bar{h}_i$——第 i 个试件的平均渗水高度(mm)。

以 10 个测点渗水高度的平均值作为该试件渗水高度的测定值。

1 组试件的平均渗水高度应按式(4-41)进行计算:

$$\bar{h} = \frac{1}{6}\sum_{i=1}^{6} \bar{h}_i \tag{4-41}$$

式中:$\bar{h}$——1 组 6 个试件的平均渗水高度(mm)。

以 1 组 6 个试件渗水高度的算术平均值作为该组试件渗水高度的测定值。

2. 逐级加压法实验结果处理

混凝土的抗渗等级应按式(4-42)计算:

$$P = 10H - 1 \tag{4-42}$$

式中:P——混凝土抗渗等级;

H——6 个试件中有 3 个试件渗水时的水压力(MPa)。

3. 实验报告

应包括下列内容:

（1）要求检测的项目名称、执行标准；
（2）原材料的品种、规格和产地；
（3）仪器设备的名称、型号及编号；
（4）环境温度和湿度；
（5）渗水高度或抗渗等级；
（6）要说明的其他内容。

4.8.6 问题与讨论

（1）渗水高度法的实验水压是多少？加压多长时间？
（2）逐级加压法的实验水压每隔多长时间增加0.1MPa？停止实验的条件是什么？

4.9 抗氯离子渗透实验（RCM法）

4.9.1 实验目的

了解混凝土氯离子扩散系数实验原理；熟悉混凝土氯离子扩散系数检测标准；掌握混凝土氯离子扩散系数检测方法。

4.9.2 实验原理和依据

利用外加电场的作用使试件外部的氯离子向试件内部迁移。经过一段时间后,将该试件沿轴向劈裂,在新劈开的断面上喷洒硝酸银溶液,根据生成的白色氯化银沉淀测量氯离子渗透的深度,以此计算出混凝土氯离子扩散系数。定量评价混凝土抵抗氯离子扩散的能力,为氯离子侵蚀环境中的混凝土结构耐久性设计及使用寿命的评估与预测提供基本参数。

本实验参照《普通混凝土长期性能和耐久性能试验方法标准》（GB/T 50082—2009）进行。

4.9.3 实验设备和材料

1. 仪器设备

应符合下列规定：

（1）切割试件的设备：水冷式金刚石锯或碳化硅锯。

（2）混凝土真空饱水机：容器应至少能够容纳3个试件。真空泵应能保持容器内的气压处于1~5kPa。真空表或压力计的精度为±665Pa（5mmHg柱），量程为0~13300Pa（0~100mmHg柱），如图4-8所示。

（3）RCM实验装置：应符合《混凝土氯离子扩散系数测定仪》（JG/T 262—2009）的有关规定。电源能稳定提供0~60V的可调直流电,精度为

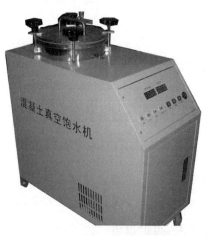

图4-8 混凝土真空饱水机

±0.1V,电流为0~10A,电表的精度为±0.1mA。温度计或热电偶的精度为±0.2℃。RCM实验装置如图4-9所示,RCM设备如图4-10所示。

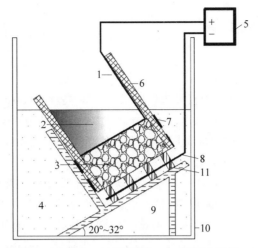

1—阳极板;2—阳极溶液;3—试件;4—阴极溶液;5—直流稳压电源;6—有机硅橡胶套;
7—环箍;8—阴极板;9—支架;10—阴极试验槽;11—支撑头

图4-9 RCM实验装置示意

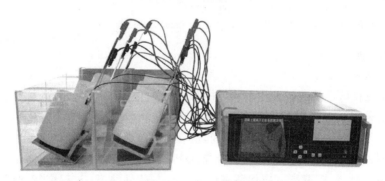

图4-10 RCM设备

(4) 喷雾器:适合喷洒硝酸银溶液。

(5) 游标卡尺:精度为±0.1mm。

(6) 尺子:最小刻度为1mm。

(7) 水砂纸:规格为200~600号。

(8) 扭矩扳手:扭矩范围为20~100N·m,测量允许误差为±5%。

(9) 电吹风:功率为1000~2000W。

(10) 备用工具:细锉刀、黄铜刷。

2. 试剂、溶液和指示剂

应符合下列规定:

(1) 溶剂:蒸馏水或去离子水。

(2) 氢氧化钠、氯化钠、硝酸银、氢氧化钙均为化学纯。

(3) 阴极溶液应为10%质量浓度的NaCl溶液,阳极溶液应为0.3mol/L浓度的NaOH

溶液。溶液应至少提前 24h 配制,并应密封保存在温度为 20~25℃的环境中;

(4) 显色指示剂应为 0.1mol/L 浓度的 $AgNO_3$ 溶液。

4.9.4 实验内容和步骤

1. 试件制作

应符合下列规定:

(1) RCM 实验用试件应采用直径为(100±1)mm,高度为(50±2)mm 的圆柱体试件。

(2) 实验室制作试件时,宜使用 ϕ100mm×100mm 或 ϕ100mm×200mm 试模。骨料最大公称粒径宜≤25mm。试件成型后应立即用塑料薄膜覆盖并移至标准养护室。试件应在(24±2)h 内拆模,然后浸没于标准养护室的水池中。

(3) 试件的养护龄期宜为 28d。也可根据设计要求选用 56d 或 84d 养护龄期。

(4) 应在抗氯离子渗透实验前 7d 加工成标准尺寸的试件。当使用 100mm×100mm 试件时,应从试件中部切取高度为(50±2)mm 的圆柱体作为实验用试件,并应将靠近浇筑面的试件端面作为暴露于氯离子溶液中的测试面。当使用 100mm×200mm 试件时,应先将试件从正中间切成相同尺寸的两部分(100mm×100mm),然后从两部分中各切取一个高度为(50±2)mm 的试件,并应将第一次的切口面作为暴露于氯离子溶液中的测试面。

(5) 试件加工后应采用水砂纸和细锉刀打磨光滑。

(6) 加工好的试件应继续浸没于水中养护至实验龄期。

2. 试件准备

应按下列步骤进行:

(1) 首先应将试件从养护池中取出,并将试件表面的碎屑刷洗干净,擦干试件表面多余的水分。然后采用游标卡尺测量试件的直径和高度,测量应精确到 0.1mm。将试件在饱和面干状态下置于真空容器中进行真空处理,应在 5min 内将真空容器中的气压减少至 1~5kPa,并应保持该真空度 3h。最后在真空泵仍然运转的情况下,将用蒸馏水配制的饱和氢氧化钙溶液注入容器,溶液高度应保证将试件浸没。试件浸没 1h 后恢复常压,并应继续浸泡(18±2)h。

(2) 试件安装在 RCM 实验装置前应采用电吹风冷风挡吹干,表面应干净,无油污、灰砂和水珠。

(3) RCM 实验装置的试验槽在实验前应用室温凉开水冲洗干净。

(4) 试件和 RCM 实验装置准备好后,将试件装入橡胶套内的底部,在与试件齐高的橡胶套外侧安装两个不锈钢环箍(图 4-11),每个箍高度应为 20mm,并拧紧环箍上的螺栓至扭矩(30±2)N·m,使试件的圆柱侧面处于密封状态。当试件的圆柱曲面可能有造成液体渗漏的缺陷时,应用密封剂保持其密封性。

(5) 将装有试件的橡胶套安装到试验槽中,并安

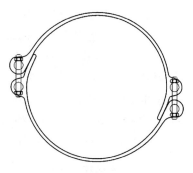

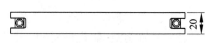

图 4-11 不锈钢环箍

装好阳极板。然后在橡胶套中注入约 300mL 浓度为 0.3mol/L 的 NaOH 溶液,并使阳极板和试件表面均浸没于溶液中。在阴极试验槽中注入 12L 质量浓度为 10% 的 NaCl 溶液,使其液面与橡胶套中的 NaOH 溶液的液面齐平。

(6) 试件安装完成后,将电源的阳极(又称正极)用导线连至橡胶套中阳极板,并将阴极(又称负极)用导线连至试验槽中的阴极板。

3. 电迁移实验

应按下列步骤进行:

(1) RCM 实验所处的实验室温度控制在 20~25℃。

(2) 首先打开电源,将电压调整到 $(30±0.2)$V,记录通过每个试件的初始电流。

(3) 后续实验应施加的电压(表 4-10 第 2 列)应根据施加 30V 电压时测量得到的初始电流所处的范围(表 4-10 第 1 列)决定。根据实际施加的电压,记录新的初始电流。按照新的初始电流所处的范围(表 4-10 第 3 列),确定实验应持续的时间(表 4-10 第 4 列)。

表 4-10 初始电流、电压与实验时间的关系

初始电流 I_{30V}(用 30V 电压)/mA	施加的电压 U(调整后)/V	可能的新初始电流 I_0/mA	实验持续时间 t/h
$I_{30V}<5$	60	$I_0<10$	96
$5 \leqslant I_{30V}<10$	60	$10 \leqslant I_0<20$	48
$10 \leqslant I_{30V}<15$	60	$20 \leqslant I_0<30$	24
$15 \leqslant I_{30V}<20$	50	$25 \leqslant I_0<35$	24
$20 \leqslant I_{30V}<30$	40	$25 \leqslant I_0<40$	24
$30 \leqslant I_{30V}<40$	35	$35 \leqslant I_0<50$	24
$40 \leqslant I_{30V}<60$	30	$40 \leqslant I_0<60$	24
$60 \leqslant I_{30V}<90$	25	$50 \leqslant I_0<75$	24
$90 \leqslant I_{30V}<120$	20	$60 \leqslant I_0<80$	24
$120 \leqslant I_{30V}<180$	15	$60 \leqslant I_0<90$	24
$180 \leqslant I_{30V}<360$	10	$60 \leqslant I_0<120$	24
$I_{30V} \geqslant 360$	10	$I_0 \geqslant 120$	6

(4) 按照温度计或电热偶的显示读数记录每个试件阳极溶液的初始温度。

(5) 实验结束时,测定阳极溶液的最终温度和最终电流。

(6) 实验结束后应及时排出实验溶液。用黄铜刷清除试验槽的结垢或沉淀物,并应用饮用水和洗涤剂将试验槽和橡胶套冲洗干净,然后用电吹风的冷风挡吹干。

4. 氯离子渗透深度测定

应按下列步骤进行:

(1) 实验结束后,及时断开电源。

(2) 断开电源后,将试件从橡胶套中取出,并立即用自来水将试件表面冲洗干净,然后擦去试件表面多余水分。

(3) 试件表面冲洗干净后,在压力试验机上沿轴向劈成两个半圆柱体,并在劈开的试件断面立即喷涂浓度为 0.1mol/L 的 $AgNO_3$ 溶液显色指示剂。

(4) 指示剂喷洒约 15min 后,沿试件直径断面将其分成 10 等份,并用防水笔描出渗透

轮廓线。

（5）根据观察到的明显的颜色变化，测量显色分界线（图 4-12）离试件底面的距离，精确至 0.1mm。

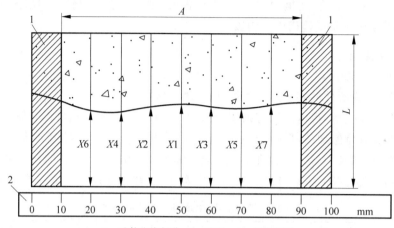

1—试件边缘部分；2—尺子；A—测量范围

图 4-12　显色分界线位置编号

（6）当某一测点被骨料阻挡，可将此测点位置移动到最近未被骨料阻挡的位置进行测量，当某测点数据不能得到，只要总测点数多于 5 个，可忽略此测点。

（7）当某测点位置有一个明显的缺陷，使该点测量值远大于各测点的平均值，可忽略此测点数据，但应将这种情况在实验记录和报告中注明。

4.9.5　实验结果的处理

（1）混凝土的非稳态氯离子迁移系数应按式(4-43)进行计算：

$$D_{\text{RCM}} = \frac{0.0239 \times (273+T)L}{(U-2)t}\left(X_d - 0.0238\sqrt{\frac{(273+T)LX_d}{U-2}}\right) \quad (4\text{-}43)$$

式中：D_{RCM}——混凝土的非稳态氯离子迁移系数，精确到 $0.1 \times 10^{-12}\,\text{m}^2/\text{s}$；

　　　　U——所用电压的绝对值(V)；

　　　　T——阳极溶液的初始温度和结束温度的平均值(℃)；

　　　　L——试件厚度(mm)，精确到 0.1mm；

　　　　X_d——氯离子渗透深度的平均值(mm)，精确到 0.1mm；

　　　　t——实验持续时间(h)。

（2）每组以 3 个试件氯离子迁移系数的算术平均值作为该组试件的氯离子迁移系数测定值。当最大值或最小值与中间值之差超过中间值的 15% 时，应剔除此值，再取其余两值的平均值作为测定值；当最大值和最小值均超过中间值的 15% 时，应取中间值作为测定值。

（3）实验报告应包括下列内容：

① 原材料的品种、规格和产地；

② 仪器设备的名称、型号及编号；

③ 环境温度和湿度；

④ 混凝土的非稳态氯离子迁移系数 D_{RCM}；
⑤ 所用电压绝对值 U；
⑥ 阳极溶液的初始温度和结束温度的平均值 T；
⑦ 试件厚度 L；
⑧ 氯离子渗透深度的平均值 X_d；
⑨ 实验持续时间 t；
⑩ 要说明的其他内容。

4.9.6 问题与讨论

(1) 实验施加的电压和实验持续时间是如何确定的？
(2) 氯离子渗透深度是如何测量的？

4.10 抗氯离子渗透实验（电通量法）

4.10.1 实验目的

了解抗氯离子渗透（电通量法）实验原理；熟悉抗氯离子渗透（电通量法）检测标准；掌握抗氯离子渗透（电通量法）方法。

4.10.2 实验原理和依据

氯离子在直流电压作用下，能透过混凝土试件向正极方向移动。测量流过混凝土的电荷量，就能反映出透过混凝土的氯离子量。混凝土是离子导电，其电导与电流成正比。因此，测量混凝土试件的电导，与测电荷量一样，也能评定混凝土抗氯离子渗透的性能。

本实验参照《普通混凝土长期性能和耐久性能试验方法标准》(GB/T 50082—2009) 进行。

4.10.3 实验设备和材料

1. 仪器设备

应符合下列要求：

(1) 电通量实验装置：由直流稳压电源、试验槽、紫铜垫板、标准电阻等部件组成，满足《混凝土氯离子电通量测定仪》(JG/T 261—2009) 的有关规定，如图 4-13 所示，实物如图 4-14 所示。

① 直流稳压电源：电压范围为 0~80V，电流范围为 0~10A。并应能稳定输出 60V 直流电压，精度为 ±0.1V。

② 耐热塑料或耐热有机玻璃试验槽：边长为 150mm，总厚度≥51mm。在试验槽的一边开有直径 10mm 的注液孔，试验槽中心的 2 个槽的直径分别为 89mm 和 112mm。2 个槽的深度见图 4-15。

③ 紫铜垫板：宽度(12±2)mm，厚度(0.50±0.05)mm。铜网孔径 0.95mm(64 孔/cm^2) 或者 20 目。

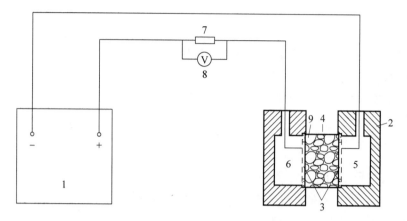

1—直流稳压电源；2—试验槽；3—铜电极；4—混凝土试件；
5—3.0% NaCl溶液；6—0.3mol/L NaOH溶液；7—标准电阻；
8—直流数字式电压表；9—试件垫圈（硫化橡胶垫或硅橡胶垫）

图 4-13　电通量实验装置示意

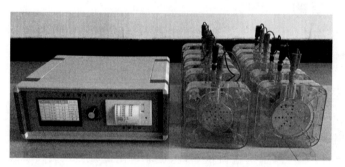

图 4-14　电通量实验设备

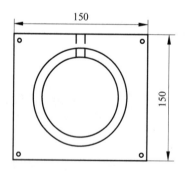
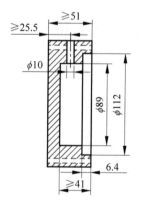
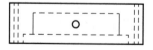

图 4-15　试验槽示意

④ 标准电阻：精度±0.1%。
⑤ 直流数字电流表：量程0～20A，精度±0.1%。
⑥ 硫化橡胶垫或硅橡胶垫：外径100mm、内径75mm、厚度6mm。

(2) 切割试件的设备：水冷式金刚锯或碳化硅锯。

(3) 真空饱水机：真空泵和真空表应符合RCM法的要求。真空容器的内径应≥250mm，并能至少容纳3个试件。

(4) 温度计：量程0～120℃，精度±0.1℃。

(5) 电吹风：功率1000～2000W。

(6) 密封材料：硅胶或树脂等。

2. 化学溶液

应符合下列要求：

(1) 阴极溶液应用化学纯试剂配制的质量浓度为3.0%的NaCl溶液。

(2) 阳极溶液应用化学纯试剂配制的摩尔浓度为0.3mol/L的NaOH溶液。

4.10.4 实验内容和步骤

(1) 电通量实验采用直径(100±1)mm，高度(50±2)mm的圆柱体试件。试件的制作、养护应符合标准规定。当试件表面有涂料等附加材料时，应预先去除，且试件内不得含有钢筋等良导电材料。试件移送实验室前，应避免冻伤或其他物理伤害。

(2) 电通量实验宜在试件养护到28d龄期进行。对于掺有大掺量矿物掺和料的混凝土，可在56d龄期进行实验。先将养护到规定龄期的试件暴露于空气中至表面干燥，用硅胶或树脂密封材料涂刷试件圆柱侧面，填补涂层中的孔洞。

(3) 电通量实验前将试件进行真空饱水。先将试件放入真空容器中，启动真空泵，5min内将真空容器中的绝对压强减少至1～5kPa，保持该真空度3h，然后在真空泵仍然运转的情况下，注入足够的蒸馏水或去离子水，直至淹没试件，在试件浸没1h后恢复常压，并继续浸泡(18±2)h。

(4) 在真空饱水结束后，从水中取出试件，并抹掉多余水分，保持试件所处环境的相对湿度在95%以上。将试件安装于试验槽内，采用螺杆将两试验槽和端面装有硫化橡胶垫的试件夹紧。试件安装好后，采用蒸馏水或其他有效方式检查试件和试验槽之间的密封性能。

(5) 检查试件和试验槽之间的密封性后，将质量浓度为3.0%的NaCl溶液和摩尔浓度为0.3mol/L的NaOH溶液分别注入试件两侧的试验槽中，注入NaCl溶液的试验槽内的铜网连接电源负极，注入NaOH溶液的试验槽中的铜网连接电源正极。

(6) 正确连接电源线后，在保持试验槽中充满溶液的情况下接通电源，并对上述两铜网施加(60±0.1)V直流恒电压，记录电流初始读数I_0。开始时每隔5min记录一次电流值，当电流值变化不大时，可每隔10min记录一次电流值；当电流变化很小时，每隔30min记录一次电流值，直至通电6h。

(7) 当采用自动采集数据的测试装置时，记录电流的时间间隔可设定为5～10min。电流测量值应精确至±0.5mA。实验过程中宜同时监测试验槽中溶液的温度。

(8) 实验结束后，及时排出实验溶液，并用凉开水和洗涤剂冲洗试验槽60s以上，然后用蒸馏水洗净并用电吹风冷风挡吹干。

(9) 实验应在 20～25℃室内进行。

4.10.5　实验结果的处理

(1) 实验过程中或实验结束后,绘制电流与时间的关系图。通过将各点数据以光滑曲线连接起来,对曲线作面积积分,或按梯形法进行面积积分,得到实验 6h 通过的电通量(C)。

(2) 每个试件的总电通量可采用式(4-44)计算:
$$Q = 900(I_0 + 2I_{30} + 2I_{60} + \cdots + 2I_t \cdots + 2I_{300} + 2I_{330} + 2I_{360}) \quad (4\text{-}44)$$

式中:Q——通过试件的总电通量(C);

I_0——初始电流(A),精确到 0.001A;

I_t——在时间 t(min)的电流(A),精确到 0.001A。

(3) 计算得到的通过试件的总电通量换算成直径为 95mm 试件的电通量值。通过将计算的总电通量乘以一个直径为 95mm 的试件和实际试件横截面面积的比值来换算,换算可按式(4-45)进行:
$$Q_S = Q_x \times (95/x)^2 \quad (4\text{-}45)$$

式中:Q_S——通过直径为 95mm 的试件的电通量(C);

Q_x——通过直径为 x 的试件的电通量(C);

x——试件的实际直径(mm)。

(4) 每组取 3 个试件电通量的算术平均值作为该组试件的电通量测定值。当某一个电通量值与中值的差值超过中值的 15% 时,应取其余 2 个试件的电通量的算术平均值作为该组试件的实验结果测定值。当有 2 个测值与中值的差值都超过中值的 15% 时,应取中值作为该组试件的电通量实验结果测定值。

(5) 实验报告应包括下列内容:

① 原材料的品种、规格和产地;

② 仪器设备的名称、型号及编号;

③ 环境温度和湿度;

④ 通过试件的总电通量 Q;

⑤ 通过直径为 95mm 的试件的电通量 Q_S;

⑥ 试件电通量(平均值);

⑦ 要说明的其他内容。

4.10.6　问题与讨论

(1) NaCl 溶液、NaOH 溶液的浓度分别是多少?注入试验槽各自连接哪一极?

(2) 总电通量是如何计算的?

4.11　收缩实验(接触法)

4.11.1　实验目的

了解混凝土收缩(接触法)实验原理;熟悉混凝土收缩(接触法)检测标准;掌握混凝土

收缩(接触法)方法。

4.11.2 实验原理和依据

混凝土在没有向外界脱水的条件下,因内部毛细孔内自己水量不足,相对湿度自发的减少引起干燥而产生的混凝土收缩变形,称为自收缩。干燥收缩指混凝土停止养护后,在不饱和的空气中失去内部毛细孔水、凝胶孔水及吸附水而发生的不可逆收缩,它不同于干湿交替引起的可逆收缩,随着相对湿度的降低,水泥浆体的干缩增大,且不同层次的水对干缩的影响大小也不同。

本实验参照《普通混凝土长期性能和耐久性能试验方法标准》(GB/T 50082—2009)进行。

4.11.3 实验设备和材料

1. 试件和测头

应符合下列规定:

(1) 棱柱体试件:尺寸为 100mm×100mm×515mm,每组 3 个。采用卧式混凝土收缩仪时,试件两端应预埋测头或留有埋设测头的凹槽。

(2) 卧式收缩实验用测头:由不锈钢或其他不生锈的材料制成,如图 4-16 所示。

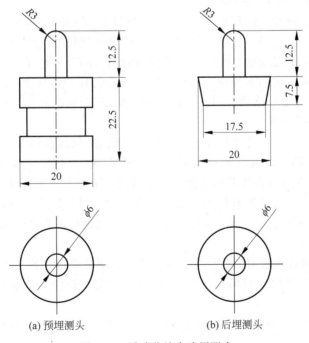

图 4-16　卧式收缩实验用测头

(3) 采用接触法引伸仪时,所用试件的长度应至少比仪器的测量标距长出一个截面边长。测头应粘贴在试件两侧面的轴线上。

(4) 使用混凝土收缩仪时,制作试件的试模应具有能固定测头或预留凹槽的端板。使用接触法引伸仪时,可用一般棱柱体试模制作试件。

(5) 收缩试件成型时不得使用机油等憎水性脱模剂。试件成型后带模养护1~2d,并保证拆模时不损伤试件。对于事先没有埋设测头的试件,拆模后应立即粘贴或埋设测头。试件拆模后,立即送至温度为(20±2)℃、相对湿度为95%以上的标准养护室养护。

2. 实验设备

应符合下列规定:

(1) 标准杆:硬钢或石英玻璃制作,测量前及测量过程中及时校核仪表读数。

(2) 收缩测量装置:卧式混凝土收缩仪(图 4-17),测量标距应为 540mm,装有精度为 ±0.001mm 的千分表或测微器。

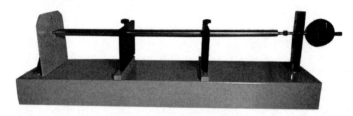

图 4-17 卧式混凝土收缩仪

4.11.4 实验内容和步骤

(1) 收缩实验在恒温恒湿环境中进行,室温保持在(20±2)℃,相对湿度保持在(60±5)%。试件放置在不吸水的搁架上,底面架空,试件之间的间隙≥30mm。

(2) 测定代表某一混凝土收缩性能的特征值时,试件在 3d 龄期时(从混凝土搅拌加水时算起)从标准养护室取出,并立即移入恒温恒湿室测定其初始长度,此后应至少按下列规定的时间间隔测量其变形读数:1d、3d、7d、14d、28d、45d、60d、90d、120d、150d、180d、360d(从移入恒温恒湿室内计时)。

(3) 测定混凝土在某一具体条件下的相对收缩值时(包括在徐变实验时的混凝土收缩变形测定)应按要求的条件进行实验。对非标准养护试件,当需要移入恒温恒湿室进行实验时,应先在该室内预置 4h,再测其初始值。测量时记下试件的初始干湿状态。

(4) 收缩测量前先用标准杆校正仪表的零点,并在测定过程中至少再复核 1~2 次,其中一次在全部试件测读完后进行。当复核时发现零点与原值的偏差超过±0.001mm 时,应调零后重新测量。

(5) 试件每次在卧式收缩仪上放置的位置和方向均应保持一致。试件上标明相应的方向记号。试件在放置及取出时轻稳仔细,不得碰撞表架及表杆。当发生碰撞时,应取下试件,并重新以标准杆复核零点。

(6) 用接触法引伸仪测量时,每次测量时试件与仪表保持相对固定的位置和方向。每次读数重复 3 次。

4.11.5 实验结果处理

1. 混凝土收缩实验结果计算和处理

应符合以下规定:

(1) 混凝土收缩率按式(4-46)计算：

$$\varepsilon_{st} = \frac{L_0 - L_t}{L_b} \tag{4-46}$$

式中：ε_{st}——实验期为 t(d)的混凝土收缩率，t 从测定初始长度时算起；

L_b——试件的测量标距，用混凝土收缩仪测量时应等于两测头内侧的距离，即等于混凝土试件长度(不计测头凸出部分)减去 2 个测头埋入深度之和(mm)。采用接触法引伸仪时，即为仪器的测量标距；

L_0——试件长度的初始读数(mm)；

L_t——试件在实验期为 t(d)时测得的长度读数(mm)。

(2) 每组取 3 个试件收缩率的算术平均值作为该组混凝土试件的收缩率测定值，计算精确至 1.0×10^{-6}。

(3) 作为相互比较的混凝土收缩率值应为不密封试件于 180d 所测得的收缩率值。可将不密封试件于 360d 所测得的收缩率值作为该混凝土的终极收缩率值。

2. 实验报告

应包括下列内容：

(1) 要求检测的项目名称、执行标准；
(2) 原材料的品种、规格和产地；
(3) 仪器设备的名称、型号及编号；
(4) 环境温度、湿度、收缩率值；
(5) 要说明的其他内容。

4.11.6　问题与讨论

(1) 收缩实验的环境条件要求是怎么样的？
(2) 收缩测量前为什么先用标准杆校正仪表的零点？

4.12　早期抗裂实验

4.12.1　实验目的

了解混凝土早期抗裂实验原理；熟悉混凝土早期抗裂实验标准；掌握混凝土早期抗裂实验方法。

4.12.2　实验原理和依据

通过平板约束模具，混凝土在早期收缩时，由于平板的约束作用会产生应力，混凝土在应力作用下产生裂缝，通过记录裂缝的宽度、条数和长度判定混凝土的收缩性能。通过约束收缩实验，确定混凝土收缩对混凝土开裂趋势的影响。研究高效减水剂、膨胀剂、纤维、矿渣、粉煤灰等材料及其不同组合对混凝土的早期塑性收缩和开裂性能的影响，从而优化混凝土的制备技术，制备出早期塑性收缩小的混凝土材料。

本实验参照《普通混凝土长期性能和耐久性能试验方法标准》(GB/T 50082—2009)进行。

4.12.3 实验设备和材料

（1）平面薄板型试件：尺寸为 800mm×600mm×100mm，每组至少 2 个。混凝土骨料最大公称粒径不应超过 31.5mm。

（2）混凝土早期抗裂实验装置：采用钢制模具，模具的四边（包括长侧板和短侧板）宜采用槽钢或角钢焊接而成，侧板厚度≥5mm，模具四边与底板宜通过螺栓固定在一起。模具内应设有 7 根裂缝诱导器，裂缝诱导器可分别用 50mm×50mm、40mm×40mm 角钢与 5mm×50mm 钢板焊接组成，并应平行于模具短边。底板采用厚 5mm 以上的钢板，并在底板表面铺设聚乙烯薄膜或者聚四氟乙烯片作隔离层。模具作为测试装置的一个部分，测试时与试件连在一起（示意见图 4-18，实物见图 4-19）。

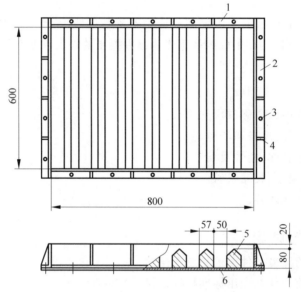

1—长侧板；2—短侧板；3—螺栓；4—加强肋；5—裂缝诱导器；6—底板

图 4-18 混凝土早期抗裂实验装置示意

图 4-19 混凝土早期抗裂实验装置

（3）风扇：风速可调，并且能够保证试件表面中心处的风速≥5m/s。

（4）温度计：精度不低于±0.5℃。

（5）相对湿度计：精度不低于±1%。

(6) 风速计：精度不低于±0.5m/s。

(7) 刻度放大镜：放大倍数≥40倍，分度值≤0.01mm。

(8) 照明装置：采用手电筒或其他简易照明装置。

(9) 钢直尺：最小刻度为1mm。

4.12.4 实验内容和步骤

(1) 实验宜在温度为(20±2)℃，相对湿度为(60±5)%的恒温恒湿室中进行。将混凝土浇筑至模具内后，立即将混凝土摊平，且表面比模具边框略高。可使用平板表面式振捣器或振捣棒插捣，控制好振捣时间，并防止过振和欠振。

(2) 振捣后，用抹子整平表面，使骨料不外露，且表面平实。

(3) 试件成型30min后，立即调节风扇位置和风速，使试件表面中心正上方100mm处风速为(5±0.5)m/s，并使风向平行于试件表面和裂缝诱导器。

(4) 实验时间从混凝土搅拌加水开始计算，在(24±0.5)h测读裂缝。裂缝长度应用钢直尺测量，并取裂缝两端直线距离为裂缝长度。当一个刀口上有2条裂缝时，可将2条裂缝的长度相加，折算成一条裂缝。

(5) 裂缝宽度采用放大倍数至少40倍的读数显微镜进行测量，并测量每条裂缝的最大宽度。

(6) 平均开裂面积、单位面积的裂缝数目和单位面积上的总开裂面积根据混凝土浇筑24h测量得到裂缝数据。

4.12.5 实验结果处理

(1) 每条裂缝的平均开裂面积按式(4-47)计算：

$$a = \frac{1}{2N}\sum_{i=1}^{N}(W_i \times L_i) \tag{4-47}$$

(2) 单位面积的裂缝数目按式(4-48)计算：

$$b = \frac{N}{A} \tag{4-48}$$

(3) 单位面积上的总开裂面积按式(4-49)计算：

$$c = ab \tag{4-49}$$

式中：W_i——第i条裂缝的最大宽度(mm)，精确到0.01mm；

L_i——第i条裂缝的长度(mm)，精确到1mm；

N——总裂缝数目(条)；

A——平板的面积(m^2)，精确到小数点后两位；

a——每条裂缝的平均开裂面积(mm^2/条)，精确到$1mm^2$/条；

b——单位面积的裂缝数目(条/m^2)，精确到0.1条/m^2；

c——单位面积上的总开裂面积(mm^2/m^2)，精确到$1mm^2/m^2$。

(4) 每组分别以2个或多个试件的平均开裂面积(单位面积上的裂缝数目或单位面积上的总开裂面积)的算术平均值作为该组试件平均开裂面积(单位面积上的裂缝数目或单位面积上的总开裂面积)的测定值。

(5) 实验报告应包括下列内容：
① 原材料的品种、规格和产地；
② 仪器设备的名称、型号及编号；
③ 环境温度和湿度；
④ 总裂缝数目 N；
⑤ 平板面积 A；
⑥ 不同试件单位面积的裂缝数目 b；
⑦ 不同试件单位面积上的总开裂面积 c；
⑧ 试件平均开裂面积；
⑨ 要说明的其他内容。

4.12.6　问题与讨论

(1) 早期抗裂实验的环境条件要求是怎么样的？
(2) 裂缝长度和宽度如何测量？

4.13　受压徐变实验

4.13.1　实验目的

通过测定混凝土试件在长期恒定轴向压力作用下的变形性能，可以检验结构或构件的受力性能。

4.13.2　实验原理和依据

受压徐变是指混凝土结构或构件在长期恒定轴向压力作用下，变形随时间增长的现象。混凝土的徐变特性主要与时间参数有关，通常表现为前期增长较快，而后逐渐变缓，经过 2～5 年后趋于稳定。通过测定混凝土试件在恒定轴向压力作用下不同龄期的徐变变形，可评价混凝土的徐变特性。

本实验参照《普通混凝土长期性能和耐久性能试验方法标准》(GB/T 50082—2009)进行。

4.13.3　实验设备和材料

(1) 徐变仪应符合下列规定：
① 徐变仪在要求时间范围内(至少 1 年)把所要求的压缩荷载加到试件上并保持该荷载不变。
② 常用徐变仪可选用弹簧式或液压式，工作荷载范围为 180～500kN。
③ 弹簧式压缩徐变仪(图 4-20)包括上下压板、球座或球铰及其配套垫板、弹簧持荷装置以及 2～3 根承力丝杆。压板与垫板具有足够的刚度。压板的受压面的平整度偏差≤0.1mm/100mm，并能保证对试件均匀加载。弹簧及丝杆的尺寸按徐变仪所要求的实验吨位而定。在实验荷载下，丝杆的拉应力不应大于材料屈服点的 30%，弹簧的工作压力不应超过允许极限荷载的 80%，且工作时弹簧的压缩变形不得小于 20mm。

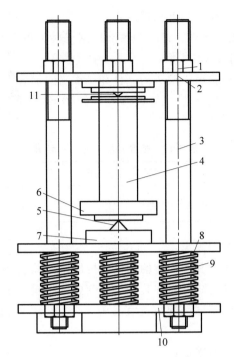

1—螺母；2—上压板；3—丝杆；4—试件；5、11—球铰；6—垫板；7—定心；8—下压板；9—弹簧；10—底盘

图 4-20　弹簧式压缩徐变仪示意

④ 当使用液压式持荷部件时，可通过一套中央液压调节单元同时加载几个徐变架，该单元应由储液器、调节器、显示仪表和一个高压源（如高压氮气瓶或高压泵）等组成。

⑤ 有条件时可采用几个试件串叠受荷，上下压板之间的总距离不得超过 1600mm。

（2）加载装置应符合下列规定：

① 加载架由接长杆及顶板组成。加载时加载架与徐变仪丝杆顶部相连。

② 油压千斤顶可采用一般的起重千斤顶，其吨位大于所要求的实验荷载。

③ 测力装置可采用钢环测力计、荷载传感器或其他形式的压力测定装置。其测量精度应达到所加荷载的 ±2%，试件破坏荷载不应小于测力装置全量程的 20% 且不应大于测力装置全量程的 80%。

（3）变形测量装置应符合下列规定：

① 变形测量装置可采用外装式、内埋式或便携式，其测量的应变值精度不低于 0.001mm/m。

② 采用外装式变形测量装置时，至少测量不少于两个均匀地布置在试件周边的基线的应变。测点应精确地布置在试件纵向表面的纵轴上，且与试件端头等距，与相邻试件端头的距离不小于一个截面边长。

③ 采用差动式应变计或钢弦式应变计等内埋式变形测量装置时，试件成型时可靠地固定该装置，使其量测基线位于试件中部并与试件纵轴重合。

④ 采用接触法引伸仪等便携式变形测量装置时，测头牢固附置在试件上。

⑤ 量测标距大于混凝土骨料最大粒径的 3 倍，且 ≥100mm。

(4) 试件的形状与尺寸应符合下列规定：

① 徐变实验采用棱柱体试件。试件的尺寸根据混凝土中骨料的最大粒径按表 4-11 选用，长度应为截面边长尺寸的 3～4 倍。

② 当试件叠放时，在每叠试件端头的试件和压板之间加装一个未安装应变量测仪表的辅助性混凝土垫块，其截面边长尺寸与被测试件的相同，且长度至少等于其截面尺寸的一半。

表 4-11 徐变实验试件尺寸选用   mm

骨料最大公称粒径	试件最小边长	试件长度
31.5	100	400
40	150	≥450

(5) 试件数量应符合下列规定：

① 制作徐变试件时，同时制作相应的棱柱体抗压试件及收缩试件。

② 收缩试件应与徐变试件相同，并装有与徐变试件相同的变形测量装置。

③ 每组抗压、收缩和徐变试件的数量宜各为 3 个，其中每个加载龄期的每组徐变试件至少为 2 个。

(6) 试件制备应符合下列规定：

① 叠放试件时，宜磨平其端头。

② 徐变试件的受压面与相邻的纵向表面之间的角度与直角的偏差不应超过 1mm/100mm。

③ 采用外装式应变量测装置时，徐变试件两侧面有安装量测装置的测头，测头宜采用埋入式，试模的侧壁具有能在成型时使测头定位的装置。在对黏结的工艺及材料确有把握时，可采用胶粘。

(7) 试件的养护与存放方式应符合下列规定：

① 抗压试件及收缩试件随徐变试件一并同条件养护。

② 对于标准环境中的徐变，试件在成型后≥24h 且≤48h 时拆模，拆模前，覆盖试件表面。随后立即将试件送入标准养护室养护到 7d 龄期（自混凝土搅拌加水开始计时），其中 3d 加载的徐变实验养护 3d。养护期间试件不应浸泡于水中。试件养护完成后移入温度为（20±2）℃、相对湿度为（60±5）％的恒温恒湿室进行徐变实验，直至实验完成。

③ 对于适用于大体积混凝土内部情况的绝湿徐变，试件在制作或脱模后密封在保湿外套中（包括橡皮套、金属套筒等），且在整个试件存放和测试期间也应保持密封。

④ 对于需要考虑温度对混凝土弹性和非弹性性质的影响等特定温度下的徐变，控制好试件存放的实验环境温度，使其符合希望的温度历史。

⑤ 对于需确定在具体使用条件下的混凝土徐变值等其他存放条件，根据具体情况确定试件的养护及实验制度。

4.13.4 实验内容和步骤

(1) 测头或测点在实验前 1d 粘好，仪表安装好后仔细检查，不得有任何松动或异常现象。加载装置、测力计等也予以检查。

(2) 在即将加载徐变试件前,测试同条件养护试件的棱柱体抗压强度。

(3) 测头和仪表准备好后,将徐变试件放在徐变仪的下压板,使试件、加载装置、测力计及徐变仪的轴线重合。并再次检查变形测量仪表的调零情况,记下初始读数。当采用未密封的徐变试件时,将其放在徐变仪上的同时,覆盖参比用收缩试件的端部。

(4) 试件放好后,及时开始加载。当无特殊要求时,取徐变应力为所测得棱柱体抗压强度的 40%。当采用外装仪表或者接触法引伸仪时,用千斤顶先加压至徐变应力的 20% 进行对中。两侧的变形相差应小于其平均值的 10%,当超出此值,松开千斤顶卸荷,重新调整后,再加载到徐变应力的 20%,并再次检查对中情况。对中完毕后,立即继续加载直到徐变应力,及时读出两边的变形值,并将此时两边变形的平均值作为在徐变荷载下的初始变形值。从对中完毕到测初始变形值之间的加载及测量时间不得超过 1min。随后拧紧承力丝杆上端的螺母,松开千斤顶卸荷,且观察两边变形值的变化情况。此时,试件两侧的读数相差不应超过平均值的 10%,否则应予以调整,调整在试件持荷的情况下进行,调整过程中所产生的变形增值应计入徐变变形之中。然后再加载到徐变应力,并检查两侧变形读数,其总和与加载前读数相比,误差不超过 2%。否则予以补足。

(5) 加载后的 1d、3d、7d、14d、28d、45d、60d、90d、120d、150d、180d、270d 和 360d 测读试件的变形值。

(6) 在测读徐变试件的变形读数的同时,测量同条件放置参比用收缩试件的收缩值。

(7) 试件加载后应定期检查荷载的保持情况,在加载后 7d、28d、60d、90d 各校核 1 次,如荷载变化大于 2%,予以补足。使用弹簧式加载架时,可通过施加正确的荷载并拧紧丝杆上的螺母进行调整。

注意:对比或检验混凝土的徐变性能时,试件应在 28d 龄期时加载。当研究某一混凝土的徐变特性时,应至少制备 5 组徐变试件并分别在龄期为 3d、7d、14d、28d 和 90d 时加载。

4.13.5 实验结果的处理

(1) 徐变应变应按式(4-50)计算:

$$\varepsilon_{ct} = \frac{\Delta L_t - \Delta L_0}{L_b} - \varepsilon_t \tag{4-50}$$

式中:ε_{ct}——加载 $t(d)$ 后的徐变应变(mm/m),精确至 0.001mm/m;

ΔL_t——加载 $t(d)$ 后的总变形值(mm),精确至 0.001mm;

ΔL_0——加载时测得的初始变形值(mm),精确至 0.001mm;

L_b——测量标距(mm),精确到 1mm;

ε_t——同龄期的收缩值(mm/m),精确至 0.001mm/m。

(2) 徐变度应按式(4-51)计算:

$$C_t = \frac{\varepsilon_{ct}}{\delta} \tag{4-51}$$

式中:C_t——加载 $t(d)$ 的混凝土徐变度(1/MPa),计算精确至 1.0×10^{-6}/MPa;

δ——徐变应力(MPa)。

(3) 徐变系数应按式(4-52)和式(4-53)计算:

$$\varphi_t = \frac{\varepsilon_{ct}}{\varepsilon_0} \tag{4-52}$$

$$\varepsilon_0 = \frac{\Delta L_0}{L_b} \tag{4-53}$$

式中：φ_t——加载 $t(d)$ 的徐变系数；

ε_0——加载时测得的初始应变值(mm/m)，精确至 0.001mm/m。

(4) 每组分别以 3 个试件徐变应变(徐变度或徐变系数)实验结果的算术平均值作为该组混凝土试件徐变应变(徐变度或徐变系数)的测定值。

(5) 作为供对比用的混凝土徐变值，应采用经过标准养护的混凝土试件，在 28d 龄期时经受 0.4 倍棱柱体抗压强度恒定荷载持续作用 360d 的徐变值。可用测得的 3 年徐变值作为终极徐变值。

4.13.6 问题与讨论

(1) 混凝土受压徐变实验为何需要同时制作至少 3 种试件？

(2) 徐变实验加载过程中的荷载对中为何是整个实验过程的关键？

4.14 碳化实验

4.14.1 实验目的

混凝土抗碳化能力是耐久性的一个重要指标，尤其在评定大气条件下混凝土对钢筋的保护作用(混凝土的护筋性能)时起着关键作用。测定一定浓度的 CO_2 气体介质中混凝土试件的碳化深度，可以评定该混凝土的抗碳化能力。

4.14.2 实验原理和依据

混凝土的碳化是混凝土所受到的一种化学腐蚀。在一定浓度的 CO_2 气体介质中，CO_2 气体可通过硬化混凝土细孔渗透到混凝土内，与其碱性物质($Ca(OH)_2$)发生化学反应后生成碳酸盐($CaCO_3$)和水，使混凝土碱性降低。通过测定混凝土试件不同龄期的碳化深度，可获得混凝土的碳化发展规律。

本实验参照《普通混凝土长期性能和耐久性能试验方法标准》(GB/T 50082—2009)进行。

4.14.3 实验设备和材料

(1) 碳化箱：符合现行行业标准《混凝土碳化试验箱》(JG/T 247—2009)的规定，并采用带有密封盖的密闭容器，容器的容积至少为预定进行实验的试件体积的 2 倍。碳化箱内有架空试件的支架、CO_2 引入口、分析取样用的气体导出口、箱内气体对流循环装置、为保持箱内恒温恒湿所需的设施及温湿度监测装置。宜在碳化箱上设玻璃观察口对箱内温度进行读数。

(2) 气体分析仪：能分析箱内 CO_2 浓度，并精确至 $\pm 1\%$。

(3) CO_2 供气装置:应包括气瓶、压力表和流量计。

(4) 宜采用棱柱体混凝土试件,应以3块为一组。棱柱体的长宽比宜≥3。无棱柱体试件时,也可用立方体试件,其数量应相应增加。碳化实验的试件宜采用标准养护,试件宜在28d龄期进行碳化实验,掺有掺和料的混凝土可以根据其特性决定碳化前的养护龄期。

4.14.4 实验内容和步骤

(1) 实验前2d从标准养护室取出试件,在60℃下烘48h。经烘干处理后的试件,除留下一个或相对的两个侧面外,其余表面采用加热的石蜡予以密封。然后在暴露侧面上沿长度方向用铅笔以10mm间距画出平行线,作为预定碳化深度的测量点。

(2) 将经过处理的试件放入碳化箱内的支架上。各试件的间距≥50mm。

(3) 试件放入碳化箱后,采用机械办法或油封将碳化箱密封,不得采用水封。开动箱内气体对流装置,徐徐充入 CO_2,测定箱内的 CO_2 浓度。逐步调节 CO_2 的流量,使箱内 CO_2 浓度保持在 $(20\pm3)\%$。在整个实验期间应采取去湿措施,使箱内的相对湿度控制在 $(70\pm5)\%$,温度控制在 $(20\pm2)℃$。

(4) 碳化实验开始后每隔一定时期对箱内 CO_2 浓度、温度及湿度作一次测定。前2d每隔2h测定一次,以后每隔4h测定一次。实验中根据所测得的 CO_2 浓度、温度及湿度随时调节这些参数,去湿用的硅胶应经常更换。

(5) 碳化到3d、7d、14d和28d时,分别取出试件,破型测定碳化深度。棱柱体试件应通过在压力试验机上的劈裂法或用干锯法从一端开始破型。每次切除的厚度为试件宽度的一半,切后用石蜡将破型后试件的切断面封好,再放入箱内继续碳化,直到下一个实验期。当采用立方体试件时,在试件中部劈开,立方体试件只作一次检验,劈开测试碳化深度后不得再重复使用。

(6) 将切除所得的试件部分刷去断面上残存的粉末,喷上(或滴上)浓度为1%的酚酞酒精溶液(酒精溶液含20%的蒸馏水)。约经30s后,按原先划的每10mm一个测量点用钢板尺测出各点碳化深度。当测点处的碳化分界线上刚好嵌有粗骨料颗粒,可取该颗粒两侧处碳化深度的算术平均值作为该点的深度值。碳化深度测量应精确至0.5mm。

4.14.5 实验结果的处理

(1) 混凝土在各实验龄期时的平均碳化深度应按式(4-54)计算:

$$\bar{d}_t = \frac{1}{n}\sum_{i=1}^{n} d_i \tag{4-54}$$

式中:$\bar{d}_t$——试件碳化 $t(d)$ 后的平均碳化深度(mm),精确至0.1mm;

d_i——各测点的碳化深度(mm);

n——测点总数。

(2) 每组以在 CO_2 浓度为 $(20\pm3)\%$、温度为 $(20\pm2)℃$、湿度为 $(70\pm5)\%$ 的条件下3个试件碳化28d的碳化深度算术平均值作为该组混凝土试件碳化测定值。

(3) 碳化结果处理时宜以各龄期计算所得的碳化深度绘制碳化时间与碳化深度的关系曲线,以表示在该条件下的混凝土的碳化发展规律。

4.14.6 问题与讨论

(1) 混凝土碳化的机理是什么？混凝土碳化试件进入碳化箱前为何需要烘干？

(2) 需要在碳化实验前在试件上画线的原因是什么？

4.15 混凝土中钢筋锈蚀实验

4.15.1 实验目的

采用直接破型法测量混凝土中钢筋的质量损失,来评定大气条件下钢筋的锈蚀程度,以对比不同混凝土对钢筋的保护作用。

4.15.2 实验原理和依据

混凝土碳化是引起钢筋锈蚀的主要因素之一,当碳化达到钢筋表面时,钢筋表面的 OH^- 浓度降低,钝化膜被破坏,钢筋开始锈蚀。本实验方法主要针对碳化引起的钢筋锈蚀,不适用于含氯离子等侵蚀性介质环境条件下钢筋锈蚀实验。

本实验参照《普通混凝土长期性能和耐久性能试验方法标准》(GB/T 50082—2009)进行。

4.15.3 实验设备和材料

(1) 混凝土碳化实验设备：碳化箱、供气装置及气体分析仪。碳化设备符合本书 4.14.3 节的规定。

(2) 钢筋定位板（图 4-21）：宜采用木质五合板或薄木板等材料制作,尺寸为 100mm×100mm,板上钻有穿插钢筋的圆孔。

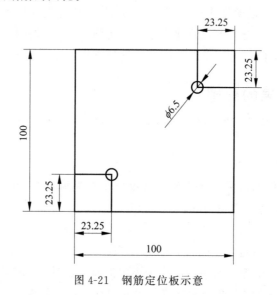

图 4-21　钢筋定位板示意

(3) 称量设备：最大量程为 1kg,感量为 0.001g。

（4）采用尺寸为 100mm×100mm×300mm 的棱柱体试件,每组为 3 块。试件中埋置的钢筋采用直径为 6.5mm 的 Q235 普通低碳钢热轧盘条调直截断制成,其表面不得有锈坑及其他严重缺陷。每根钢筋长为(299±1)mm,用砂轮将其一端磨出长约 30mm 的平面,并用钢字打上标记。钢筋采用 12% 盐酸溶液进行酸洗、并经清水漂净后,用石灰水中和,再用清水冲洗干净,擦干后在干燥器中至少存放 4h,然后用天平称取每根钢筋的初重(精确至0.001g)。钢筋应存放在干燥器中备用。

4.15.4 实验内容和步骤

（1）试件成型前将套有定位板的钢筋放入试模,定位板应紧贴试模的两个端板,安放完毕后用丙酮擦净钢筋表面。试件成型后,在(20±2)℃的温度下盖湿布养护 24h 后编号拆模,拆除定位板。然后用钢丝刷将试件两端部混凝土刷毛,用水灰比小于试件用混凝土水灰比、水泥和砂子比例为 1:2 的水泥砂浆抹上≥20mm 厚的保护层,确保钢筋端部密封质量。试件就地潮湿养护(或用塑料薄膜盖好)24h 后,移入标准养护室养护 28d。

（2）钢筋锈蚀实验的试件先进行碳化,碳化在 28d 龄期时开始,在 CO_2 浓度为(20±3)%、相对湿度为(70±5)%和温度为(20±2)℃的条件下进行,碳化时间为 28d。对于有特殊要求的混凝土中钢筋锈蚀实验,碳化时间可再延长 14d 或者 28d。

（3）试件碳化处理后立即移入标准养护室放置。在养护室中,相邻试件间的距离应≥50mm,避免试件直接淋水。在潮湿条件下存放 56d 后将试件取出,然后破型,破型时不得损伤钢筋。应先测出碳化深度,然后进行钢筋锈蚀程度的测定。

（4）试件破型后,取出试件中的钢筋,刮去钢筋上黏附的混凝土。应用 12% 盐酸溶液对钢筋进行酸洗,经清水漂净后,再用石灰水中和,最后以清水冲洗干净。将钢筋擦干后在干燥器中至少存放 4h,然后对每根钢筋称重(精确至 0.001g),计算钢筋锈蚀失重率。酸洗钢筋时,应在洗液中放入 2 根尺寸相同的同类无锈钢筋作为基准校正。

4.15.5 实验结果的处理

（1）钢筋锈蚀失重率应按式(4-55)计算：

$$L_w = \frac{w_0 - w - \frac{(w_{01} - w_1) + (w_{02} - w_2)}{2}}{w_0} \times 100\% \qquad (4-55)$$

式中：L_w——钢筋锈蚀失重率(%),精确至 0.01；
w_0——钢筋未锈蚀前质量(g)；
w——锈蚀钢筋经过酸洗处理后的质量(g)；
w_{01}、w_{02}——基准校正用的 2 根钢筋的初始质量(g)；
w_1、w_2——基准校正用的 2 根钢筋酸洗后的质量(g)。

（2）每组取 3 个混凝土试件中钢筋锈蚀失重率的平均值作为该组混凝土试件中钢筋锈蚀失重率测定值。

4.15.6 问题与讨论

（1）引起混凝土中钢筋锈蚀的主要因素有哪些？

（2）钢筋锈蚀试件成型后一般需要经过哪 3 个步骤的处理？

4.16 抗硫酸盐侵蚀实验

4.16.1 实验目的

测定遭受硫酸盐侵蚀的混凝土试件在干湿交替环境中，以能够经受的最大干湿循环次数来表示混凝土的抗硫酸盐侵蚀性能。

4.16.2 实验原理和依据

混凝土在硫酸盐环境中，同时耦合干湿循环条件的实际环境经常遇到，硫酸盐侵蚀再耦合干湿循环条件对混凝土的损伤速度较快，故本实验方法适用于处于干湿循环环境中遭受硫酸盐侵蚀的混凝土抗硫酸盐侵蚀实验，尤其适用于强度等级较高的混凝土抗硫酸盐侵蚀实验。

本实验参照《普通混凝土长期性能和耐久性能试验方法标准》(GB/T 50082—2009)进行。评价指标为抗硫酸盐等级（最大干湿循环次数），符号采用 KS 来表示。

4.16.3 实验设备和材料

（1）干湿循环实验装置：宜采用能使试件静止不动，浸泡、烘干及冷却等过程能自动进行的装置。设备应具有数据实时显示、断电记忆及实验数据自动存储的功能。

（2）可采用符合下列规定的设备进行干湿循环实验。

① 烘箱：应能使温度稳定在(80±5)℃。

② 容器：应至少能够装 27L 溶液，并带盖，且由耐盐腐蚀材料制成。

（3）采用尺寸为 100mm×100mm×100mm 的立方体试件，每组为 3 块。混凝土取样符合现行国家标准《普通混凝土拌合物性能试验方法标准》(GB/T 50080—2016)中的规定。试件的制作和养护符合现行国家标准《混凝土物理力学性能试验方法标准》(GB/T 50081—2019)中的规定。除制作抗硫酸盐侵蚀实验用试件外，还应按照同样方法，同时制作抗压强度对比用试件。试件组数符合表 4-12 的要求。

表 4-12 抗硫酸盐侵蚀实验所需的试件组数

设计抗硫酸盐等级	KS15	KS30	KS60	KS90	KS120	KS150	KS150 以上
检查强度所需干湿循环次数	15	15 及 30	30 及 60	60 及 90	90 及 120	120 及 150	150 及设计次数
鉴定 28d 强度所需试件组数	1	1	1	1	1	1	1
干湿循环试件组数	1	2	2	2	2	2	2
对比试件组数	1	2	2	2	2	2	2
总计试件组数	3	5	5	5	5	5	5

（4）试剂：采用化学纯无水硫酸钠。

4.16.4 实验内容和步骤

(1) 试件在养护至 28d 龄期的前 2d,将需进行干湿循环的试件从标准养护室取出。擦干试件表面水分,将试件放入烘箱中,并在(80±5)℃下烘 48h。烘干结束后将试件在干燥环境中冷却到室温。对于掺入掺和料比较多的混凝土,也可采用 56d 龄期或者设计规定的龄期进行实验,这种情况应在实验报告中说明。

(2) 试件烘干并冷却后,立即将试件放入试件盒(架)中,相邻试件之间应保持 20mm 间距,试件与试件盒侧壁的间距应≥20mm。

(3) 试件放入试件盒后,将配制好的 5% Na_2SO_4 溶液放入试件盒,溶液至少超过最上层试件表面 20mm,然后开始浸泡。从试件开始放入溶液,到浸泡过程结束的时间为(15±0.5)h。注入溶液的时间不应超过 30min。浸泡龄期从将混凝土试件移入 5% Na_2SO_4 溶液中起计时。实验过程中宜定期检查和调整溶液的 pH,可每隔 15 个循环测试一次溶液 pH,始终维持溶液的 pH 在 6~8。溶液的温度应控制在 25~30℃。也可不检测其 pH,但每月更换一次实验用溶液。

(4) 浸泡过程结束后,立即排液,并在 30min 内将溶液排空。溶液排空后将试件风干 30min,从溶液开始排出到试件风干的时间为 1h。

(5) 风干过程结束后立即升温,将试件盒内的温度升到 80℃,开始烘干过程。升温过程应在 30min 内完成。温度升到 80℃后,将温度维持在(80±5)℃。从升温开始到冷却的时间为 6h。

(6) 烘干过程结束后,立即对试件进行冷却,从开始冷却到将试件盒内的试件表面温度冷却到 25~30℃的时间为 2h。

(7) 每个干湿循环的总时间为(24±2)h。然后再次放入溶液,按照上述(3)~(6)的步骤进行下一个干湿循环。

(8) 在达到表 4-12 规定的干湿循环次数后,及时进行抗压强度实验。同时观察经过干湿循环后混凝土表面的破损情况并进行外观描述。当试件有严重剥落、掉角等缺陷时,先用高强石膏补平后再进行抗压强度实验。

(9) 当干湿循环实验出现下列 3 种情况之一时,可停止实验:
① 当抗压强度耐蚀系数达到 75%;
② 干湿循环次数达到 150 次;
③ 达到设计抗硫酸盐等级相应的干湿循环次数。

(10) 对比试件继续保持原有的养护条件,直到完成干湿循环后,与进行干湿循环实验的试件同时进行抗压强度实验。

4.16.5 实验结果的处理

(1) 混凝土抗压强度耐蚀系数应按式(4-56)进行计算:

$$K_f = \frac{f_{cn}}{f_{c0}} \times 100\% \tag{4-56}$$

式中:K_f——抗压强度耐蚀系数(%);

f_{cn}——为 n 次干湿循环后受硫酸盐腐蚀的一组混凝土试件的抗压强度测定值

（MPa），精确至 0.1MPa；

f_{c0}——与受硫酸盐腐蚀试件同龄期的标准养护的一组对比混凝土试件的抗压强度测定值（MPa），精确至 0.1MPa。

（2）f_{c0} 和 f_{cn} 以 3 个试件抗压强度实验结果的算术平均值作为测定值。当最大值或最小值与中间值之差超过中间值的 15% 时，剔除此值，并取其余两值的算术平均值作为测定值；当最大值和最小值均超过中间值的 15% 时，取中间值作为测定值。

（3）抗硫酸盐等级以混凝土抗压强度耐蚀系数下降到不低于 75% 时的最大干湿循环次数来确定，并以符号 KS 表示。

4.16.6　问题与讨论

（1）抗硫酸盐侵蚀实验方法的适用条件是什么？

（2）为何当混凝土试件抗压强度耐蚀系数达到 75% 或干湿循环次数达到 150 次时可停止实验？

4.17　碱-骨料反应实验

4.17.1　实验目的

鉴于碱-骨料反应病害对混凝土耐久性的深重影响，用混凝土试件检测骨料碱活性的方法，有利于更好地预防混凝土碱-骨料反应病害。

4.17.2　实验原理和依据

混凝土碱-骨料反应实验方法主要是通过检测在规定的时间、湿度和温度条件下，混凝土棱柱体由于碱-骨料反应引起的长度变化，可用来评价粗骨料、细骨料或粗细混合骨料的潜在膨胀活性，也可用来评价辅助胶凝材料（即掺和料）或含锂掺和料对碱硅反应的抑制效果（但需要进行为期 2 年的实验）。本方法用于检验混凝土试件在温度 38℃ 及潮湿条件养护下，混凝土中的碱与骨料反应所引起的膨胀是否具有潜在危害，适用于碱-硅酸反应和碱-碳酸盐反应。

本实验参照《普通混凝土长期性能和耐久性能试验方法标准》（GB/T 50082—2009）进行。

4.17.3　实验设备和材料

（1）方孔筛：与公称直径分别为 20mm、16mm、10mm、5mm 的圆孔筛对应。

（2）称量设备：最大量程分别为 50kg 和 10kg，感量分别不超过 50g 和 5g，各 1 台。

（3）试模：内测尺寸为 75mm×75mm×275mm，试模两个端板预留安装测头的圆孔，孔的直径与测头直径匹配。

（4）测头（埋钉）：直径为 5～7mm，长度为 25mm。采用不锈金属制成，测头均位于试模两端的中心部位。

（5）测长仪：测量范围为 275～300mm，精度为 ±0.001mm。

(6) 养护盒：由耐腐蚀材料制成，不漏水，且能密封。盒底部装有(20 ± 5)mm 深的水，盒内有试件架，且能使试件垂直立在盒中。试件底部不应与水接触。一个养护盒宜同时容纳 3 个试件。

(7) 硅酸盐水泥：含碱量宜为$(0.9\pm0.1)\%$（以 Na_2O 当量计，即 $Na_2O+0.658K_2O$）。可通过外加浓度为 10% 的 NaOH 溶液，使实验用水泥含碱量达到 1.25%。

(8) 当实验用来评价细骨料的活性，应采用非活性的粗骨料，粗骨料的非活性也应通过实验确定，实验用细骨料细度模数宜为 2.7 ± 0.2。当实验用来评价粗骨料的活性，应用非活性的细骨料，细骨料的非活性也应通过实验确定。当工程用的骨料为同一品种的材料，应用该粗、细骨料来评价活性。实验用粗骨料应由三种级配：16~20mm、10~16mm 和 5~10mm，各取 1/3 等量混合。

(9) 混凝土水泥用量为(420 ± 10)kg/m^3。水灰比为 0.42~0.45。粗骨料与细骨料的质量比为 6∶4。实验中除可外加 NaOH 外，不得再使用其他外加剂。

4.17.4　实验内容和步骤

(1) 试件成型前 24h，将实验所用原材料放入(20 ± 5)℃的成型室。采用机械拌和混凝土，然后一次性装入试模，用捣棒和抹刀捣实，然后在振动台上振动 30s 或直至表面泛浆为止。

(2) 试件成型后带模一起送入(20 ± 2)℃、相对湿度在 95% 以上的标准养护室中，并在混凝土初凝前 1~2h 对试件沿模口抹平并编号。

(3) 试件在标准养护室中养护(24 ± 4)h 后脱模，脱模时特别小心不要损伤测头，并尽快在(20 ± 2)℃的恒温室中测量试件的基准长度。每个试件至少重复测试 2 次，取 2 次测值的算术平均值作为该试件的基准长度值。待测试件用湿布盖好。

(4) 测量基准长度后将试件放入养护盒中，并盖严盒盖。然后将养护盒放入(38 ± 2)℃的养护室或养护箱内养护。

(5) 试件的测量龄期从测定基准长度后算起，测量龄期为 1 周、2 周、4 周、8 周、13 周、18 周、26 周、39 周和 52 周，以后可每半年测 1 次。每次测量的前一天，将养护盒从(38 ± 2)℃的养护室中取出，并放入(20 ± 2)℃的恒温室中，恒温时间为(24 ± 4)h。试件各龄期的测量应与测量基准长度的方法相同，测量完毕后，将试件调头放入养护盒中，并盖严盒盖。然后将养护盒重新放回(38 ± 2)℃的养护室或者养护箱中继续养护至下一测试龄期。每次测量时，观察试件有无裂缝、变形、渗出物及反应产物等，并作详细记录。必要时可在长度测试周期全部结束后，辅以岩相分析等手段，综合判断试件内部结构和可能的反应产物。

注意：当碱骨料反应实验出现以下两种情况之一时，可结束实验：

(1) 在 52 周的测试龄期内的膨胀率超过 0.04%；

(2) 膨胀率虽小于 0.04%，但实验周期已经达 52 周（或 1 年）。

4.17.5　实验结果的处理

(1) 试件的膨胀率应按式(4-57)计算：

$$\varepsilon_t = \frac{L_t - L_0}{L_0 - 2\Delta} \times 100\% \tag{4-57}$$

式中：ε_t——试件在 t(d)龄期的膨胀率(%)，精确至 0.001；
$\quad L_t$——试件在 t(d)龄期的长度(mm)；
$\quad L_0$——试件的基准长度(mm)；
$\quad \Delta$——测头的长度(mm)。

(2) 每组以 3 个试件测值的算术平均值作为某一龄期膨胀率的测定值。

(3) 当每组平均膨胀率<0.020%时，同组试件中单个试件之间的膨胀率的差值(最高值与最低值之差)不应超过 0.008%；当每组平均膨胀率>0.020%时，同一组试件中单个试件的膨胀率的差值(最高值与最低值之差)不应超过平均值的 40%。

4.17.6 问题与讨论

(1) 碱-骨料反应的定义及分类有哪些？
(2) 碱-骨料反应的实验原理是什么？

4.18 冻融实验

4.18.1 慢冻法

1. 实验目的

根据混凝土抗冻性能测定的基本原理，测定混凝土的抗冻性，掌握慢冻法测定混凝土抗冻性对工程实际的指导意义。

2. 实验原理和依据

混凝土的抗冻性是指材料在含水状态下能经受多次冻融循环作用而不破坏，强度也不显著降低的性质。混凝土的冻融破坏是由于混凝土中水结冰后发生体积膨胀，当膨胀力超过其抗拉强度时，便使混凝土产生微细裂缝，反复冻融引起裂缝不断扩展，导致混凝土强度降低直至破坏。测定混凝土试件在气冻水融条件下，以经受的冻融循环次数来表示混凝土的抗冻性能，该实验对于并非长期与水接触或者不是直接浸泡在水中的工程有指导意义。

本实验参照《普通混凝土长期性能和耐久性能试验方法标准》(GB/T 50082—2009)进行。

3. 实验设备和材料

(1) 冻融试验箱：应能使试件静止不动，并通过气冻水融进行冻融循环。在满载运转的条件下，冷冻期间冻融试验箱内空气温度能保持在 −20～−18℃；融化期间冻融试验箱内浸泡混凝土试件的水温能保持在 18～20℃；满载时冻融试验箱内各点温度极差不应超过 2℃。采用自动冻融设备时，控制系统还应具有自动控制、数据曲线实时动态显示、断电记忆和实验数据自动存储等功能。

(2) 试件架：采用不锈钢或其他耐腐蚀的材料制作，其尺寸与冻融试验箱和所装的试件相适应。

(3) 称量设备：最大量程为 20kg，感量不超过 5g。

(4) 压力试验机：应符合现行国家标准《混凝土物理力学性能试验方法标准》(GB/T

50081—2019)的相关要求。

(5) 温度传感器：温度检测范围不小于 $-20 \sim 20℃$，测量精度为 $\pm 0.5℃$。

(6) 实验采用尺寸为 $100mm \times 100mm \times 100mm$ 的立方体试件，实验所需试件组数符合表 4-13 的规定，每组试件为 3 块。

表 4-13　慢冻法实验所需要的试件组数

设计抗冻等级	D25	D50	D100	D150	D200	D250	D300	D300 以上
检查强度所需冻融次数	25	50	50 及 100	100 及 150	150 及 200	200 及 250	250 及 300	300 及设计次数
鉴定 28d 强度所需试件组数	1	1	1	1	1	1	1	1
冻融试件组数	1	1	2	2	2	2	2	2
对比试件组数	1	1	2	2	2	2	2	2
总试件组数	3	3	5	5	5	5	5	5

4. 实验内容和步骤

(1) 在标准养护室内或同条件养护的冻融实验的试件在养护龄期为 24d 时提前将试件从养护地点取出，随后将试件放在 $(20 \pm 2)℃$ 水中浸泡，浸泡时水面高出试件顶面 $20 \sim 30mm$，在水中浸泡的时间为 4d，试件在 28d 龄期时开始进行冻融实验。始终在水中养护的冻融实验的试件，当试件养护龄期达到 28d 时，可直接进行后续实验，对此种情况，应在实验报告中予以说明。

(2) 当养护龄期达到 28d 时及时取出冻融实验的试件，用湿布擦除表面水分后对外观尺寸进行测量，试件外观尺寸应满足《普通混凝土长期性能和耐久性能试验方法标准》(GB/T 50082—2009) 的要求，并分别编号、称重，然后按编号置入试件架内，试件架与试件的接触面积不宜超过试件底面的 1/5。试件与箱体内壁之间至少留有 20mm 的空隙。试件架中各试件之间至少保持 30mm 的空隙。

(3) 冷冻时间应在冻融箱内温度降至 $-18℃$ 时开始计算。每次从装完试件到温度降至 $-18℃$ 所需的时间应在 $1.5 \sim 2.0h$。冻融箱内温度在冷冻时保持在 $-20 \sim -18℃$。

(4) 每次冻融循环中试件的冷冻时间应 $\geqslant 4h$。

(5) 冷冻结束后，立即加入温度为 $18 \sim 20℃$ 的水，使试件转入融化状态，加水时间不超过 10min。控制系统确保在 30min 内，水温不低于 $10℃$，且在 30min 后水温能保持在 $18 \sim 20℃$。冻融箱内的水面应至少高出试件表面 20mm。融化时间应 $\geqslant 4h$。融化完毕视为该次冻融循环结束，可进入下一次冻融循环。

(6) 每 25 次循环宜对冻融试件进行一次外观检查。当出现严重破坏时，应立即称重。当一组试件的平均质量损失率超过 5%，可停止其冻融循环实验。

(7) 在达到表 4-13 规定的冻融循环次数后，试件应称重并进行外观检查，详细记录试件表面破损、裂缝及边角缺损情况。当试件表面破损严重时，应先用高强石膏找平，然后进行抗压强度实验。抗压强度实验应符合现行国家标准《混凝土物理力学性能试验方法标准》(GB/T 50081—2019) 的相关规定。

(8) 当冻融循环因故中断且试件处于冷冻状态时，试件应继续保持冷冻状态，直至恢复冻融实验为止，并将故障原因及暂停时间在实验结果中注明。当试件处在融化状态下因故中断时,中断时间不应超过两个冻融循环的时间。在整个实验过程中,超过两个冻融循环时间的中断故障次数不得超过两次。

(9) 当部分试件由于失效破坏或者停止实验被取出时,应用空白试件填充空位。

(10) 对比试件应继续保持原有的养护条件,直到完成冻融循环后,与冻融实验的试件同时进行抗压强度实验。

(11) 当冻融循环出现下列 3 种情况之一时,可停止实验:

① 已达到规定的循环次数;

② 抗压强度损失率已达到 25%;

③ 质量损失率已达到 5%。

5. 实验结果的处理

(1) 强度损失率按式(4-58)进行计算:

$$\Delta f_c = \frac{f_{c0} - f_{cn}}{f_{c0}} \times 100\% \tag{4-58}$$

式中:Δf_c——N 次冻融循环后的混凝土抗压强度损失率(%),精确至 0.1;

f_{c0}——对比用的一组混凝土试件的抗压强度测定值(MPa),精确至 0.1MPa;

f_{cn}——经 n 次冻融循环后的一组混凝土试件抗压强度测定值(MPa),精确至 0.1MPa。

(2) f_{c0} 和 f_{cn} 以 3 个试件抗压强度实验结果的算术平均值作为测定值。当 3 个试件抗压强度最大值或最小值与中间值之差超过中间值的 15%时,剔除此值,再取其余两值的算术平均值作为测定值;当最大值和最小值均超过中间值的 15%时,取中间值作为测定值。

(3) 单个试件的质量损失率按式(4-59)计算:

$$\Delta W_{ni} = \frac{W_{0i} - W_{ni}}{W_{0i}} \times 100\% \tag{4-59}$$

式中:ΔW_{ni}——n 次冻融循环后第 i 个混凝土试件的质量损失率(%),精确至 0.01;

W_{0i}——冻融循环实验前第 i 个混凝土试件的质量(g);

W_{ni}——n 次冻融循环后第 i 个混凝土试件的质量(g)。

(4) 一组试件的平均质量损失率按式(4-60)计算:

$$\Delta W_n = \frac{\sum_{i=1}^{3} \Delta W_{ni}}{3} \times 100\% \tag{4-60}$$

式中:ΔW_n——n 次冻融循环后一组混凝土试件的平均质量损失率(%),精确至 0.1。

(5) 每组试件的平均质量损失率以 3 个试件的质量损失率实验结果的算术平均值作为测定值。当某个实验结果出现负值,应取 0,再取 3 个试件的算术平均值。当 3 个值中的最大值或最小值与中间值之差超过 1%时,应剔除此值,再取其余两值的算术平均值作为测定值;当最大值和最小值与中间值之差均超过 1%时,应取中间值作为测定值。

(6) 抗冻等级应以抗压强度损失率不超过 25%或质量损失率不超过 5%时的最大冻融循环次数按表 4-13 确定。

4.18.2 快冻法

1. 实验目的

根据混凝土抗冻性能测定的基本原理,测定混凝土的抗冻性,掌握快冻法测定混凝土抗冻性对工程实际的指导意义。

2. 实验原理和依据

测定混凝土试件在水冻水融条件下,以经受的快速冻融循环次数来表示混凝土的抗冻性能,该实验对于水工、港工等长期处于水环境中的工程有指导意义。

本实验参照《普通混凝土长期性能和耐久性能试验方法标准》(GB/T 50082—2009)进行。

3. 实验设备和材料

(1) 试件盒:如图 4-22 所示,宜采用具有弹性的橡胶材料制作,其内表面底部有半径为 3mm 橡胶突起部分。盒内加水后水面应至少高出试件顶面 5mm。试件盒横截面尺寸宜为 115mm×115mm,试件盒长度宜为 500mm。

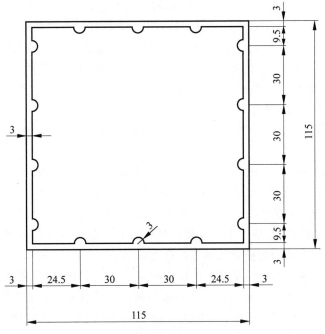

图 4-22 橡胶试件盒横截面示意

(2) 快速冻融装置:应符合现行行业标准《混凝土抗冻试验设备》(JG/T 243—2009)的规定。除在测温试件中埋设温度传感器外,应在冻融箱内防冻液中心、中心与任何一个对角线的两端分别设有温度传感器。运转时冻融箱内防冻液各点温度的极差不得超过 2℃。

(3) 称量设备:最大量程为 20kg,感量不超过 5g。

(4) 共振法混凝土动弹性模量测定仪(又称共振仪):输出频率可调范围为 100~20000Hz,输出功率应能使试件产生受迫振动。

(5) 温度传感器(包括热电偶、电位差计等):在−20~20℃范围内测定试件中心温度,且测量精度为±0.5℃。

(6) 实验采用尺寸为 100mm×100mm×400mm 的棱柱体试件,每组试件为 3 块。成型试件时,不得采用憎水性脱模剂。除制作冻融实验的试件外,尚应制作同样形状、尺寸,且中心埋有温度传感器的测温试件,测温试件采用防冻液作为冻融介质。测温试件所用混凝土的抗冻性能应高于冻融试件,测温试件的温度传感器埋设在试件中心,温度传感器不应采用钻孔后插入的方式埋设。

4. 实验内容和步骤

(1) 在标准养护室内或同条件养护的试件在养护龄期为 24d 时提前将冻融实验的试件从养护地点取出,随后将冻融试件放在(20±2)℃水中浸泡,浸泡时水面高出试件顶面 20~30mm。在水中浸泡时间为 4d,试件在 28d 龄期时开始进行冻融实验。始终在水中养护的试件,当试件养护龄期达到 28d 时,可直接进行后续实验。对此种情况,应在实验报告中予以说明。

(2) 当试件养护龄期达到 28d 时应及时取出试件,用湿布擦除表面水分后对外观尺寸进行测量,试件的外观尺寸应满足《普通混凝土长期性能和耐久性能试验方法标准》(GB/T 50082—2009)的要求,并应编号、称量试件初始质量 W_{0i};然后按《普通混凝土长期性能和耐久性能试验方法标准》(GB/T 50082—2009)第 5 章的规定测定其横向基频的初始值 f_{0i}。

(3) 将试件放入试件盒中心,然后将试件盒放入冻融箱内的试件架中,并向试件盒中注入清水。整个实验过程中,盒内水位高度始终保持至少高出试件顶面 5mm。

(4) 测温试件盒放在冻融箱的中心位置。

(5) 冻融循环过程应符合下列规定:

① 每次冻融循环应在 2~4h 内完成,且用于融化的时间不得少于整个冻融循环时间的 1/4;

② 冷冻和融化过程中,试件中心最低和最高温度应分别控制在(−18±2)℃和(5±2)℃内。在任意时刻,试件中心温度不得高于 7℃,且不得低于−20℃;

③ 每块试件从 3℃降至−16℃所用的时间不得少于冷冻时间的 1/2,每块试件从−16℃升至 3℃所用时间不得少于整个融化时间的 1/2,试件内外的温差不宜超过 28℃;

④ 冷冻和融化之间的转换时间不宜超过 10min。

(6) 每隔 25 次冻融循环测量试件的横向基频 f_{ni}。测量前应先将试件表面浮渣清洗干净并擦干表面水分,然后检查其外部损伤并称量试件的质量 W_{ni}。随后应按《普通混凝土长期性能和耐久性能试验方法标准》(GB/T 50082—2009)规定的方法测量横向基频。测完后,应迅速将试件调头重新装入试件盒内并加入清水,继续实验。试件的测量、称量及外观检查应迅速,待测试件应用湿布覆盖。

(7) 当有试件停止实验被取出时,应另用其他试件填充空位。当试件在冷冻状态下因故中断时,试件应保持在冷冻状态,直至恢复冻融实验为止,并将故障原因及暂停时间在实验结果中注明。试件在非冷冻状态下发生故障的时间不宜超过两个冻融循环的时间。在整个实验过程中,超过两个冻融循环时间的中断故障次数不得超过两次。

(8) 当冻融循环出现下列情况之一时,可停止实验:

① 达到规定的冻融循环次数;

② 试件的相对动弹性模量下降到 60%；

③ 试件的质量损失率达 5%。

5. 实验结果的处理

(1) 相对动弹性模量按式(4-61)和式(4-62)计算：

$$P_{ni} = \frac{f_{ni}^2}{f_{0i}^2} \times 100\% \tag{4-61}$$

式中：P_{ni}——经 n 次冻融循环后第 i 个混凝土试件的相对动弹性模量(%)，精确至 0.1；

f_{ni}——经 n 次冻融循环后第 i 个混凝土试件的横向基频(Hz)；

f_{0i}——冻融循环实验前第 i 个混凝土试件横向基频初始值(Hz)；

$$P_n = \frac{1}{3}\sum_{i=1}^{3} P_{ni} \tag{4-62}$$

式中：P_n——经 n 次冻融循环后一组混凝土试件的相对动弹性模量(%)，精确至 0.1。

相对动弹性模量 P_n 应以 3 个试件实验结果的算术平均值作为测定值。当最大值或最小值与中间值之差超过中间值的 15% 时，应剔除此值，并应取其余两值的算术平均值作为测定值；当最大值和最小值与中间值之差均超过中间值的 15% 时，应取中间值作为测定值。

(2) 单个试件的质量损失率按式(4-59)计算。

(3) 一组试件的平均质量损失率应按式(4-60)计算。

(4) 每组试件的平均质量损失率应以 3 个试件的质量损失率实验结果的算术平均值作为测定值。当某个实验结果出现负值，应取 0，再取 3 个试件的平均值。当 3 个值中的最大值或最小值与中间值之差超过 1% 时，应剔除此值，并应取其余两值的算术平均值作为测定值；当最大值和最小值与中间值之差均超过 1% 时，应取中间值作为测定值。

(5) 混凝土抗冻等级应以相对动弹性模量下降至不低于 60% 或者质量损失率不超过 5% 时的最大冻融循环次数来确定，并用符号 F 表示。

4.18.3　单面冻融法(盐冻法)

1. 实验目的

根据混凝土抗冻性能测定的基本原理，测定混凝土的抗冻性，掌握单面冻融法(盐冻法)测定混凝土抗冻性对工程实际的指导意义。

2. 实验原理和依据

测定混凝土试件在大气环境中且与盐接触的条件下，以能够经受的冻融循环次数或者表面剥落质量或超声波相对动弹性模量来表示的混凝土抗冻性能。该实验对于处在干湿交替及盐溶液环境中的工程有指导意义。

本实验参照《普通混凝土长期性能和耐久性能试验方法标准》(GB/T 50082—2009)进行。

3. 实验设备和材料

(1) 顶部有盖的试件盒(图 4-23)：采用不锈钢制成，容器内的长度为(250±1)mm，宽度为(200±1)mm，高度为(120±1)mm。容器底部安置高(5±0.1)mm 不吸水、浸水不变形且在实验过程中不得影响溶液组分的非金属三角垫条或支撑。

（2）液面调整装置（图4-24）：由一支吸水管和使液面与试件盒底部间的距离保持在一定范围内的液面自动定位控制装置组成，在使用时，液面调整装置使液面高度保持在(10 ± 1) mm。

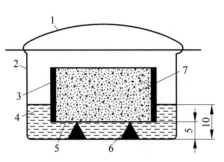
1—盖子；2—盒体；3—侧向封闭；
4—实验液体；5—实验表面；6—垫条；7—试件
图4-23 试件盒示意

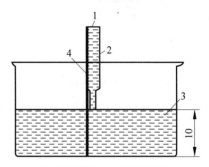
1—吸水装置；2—毛细吸管；
3—实验液体；4—定位控制装置
图4-24 液面调整装置示意

（3）单面冻融试验箱（图4-25）：符合现行行业标准《混凝土抗冻试验设备》（JG/T 243—2009）的规定，试件盒固定在单面冻融试验箱内，并自动地按规定的冻融循环制度进行冻融循环。冻融循环制度（图4-26）的温度从20℃开始，并以(10 ± 1)℃/h的速度均匀降至(-20 ± 1)℃，且维持3h；然后从-20℃开始，并以(10 ± 1)℃/h的速度均匀升至(20 ± 1)℃，且维持1h。

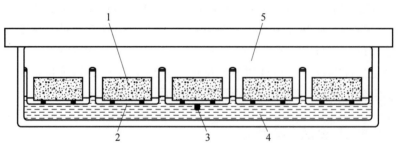
1—试件；2—试件盒；3—测温度点（参考点）；4—制冷液体；5—空气隔热层
图4-25 单面冻融试验箱示意

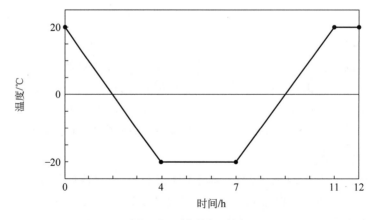
图4-26 冻融循环制度

(4) 试件盒的底部浸入冷冻液中的深度为(15±2)mm。单面冻融试验箱内装有可将冷冻液和试件盒上部空间隔开的装置和固定的温度传感器，温度传感器装在50mm×6mm×6mm的矩形容器内。温度传感器在0℃时的测量精度不低于±0.05℃，在冷冻液中测温的时间间隔为(6.3±0.8)s。单面冻融试验箱内温度控制精度为±0.5℃，当满载运转时，单面冻融试验箱内各点之间的最大温差不得超过1℃。单面冻融试验箱连续工作时间应≥28d。

(5) 超声浴槽：超声发生器的功率为250W，双半波运行下高频峰值功率为450W，频率为35kHz。超声浴槽的尺寸使试件盒与超声浴槽之间无机械接触地置于其中，试件盒在超声浴槽的位置应符合图4-27的规定，且试件盒和超声浴槽底部的距离应≥15mm。

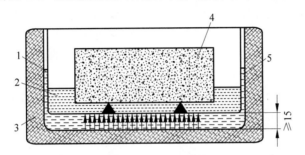

1—试件盒；2—实验液体；3—超声浴槽；4—试件；5—水

图4-27 试件盒在超声浴槽中的位置示意

(6) 超声波测试仪：频率范围在50~150kHz。

(7) 不锈钢盘（或称剥落物收集器）：由厚1mm，面积不小于110mm×150mm，边缘翘起为(10±2)mm的不锈钢制成的带把手钢盘。

(8) 超声传播时间测量装置（图4-28）：由长和宽均为(160±1)mm，高为(80±1)mm的有机玻璃制成。超声传感器应安置在该装置两侧相对位置上，且超声传感器轴线距试件测试面的距离为35mm。图4-28中，$l_{c1}+l_{c2}$为超声波在耦合剂中传播的长度；l_t为超声探头之间的距离；l_s为测试试件的长度。

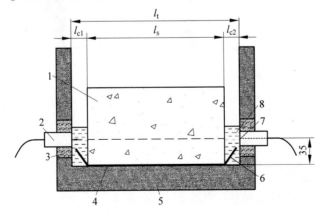

1—试件；2—超声传感器（或称探头）；3—密封层；4—测试面；
5—超声容器；6—不锈钢盘；7—超声传播轴；8—实验溶液

图4-28 超声传播时间测量装置

(9) 烘箱：温度为(110±5)℃。

(10) 称量设备：采用最大量程分别为 10kg 和 5kg，感量分别为 0.1g 和 0.01g 各 1 台。

(11) 游标卡尺：量程应≥300mm，精度为±0.1mm。

(12) 成型混凝土试件采用 150mm×150mm×150mm 的立方体试模，并附加尺寸为 150mm×150mm×2mm 聚四氟乙烯片。

(13) 实验溶液：采用质量比为 97% 蒸馏水和 3% NaCl 配制而成的盐溶液。

(14) 密封材料：为涂异丁橡胶的铝箔或环氧树脂。密封材料应采用在 −20℃ 和盐侵蚀条件下仍保持原有性能，且在达到最低温度时不得表现为脆性的材料。

(15) 实验所采用的试件应符合下列规定：

① 在制作试件时，采用 150mm×150mm×150mm 的立方体试模，在模具中间垂直插入一片聚四氟乙烯片，使试模均分为两部分，聚四氟乙烯片不得涂抹任何脱模剂。当骨料尺寸较大时，应在试模的两内侧各放一片聚四氟乙烯片，但骨料的最大粒径不得大于超声波最小传播距离的 1/3，应将接触聚四氟乙烯片的面作为测试面。

② 试件成型后，先在空气中带模养护(24±2)h，然后将试件脱模并放在(20±2)℃ 水中养护至 7d 龄期。当试件的强度较低时，带模养护的时间可延长，在(20±2)℃ 水中养护时间应相应缩短。

③ 当试件在水中养护至 7d 龄期后，对试件进行切割。试件切割位置应符合图 4-29 的规定，首先将试件的成型面切去，试件的高度为 110mm。然后将试件从中间的聚四氟乙烯片分开成两个试件，每个试件的尺寸为 150mm×110mm×70mm，偏差为±2mm。切割完成后，将试件放置在空气中养护。对于切割后的试件与标准试件的尺寸有偏差的，应在报告中注明。非标准试件的测试表面边长应≥90mm；对于形状不规则的试件，其测试表面大小应能保证内切一个直径 90mm 的圆，试件的长高比应≤3。

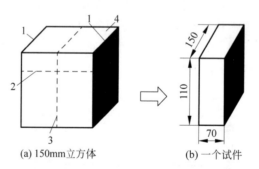

(a) 150mm立方体　　(b) 一个试件

1—聚四氟乙烯片(测试面)；2、3—切割线；4—成型面

图 4-29　试件切割位置示意

④ 每组试件的数量应≥5 个，且总的测试面积不得少于 0.08m²。

4. 实验内容和步骤

(1) 到达规定养护龄期的试件应放在温度为(20±2)℃、相对湿度为(65±5)% 的实验室中干燥至 28d 龄期。干燥时试件应侧立并相互间隔 50mm。

(2) 试件干燥至 28d 龄期前的 2~4d，除测试面和与测试面相平行的顶面外，其他侧面应采用环氧树脂或其他满足本书 4.18.3 节要求的密封材料进行密封。密封前对试件侧面进行清洁处理。密封过程中，试件保持清洁和干燥，并测量和记录试件密封前后的质量 w_0 和 w_1，精确至 0.1g。

(3) 密封好的试件放置在试件盒中，并使测试面向下接触垫条，试件与试件盒侧壁的空隙为 (30 ± 2) mm。向试件盒中加入实验液体并不得溅湿试件顶面。实验液体的液面高度应由液面调整装置调整为 (10 ± 1) mm。加入实验液体后，盖上试件盒的盖子，并记录加入实验液体的时间。试件预吸水时间应持续 7d，实验温度保持为 (20 ± 2)℃。预吸水期间应定期检查实验液体高度，并始终保持实验液体高度满足 (10 ± 1) mm 的要求。试件预吸水过程中应每隔 2~3d 测量试件的质量，精确至 0.1g。

(4) 当试件预吸水结束后，应采用超声波测试仪测定试件的超声传播时间初始值 t_0，精确至 0.1μs。每个试件测试开始前，应对超声波测试仪器进行校正。超声传播时间初始值的测量应符合以下规定：

① 首先迅速将试件从试件盒中取出，并以测试面向下的方向将试件放置在不锈钢盘上，然后将试件连同不锈钢盘一起放入超声传播时间测量装置中（图 4-28），超声传感器的探头中心与试件测试面之间的距离为 35mm。向超声传播时间测量装置中加入实验溶液作为耦合剂，且液面高于超声传感器探头 10mm，但不应超过试件上表面。

② 每个试件的超声传播时间通过测量离测试面 35mm 的 2 条相互垂直的传播轴得到。可通过细微调整试件位置，使测量的传播时间最小，以此确定试件的最终测量位置，并标记这些位置作为后续实验中定位时采用。

③ 实验过程中，始终保持试件和耦合剂的温度为 (20 ± 2)℃，防止试件上表面被湿润。排除超声传感器表面和试件两侧的气泡，并保护试件的密封材料不受损伤。

(5) 将完成超声传播时间初始值测量的试件按要求重新装入试件盒中，实验溶液的高度为 (10 ± 1) mm。在整个实验过程中应随时检查试件盒中的液面高度，并对液面进行及时调整。将装有试件的试件盒放置在单面冻融试验箱的托架上，当全部试件盒放入单面冻融试验箱中后，确保试件盒浸泡在冷冻液中的深度为 (15 ± 2) mm，且试件盒在单面冻融试验箱的位置符合图 4-30 的规定。冻融循环实验前，采用超声浴方法将试件表面的疏松颗粒和物质清除，清除物应作为废弃物处理。

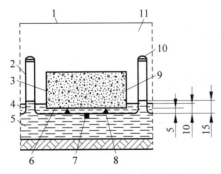

1—试验机盖；2—相邻试件盒；3—侧向密封层；4—实验液体；5—制冷液体；6—测试面；
7—测温度点（参考点）；8—垫条；9—试件；10—托架；11—隔热空气层

图 4-30 试件盒在单面冻融试验箱中的位置示意

(6) 进行单面冻融实验时，去掉试件盒的盖子。冻融循环过程宜连续不断地进行。当冻融循环过程被打断时，应将试件保存在试件盒中，并保持实验液体的高度。

(7) 每 4 个冻融循环应对试件的剥落物、吸水率、超声波相对传播时间和超声波相对动弹性模量进行一次测量。上述参数测量在 (20 ± 2)℃ 的恒温室中进行。当测量过程被打断时,应将试件保存在盛有实验液体的实验容器中。

(8) 试件的剥落物、吸水率、超声波相对传播时间和超声波相对动弹性模量的测量应按下列步骤进行:

① 先将试件盒从单面冻融试验箱中取出,并放置到超声浴槽中,使试件的测试面朝下,并对浸泡在实验液体中的试件进行超声浴 3min。

② 用超声浴方法处理完试件剥落物后,立即将试件从试件盒中拿起,并垂直放置在一吸水物表面上。待测试面液体流尽后,将试件放置在不锈钢盘中,且使测试面向下。用干毛巾将试件侧面和上表面的水擦干净后,将试件从钢盘中拿开,并将钢盘放置在天平上归零,再将试件放回到不锈钢盘中进行称量。记录此时试件的质量 w_n,精确至 0.1g。

③ 称量后将试件与不锈钢盘一起放置在超声传播时间测量装置中,并按测量超声传播时间初始值相同的方法测定此时试件的超声传播时间 t_n,精确至 0.1μs。

④ 测量完试件的超声传播时间后,重新将试件放入另一个试件盒中,并按上述要求进行下一个冻融循环。

⑤ 将试件重新放入试件盒后,及时将超声波测试过程中掉落到不锈钢盘中的剥落物收集到试件盒中,并用滤纸过滤留在试件盒中的剥落物。过滤前应先称量滤纸的质量 μ_f,然后将过滤后含有全部剥落物的滤纸放置在 (110 ± 5)℃ 的烘箱中烘干 24h,并在温度为 (20 ± 2)℃、相对湿度为 $(60\pm5)\%$ 的实验室中冷却 (60 ± 5)min。冷却后称量烘干后滤纸和剥落物的总质量 μ_b,精确至 0.01g。

(9) 当冻融循环出现下列情况之一时,可停止实验,并以经受的冻融循环次数或者单位表面面积剥落物总质量或超声波相对动弹性模量来表示混凝土抗冻性能。

① 达到 28 次冻融循环时;
② 试件单位表面面积剥落物总质量 $>1500\text{g/m}^2$ 时;
③ 试件的超声波相对动弹性模量降低到 80% 时。

5. 实验结果的处理

(1) 试件表面剥落物的质量 w_s 按式(4-63)计算:

$$w_s = w_b - w_f \tag{4-63}$$

式中:w_s——试件表面剥落物的质量(g),精确至 0.01g;

w_f——滤纸的质量(g),精确至 0.01g;

w_b——干燥后滤纸与试件剥落物的总质量(g),精确至 0.01g。

(2) n 次冻融循环后,单个试件单位测试表面面积剥落物总质量按式(4-64)进行计算:

$$w_n = \frac{\sum w_s}{A} \times 10^6 \tag{4-64}$$

式中:w_n——n 次冻融循环后,单个试件单位测试表面面积剥落物总质量 (g/m^2);

w_s——每次测试间隙得到的试件剥落物质量(g),精确至 0.01g;

A——单个试件测试表面面积 (mm^2)。

(3) 每组取 5 个试件单位测试表面面积上剥落物总质量计算值的算术平均值作为该组试件单位测试表面面积上剥落物总质量测定值。

(4) 经 n 次冻融循环后试件相对质量增长 Δw_n（或吸水率）应按式(4-65)计算：

$$\Delta w_n = (w_n - w_1 + \sum w_s) / w_0 \times 100\% \tag{4-65}$$

式中：Δw_n——经 n 次冻融循环后，每个试件的吸水率(%)，精确至 0.1；

w_s——每次测试间隙得到的试件剥落物质量(g)，精确至 0.01g；

w_0——试件密封前干燥状态的净质量(不包括侧面密封物的质量)(g)，精确至 0.1g；

w_n——经 n 次冻融循环后，试件的质量(包括侧面密封物)(g)，精确至 0.1g；

w_1——密封后饱水之前试件的质量(包括侧面密封物)(g)，精确至 0.1g。

(5) 每组取 5 个试件吸水率计算值的算术平均值作为该组试件的吸水率测定值。

(6) 超声波相对传播时间和相对动弹性模量应按下列方法计算：

① 超声波在耦合剂中的传播时间 t_c 按式(4-66)计算：

$$t_c = l_c / v_c \tag{4-66}$$

式中：t_c——超声波在耦合剂中的传播时间(μs)，精确至 0.1μs；

l_c——超声波在耦合剂中传播的长度 $l_{c1} + l_{c2}$(mm)，l_c 应由超声探头之间的距离和测试试件的长度的差值决定；

v_c——超声波在耦合剂中传播的速度(km/s)，v_c 可利用超声波在水中的传播速度来假定，在温度为 (20 ± 5)℃时，超声波在耦合剂中传播的速度为 1440m/s(或 1.440km/s)。

② 经 n 次冻融循环后，每个试件传播轴线上传播时间的相对变化 τ_n 应按式(4-67)计算：

$$\tau_n = \frac{t_0 - t_c}{t_n - t_c} \times 100\% \tag{4-67}$$

式中：τ_n——试件的超声波相对传播时间(%)，精确至 0.1；

t_0——在预吸水后第一次冻融前，超声波在试件和耦合剂中的总传播时间，即超声波传播时间初始值(μs)；

t_n——经 n 次冻融循环后超声波在试件和耦合剂中的总传播时间(μs)。

③ 计算每个试件的超声波相对传播时间时，应以两个轴的超声波相对传播时间的算术平均值作为该试件的超声波相对传播时间测定值。每组取 5 个试件超声波相对传播时间计算值的算术平均值作为该组试件超声波相对传播时间的测定值。

④ 经 n 次冻融循环后，试件的超声波相对动弹性模量 $R_{u,n}$ 应按式(4-68)计算：

$$R_{u,n} = \tau_n^2 \times 100\% \tag{4-68}$$

式中：$R_{u,n}$——试件的超声波相对动弹性模量(%)，精确至 0.1。

⑤ 计算每个试件的超声波相对动弹性模量时，先分别计算两个相互垂直的传播轴上的超声波相对动弹性模量，并取两个轴的超声波相对动弹性模量的算术平均值作为该试件的超声波相对动弹性模量测定值。每组取 5 个试件超声波相对动弹性模量计算值的算术平均值作为该组试件的超声波相对动弹性模量值测定值。

4.18.4　问题与讨论

（1）混凝土冻融破坏的原因是什么？

（2）3种混凝土抗冻性实验方法各有何特点及适用条件？

4.19　动弹性模量实验

4.19.1　实验目的

动弹性模量的测定目前主要用于检验混凝土在各种因素作用下内部结构的变化情况，是快冻法实验中检测的一个基本指标。

4.19.2　实验原理和依据

采用共振法测定动弹性模量，其原理是使试件在一个可调频率的周期性外力作用下产生受迫振动。如果这个外力的频率等于试件的基频振动频率，就会产生共振，试件的振幅最大。这样测得试件的基频频率后再由质量及几何尺寸等因素计算得出动弹性模量值。

本实验参照《普通混凝土长期性能和耐久性能试验方法标准》（GB/T 50082—2009）进行。

4.19.3　实验设备和材料

（1）共振法混凝土动弹性模量测定仪（又称共振仪）：输出频率可调范围为100～20000Hz，输出功率应能使试件产生受迫振动。

（2）试件支承体：采用厚度约为20mm的泡沫塑料垫，宜采用表观密度为16～18kg/m^{3}的聚苯板。

（3）称重设备：最大量程为20kg，感量不超过5g。

（4）本实验采用尺寸为100mm×100mm×400mm的棱柱体试件。

4.19.4　实验内容和步骤

（1）首先测定试件的质量和尺寸。试件质量精确至0.01kg，尺寸的测量精确至1mm。

（2）测定完试件的质量和尺寸后，将试件放置在支承体中心位置，成型面向上，并将激振换能器的测杆轻轻地压在试件长边侧面中线的1/2处，接收换能器的测杆轻轻地压在试件长边侧面中线距端面5mm处。测杆接触试件前，宜在测杆与试件接触面涂一薄层黄油或凡士林为耦合介质，测杆压力的大小以不出现噪声为准。采用的动弹性模量测定仪各部件连接和相对位置应符合图4-31的规定。

（3）放置好测杆后，先调整共振仪的激振功率和接收增益旋钮至适当位置，然后变换激振频率，并注意观察指示电表的指针偏转。当指针偏转为最大时，表示试件达到共振状态，以这时所显示的共振频率作为试件的基频振动频率。每一测量应重复测读2次以上，当两次连续测值之差不超过两个测值的算术平均值的0.5%时，取这两个测值的算术平均值作为该试件的基频振动频率。

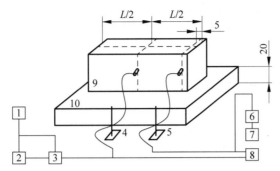

1—振荡器；2—频率计；3—放大器；4—激振换能器；5—接收换能器；6—放大器；
7—电表；8—示波器；9—试件；10—试件支承体

图 4-31　各部件连接和相对位置示意

(4) 当用示波器作显示的仪器时,示波器的图形调成一个正圆时的频率为共振频率。测试过程中,当发现两个以上峰值时,将接收换能器移至距试件端部 0.224 倍试件长处,当指示电表示值为零时,应将其作为真实的共振峰值。

4.19.5　实验结果的处理

(1) 动弹性模量应按式(4-69)计算：

$$E_d = 13.244 \times 10^{-4} WL^3 f^2 / a^4 \tag{4-69}$$

式中：E_d——混凝土动弹性模量(MPa)；
　　　a——正方形截面试件的边长(mm)；
　　　L——试件的长度(mm)；
　　　W——试件的质量(kg),精确到 0.01kg；
　　　f——试件横向振动时的基频振动频率(Hz)。

(2) 每组以 3 个试件动弹性模量的实验结果的算术平均值作为测定值,计算应精确至 100MPa。

4.19.6　问题与讨论

本实验方法测定动弹性模量与单面冻融法测定动弹性模量所用仪器、原理与结果的区别是什么？

4.20　抗压疲劳变形实验

4.20.1　实验目的

掌握在重复荷载作用下混凝土的纵向变形的变化规律,掌握测定混凝土抗压疲劳变形的基本原理及实验方法。

4.20.2　实验原理和依据

在自然条件下,通过测定混凝土在等幅重复荷载作用下疲劳累积变形与加载循环次数的关系,反映混凝土抗压疲劳变形性能。

本实验参照《普通混凝土长期性能和耐久性能试验方法标准》(GB/T 50082—2009)进行。

4.20.3 实验设备和材料

(1) 疲劳试验机:吨位应能使试件预期的疲劳破坏荷载不小于试验机全量程的20%,也不应大于试验机全量程的80%。准确度为Ⅰ级,加载频率在4~8Hz。

(2) 上、下钢垫板:应具有足够的刚度,其尺寸大于100mm×100mm,平面度要求为每100mm不应超过0.02mm。

(3) 微变形测量装置:标距为150mm,可在试件两侧相对的位置上同时测量。承受等幅重复荷载时,在连续测量情况下,微变形测量装置的精度不得低于0.001mm。

(4) 采用尺寸为100mm×100mm×300mm的棱柱体试件。试件应在振动台上成型,每组试件至少为6个,其中3个用于测量试件的轴心抗压强度,其余3个用于抗压疲劳变形性能实验。

4.20.4 实验内容和步骤

(1) 全部试件在标准养护室养护至28d龄期后取出,并在室温(20±5)℃存放至3个月龄期。

(2) 试件在龄期达3个月时从存放地点取出,先将其中3个试件按照现行国家标准《混凝土物理力学性能试验方法标准》(GB/T 50081—2019)测定其轴心抗压强度 f_c。

(3) 对余下的3个试件进行抗压疲劳变形实验。每一试件进行抗压疲劳变形实验前,应先在疲劳试验机上进行静压变形对中,对中时采用两次对中的方式。首次对中的应力宜取轴心抗压强度 f_c 的20%(荷载可近似取整数,kN),第2次对中应力宜取轴心抗压强度 f_c 的40%。对中时,试件两侧变形值之差应小于平均值的5%,否则应调整试件位置,直至符合对中要求。

(4) 抗压疲劳变形实验采用的脉冲频率宜为4Hz,实验荷载(图4-32)的上限应力 σ_{max} 宜取 $0.66f_c$,下限应力 σ_{min} 宜取 $0.1f_c$。有特殊要求时,上限应力和下限应力可根据要求选定。

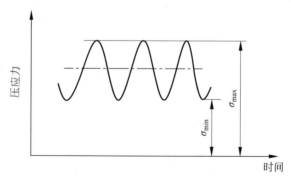

图4-32 实验荷载示意

(5) 抗压疲劳变形实验中,应于每 1×10^5 次重复加载后,停机测量混凝土棱柱体试件的累积变形。测量宜在疲劳试验机停机后15s内完成。对测试结果进行记录后,继续加载进行抗压疲劳变形实验,直至试件破坏。若加载至 2×10^6 次,试件仍未破坏,可停止实验。

4.20.5 实验结果的处理

每组取 3 个试件在相同加载次数时累积变形的算术平均值作为该组混凝土试件在等幅重复荷载下的抗压疲劳变形测定值,精确至 0.001mm/m。

4.20.6 问题与讨论

(1) 在重复荷载作用下混凝土的纵向变形的变化规律分为哪 3 个阶段?
(2) 测试抗压疲劳变形与测试抗压疲劳强度来评价混凝土疲劳性能的区别是什么?

4.21 混凝土抗压强度智能检测

4.21.1 实验目的

了解混凝土抗压强度智能检测原理;熟悉混凝土抗压强度智能检测标准;掌握混凝土抗压强度智能检测方法。

4.21.2 实验原理和依据

通过智能检测控制单元、检测机器人、标识识别单元、检测设备单元、自动清扫单元、数据管理单元、通信单元、异常情况告警单元、样品状态箱等子单元组成的智能化检测系统,按需可实现全自动、半自动、手动 3 种模式的混凝土抗压强度检测。

本实验参照《建筑材料智能化检测技术规程》(DBJ/T 15-227—2021)进行。

4.21.3 实验设备和材料

(1) 控制计算机及控制软件,按实验人员的设置自动完成检测过程。
(2) 检测机器人,检测过程中可自行完成试件的抓取、转运、放置等功能。
(3) 标识识别单元,实现实验材料的扫描识别。
(4) 混凝土抗压强度检测设备单元,包括尺寸测量仪、压力试验机等。
(5) 数据管理单元,包括专用检测软件、数据存储装置,能完成数据的采集、计算、分析、存储、上传、查询和管理本规程中与检测相关的数据等工作,并可自动生成原始记录和检测报告。
(6) 通信单元,包括通信方式、网络介质,完成设备子单元连接及互联网连接。
(7) 异常情况告警单元,实现检测过程中的各种异常状态报警。
(8) 所有单元组成的整个系统如图 4-33 所示。

图 4-33　智能混凝土抗压强度检测系统

4.21.4　实验内容和步骤

1. 实验前的准备

（1）待检试件的准备

① 待检试件的外观完好,试件表面擦拭干净;

② 立方体试件、混凝土芯样试件的标签宜粘贴在非承压面;

③ 待检试件的摆放应确保试件易于抓取,试件的标签不会脱落,标签信息易于识别。

（2）样品状态箱的就位

将待检试验箱、检毕试验箱、不合格留样箱、异常试验箱置于系统指定位置。

（3）运行前的检查

① 检查压缩空气连接管路的完整性和畅通性,并确保压缩空气入口压力在规定范围;

② 检查控制单元的功能是否正常;

③ 检查系统进线电源是否正常;

④ 软件的试运行;

⑤ 其他有关的检查。

2. 试件标识的识别

混凝土试件标签中标识信息包括样品编号、试件序号、浇筑日期、试件尺寸、强度等级和实验龄期等。将试件标识置于扫描识别区域范围内合适位置,确保信息识别单元可采集分辨率高的标识图像,应按下列步骤进行：

（1）检测机器人将待检混凝土试件置于扫描识别工位。

（2）图像采集装置拍摄混凝土试件的一维条形码或二维码标识。

（3）利用智能图像处理技术对图像进行解析,获取包括样品编号、试件序号、浇筑日期、试件尺寸、强度等级和实验龄期等试件相关信息。

(4) 将标识信息自动上传至数据管理单元。

3. 试件尺寸的测量

(1) 检测机器人将待检混凝土试件置于尺寸测量工位。立方体试件尺寸测量及尺寸公差应符合现行国家标准《混凝土物理力学性能试验方法标准》(GB/T 50081—2019)的相关规定。

(2) 测量混凝土试件的边长、承压面平面度和相邻面间的夹角。

(3) 将混凝土的尺寸测量数据上传至数据管理单元。

(4) 检测机器人将尺寸公差合格的混凝土试件置于压力试验机测试工位,将尺寸公差不合格的试件置于异常试验箱。

4. 抗压强度的检测

(1) 抗压强度的检测应符合现行国家标准《混凝土物理力学性能试验方法标准》(GB/T 50081—2019)的相关规定。

(2) 实验前,自动清扫装置应将压力试验机的上、下承压板面清理干净。

(3) 检测机器人将混凝土试件放置于压力试验机下压板或垫板上,并调节试件中心与试验机下压板中心对准。

(4) 根据标识识别单元上传的包括试件尺寸、强度等级等试件信息,检测控制单元自动调整压力试验机加载速度。

(5) 将实验结果保存至数据管理单元,当有需要时,同时上传到行业监管平台系统。

(6) 判定为合格的样品,由检测机器人或传送带将检毕试件传送至检毕试验箱。判定为不合格的样品,由检测机器人或传送带将检毕试件传送至不合格留样箱。

5. 异常情况的处理

(1) 智能检测系统中任一子单元出现故障时,系统立即停止运行,并通过报警或其他方式通知检测员或审(校)核人,待故障解决,系统可继续运行。

(2) 检测过程中,当出现以下情况时,检测机器人将试件搬运至异常试验箱,待人工处理异常情况:

① 试件标识出现重号或无法识别;

② 实验龄期不符合;

③ 尺寸公差不合格;

④ 其他异常情况。

(3) 检测过程中,当出现以下情况时,异常情况通知单元应发出报警或以其他方式通知检测员或审(校)核人处理。

① 检测数据未完成配对;

② 检毕试验箱、不合格留样箱、异常试验箱已经满仓;

③ 其他异常情况。

4.21.5　实验结果处理

(1) 原始记录和检测报告由智能检测系统自动生成。

(2) 实验报告应该包括但不限于下列内容:

① 采集过程数据点文件。
② 实验曲线图。
③ 实验开始时样品图片。
④ 实验结束时样品图片。
⑤ 混凝土抗压破坏荷载。

4.21.6　问题与讨论

（1）混凝土抗压强度智能检测系统包括哪些单元？
（2）混凝土抗压强度智能检测与传统检测方法比较优势有哪些？

4.22　钢筋力学性能与重量偏差智能检测

4.22.1　实验目的

了解钢筋力学性能与重量偏差智能检测原理；熟悉钢筋力学性能与重量偏差检测智能标准；掌握钢筋力学性能与重量偏差检测智能方法。

4.22.2　实验原理和依据

通过智能检测控制单元、检测机器人、标识识别单元、检测设备单元、自动清扫单元、数据管理单元、通信单元、异常情况告警单元、样品状态箱等子单元组成的智能化检测系统，按需可实现全自动、半自动、手动3种模式的钢筋力学性能与重量偏差智能检测。

本实验参照《建筑材料智能化检测技术规程》(DBJ/T 15-227—2021)进行。

4.22.3　实验设备和材料

（1）控制计算机及控制软件，按实验人员设置自动完成检测过程。
（2）检测机器人，检测过程中可自行完成试件的抓取、转运、放置等功能。
（3）标识识别单元，实现实验材料的扫描识别。
（4）钢筋力学性能与重量偏差检测设备单元，包括重量偏差测量仪、拉力试验机、引伸计等。
（5）数据管理单元，包括专用检测软件、数据存储装置，能完成数据的采集、计算、分析、存储、上传、查询和管理本规程中与检测相关的数据等工作，并可自动生成原始记录和检测报告。
（6）通信单元，包括通信方式、网络介质，完成设备子单元连接及互联网连接。
（7）异常情况告警单元，实现检测过程中各种异常状态报警。
（8）所有的单元组成的整个系统如图4-34所示。

4.22.4　实验内容和步骤

1. 实验前的准备

（1）待检试件的准备
① 试件端面与长度方向垂直；

图 4-34　智能钢筋力学性能检测系统

② 试件的标签应粘贴包裹试件周身；
③ 标签中的一维条形码或二维码应完全可见，确保信息能被完整读取；
④ 待检钢筋试件的摆放应确保试件易于抓取，试件的标签不会脱落，标签信息易于识别。

（2）样品状态箱的就位

将待检试验箱、检毕试验箱、不合格留样箱、异常试验箱置于系统指定位置。

（3）运行前的检查

① 检查压缩空气连接管路的完整性和畅通性，并确保压缩空气入口压力在规定范围；
② 检查控制单元的功能是否正常；
③ 检查系统进线电源是否正常；
④ 软件的试运行；
⑤ 其他有关的检查。

2. 试件标识的识别

钢筋试件标签中标识信息包括样品编号、试件序号、钢筋牌号和公称直径等。将试件标识置于扫描识别区域范围内合适位置，确保信息识别单元可采集分辨率高的标识图像，应按下列步骤进行：

（1）检测机器人将待检钢筋试件置于扫描识别工位。
（2）图像采集装置拍摄钢筋试件一维条形码或二维码图像。
（3）利用智能图像处理技术对图像进行解析，获取样品编号、试件序号、钢筋牌号和公称直径等标识信息。
（4）将标识信息自动上传至数据管理单元。

3. 重量偏差的检测

（1）检测机器人将待检试件置于重量偏差测量工位，重量偏差测量应符合现行国家标准《钢筋混凝土用钢　第 1 部分：热轧光圆钢筋》(GB/T 1499.1—2017)、《钢筋混凝土用钢　第 2 部分：热轧带肋钢筋》(GB/T 1499.2—2018)的相关规定。
（2）采用非接触式的测量方法逐支测量钢筋试件的长度。
（3）同步测量 5 根钢筋试件的总重量。

(4) 将重量偏差测量数据上传至数据管理单元。

4. 力学性能的检测

(1) 力学性能检测应符合现行国家标准《钢筋混凝土用钢材试验方法》(GB/T 28900—2022)、《金属材料 拉伸试验 第1部分：室温试验方法》(GB/T 228.1—2021)的相关规定。

(2) 实验前,自动清扫装置将拉力试验机夹具附近的金属氧化皮等残留物清理干净。

(3) 检测机器人将钢筋试件放置于拉力试验机夹头中并调节,确保钢筋试件与夹头对中。

(4) 检测控制单元自动调整拉力试验机的实验速率。

(5) 采用引伸计测量最大力总延伸率(A_{gt})时,引伸计可采用非接触式引伸计。

(6) 将实验结果保存至数据管理单元,当有需要时,同时上传到行业监管平台系统。

(7) 判定为合格的样品,由检测机器人或传送带将检毕试件传送至检毕试验箱。判定为不合格的样品,由检测机器人或传送带将检毕试件传送至不合格留样箱。

5. 异常情况的处理

(1) 智能检测系统中任一子单元出现故障时,系统立即停止运行,并通过报警或其他方式通知检测员或审(校)核人,待故障解决,系统可继续运行。

(2) 检测过程中,当出现以下情况时,检测机器人将试件搬运至异常试验箱,待人工处理异常情况。

① 试件标识出现重号或无法识别;
② 待检样品数量不满足标准要求;
③ 重量偏差不合格;
④ 其他异常情况。

(3) 检测过程中,当出现以下情况时,异常情况通知单元应发出报警或以其他方式通知检测员或审(校)核人处理。

① 实验无效状态;
② 待检试验箱中样品数量不足;
③ 检毕试验箱、不合格留样箱、异常试验箱已经满仓;
④ 其他异常情况。

4.22.5 实验结果的处理

(1) 原始记录和检测报告由智能检测系统自动生成。

(2) 实验报告应该包括但不限于下列内容:

① 采集过程数据点文件;
② 实验曲线图;
③ 实验开始时样品图片;
④ 实验结束时样品图片;
⑤ 钢筋力学性能和重量偏差结果。

4.22.6 问题与讨论

(1) 钢筋力学性能和重量偏差智能检测系统包括哪些单元?

(2) 哪些情况下,检测机器人会将试件搬运至异常试验箱?

4.23 混凝土抗水渗透智能检测

4.23.1 实验目的

了解混凝土抗水渗透智能检测原理;熟悉混凝土抗水渗透检测智能标准;掌握混凝土抗水渗透智能方法。

4.23.2 实验依据

本实验参照《普通混凝土长期性能和耐久性能试验方法标准》(GB/T 50082—2009)进行。

4.23.3 实验设备和材料

(1) 全自动混凝土抗渗仪:符合《混凝土抗渗仪》(JG/T 249—2009)要求,实验公称压力1.2MPa,实验压力分辨率0.01MPa,示值相对误差±1%,示值重复性相对误差±1%,密封最大压力:3.0MPa,密封压力分辨率0.01MPa,同时可作试件数24个,全过程自动实验(自动密封、自动加压、自动恒压、自动脱模、自动判断渗漏并记录渗漏时间及压力),如图4-35所示。

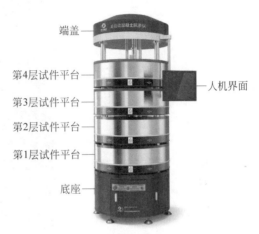

图 4-35 全自动混凝土抗渗仪

(2) 控制软件:主画面功能区分解介绍如图4-36所示。单组试件操作画面主要元素介绍如图4-37所示。

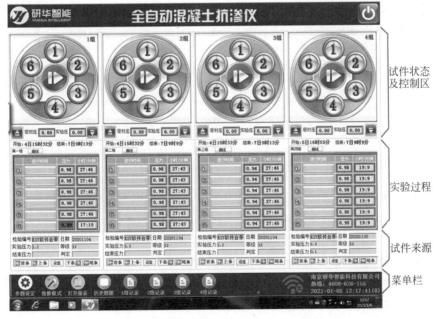

图 4-36 控制软件主画面

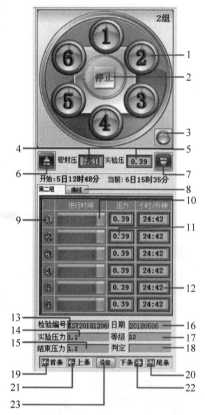

1—指示灯：蓝色表示试件正常，红色带"X"表示未装试件或试件已渗透；2—启止按钮：本组试件"开始"实验或"停止"实验；3—指示灯：试件桶锁紧到位；4—显示窗口：试件桶密封压（实时值）；5—显示窗口：实验水压（实时值），双击该窗口可以入标定界面；6—上升按钮：试件桶上升；7—下降按钮：试件桶下降（如需密码确认）；8—切换按钮：切换显示实验过程压力曲线；9—数字符号：每组试件中的试件桶编号；10—显示窗口：实验时间进度条；11—显示窗口：试件实验水压（底色变红表示该试件已渗漏，此时该试件停止测试，但不影响其他试件的继续测试）；12—显示窗口：试件实验进行时间的累计值；13—显示窗口：本组试件检验编号；14—显示窗口：实验压力；15—显示窗口：本组试件实验结束压力；16—显示窗口：检验日期；17—显示窗口：抗渗等级；18—显示窗口：实验结果判定；19—按钮：查询本组首条实验记录；20—按钮：查询本组最后一条实验记录；21—按钮：查询本组上一条实验记录；22—按钮：查询本组下一条实验记录；23—按钮：新建检验记录表

图 4-37　单组试件操作画面

4.23.4　实验内容和步骤

1. 试件准备

试件表面质量应符合以下要求：

① 禁止用上下表面棱角处缺口＞10mm 的试件进行实验；

② 禁止用侧面有明显裂纹、划痕、沟槽的试件进行实验；

③ 禁止用侧面凹坑直径＞10mm、深度＞5mm 的试件进行实验；

④ 禁止用歪斜或大端面凸起导致试件安放时歪斜的试件进行实验。

2. 软件设置

(1) 接通水源。

(2) 开启气泵,打开供气阀(图 4-38)。

(3) 打开位于仪器底部的电源侧门,将断路器 QF1 合上。

(4) 开启计算机,打开桌面的抗渗仪软件,弹出登录画面,若只操作仪器则以"user"身份登录系统;若需修改参数则以"administrator"或者"foreman"身份登录系统。进入系统后,单击主画面菜单栏中的"参数设置"按钮,弹出图 4-39,需核对参数是否正确。

图 4-38 气泵

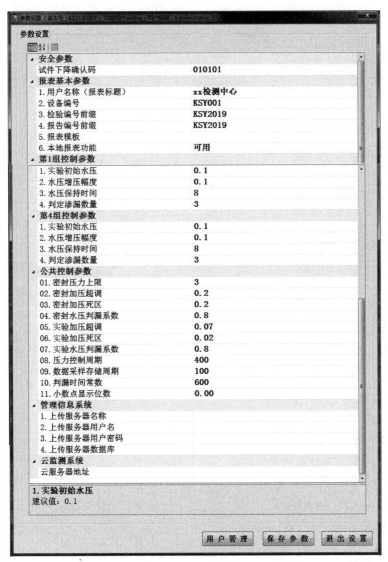

图 4-39 参数设置

使用说明：

① 基本参数用于：修改下降确认码、报表标题、检验报告编号前缀；

② 选择报表模板等。报表模板若未选择，系统会选择默认模板；

③ 各组控制参数及公共控制参数用于：控制试件实验相关参数以及控制仪器运行时的性能；

④ 修改各参数时，系统会在界面左下角显示相关参数的建议值，用户可根据此值进行修改；

⑤ 不同机型密封压力上限不同，用户须注意此参数的设置。

(5) 新建实验。

单击图 4-37 中的元素编号 23 "设定"按钮，弹出画面，如图 4-40 所示。

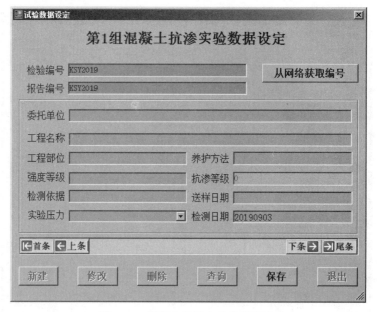

图 4-40 混凝土抗渗实验数据设定

在该画面中单击"新建"按钮，输入试件检验编号、报告编号、委托单位、实验压力等必要信息，然后保存并退出返回主画面。

3. 实验操作步骤

(1) 单击 ▲ 按钮：升起相应试件层。

(2) 实验人员装试件：试件与试件底座放平、放正，试件为标准件且无损安放，大端面向下、小端面向上，禁止反放。

(3) 完成试件安装：每层安装 6 个试件。

(4) 单击 ▼ 按钮：弹出图 4-41、输入确认码确认、仪器自动下降工作层。

(5) 单击 ▶ 按钮：弹出确认画面。

单击"开始新实验"按钮，仪器自动进行密封、加压实验。

(6) 进行实验：按相应抗渗等级时长自动进行。

(7) 完成实验。

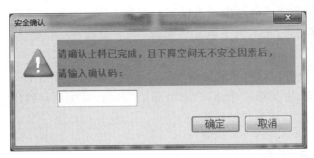

图 4-41　确认码页面

(8) 清理试件底座平台及水槽内石子及杂物。
(9) 清洁试件桶内壁、保持无脏污、污水,检查确保试件密封良好。
(10) 擦干工作层不锈钢台面水迹,确保工作面无积水。

4.23.5　实验结果处理

(1) 单击图 4-37 菜单栏中的"组 1 记录"按钮,弹出图 4-42。

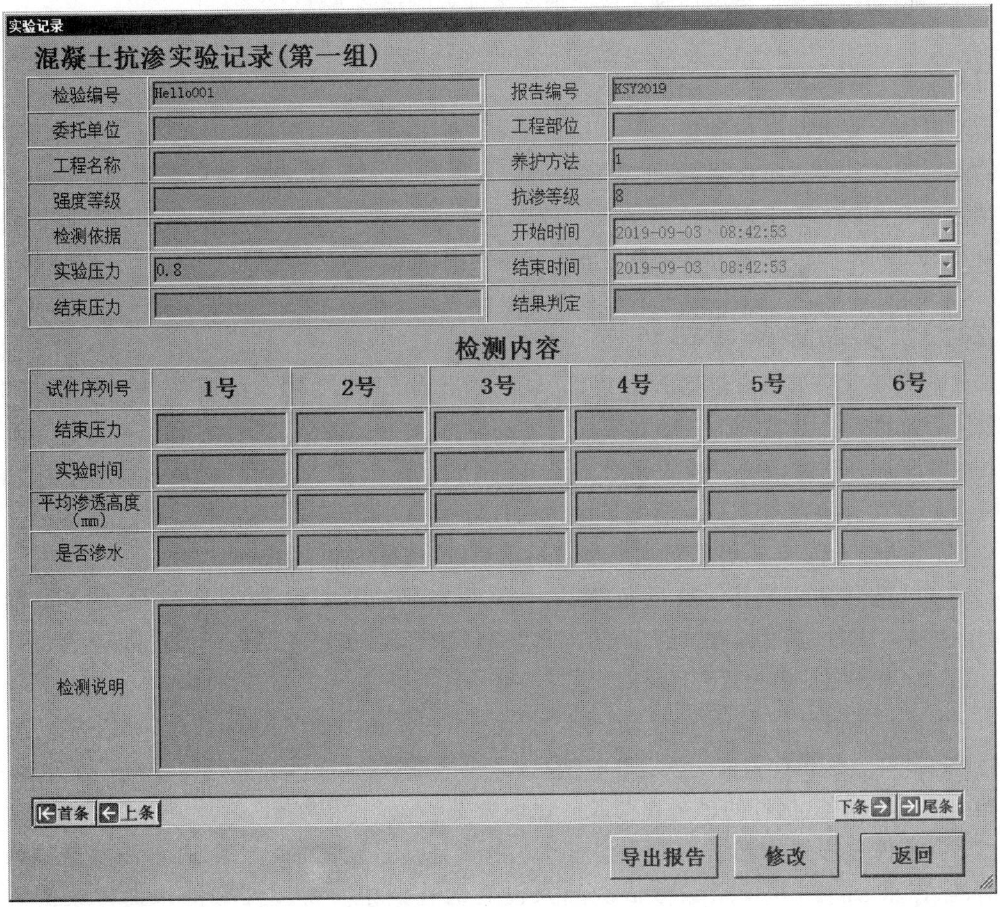

图 4-42　混凝土抗渗实验记录

（2）此时可看到系统已自动生成关键实验数据。另外可根据需要人工填写"平均渗透高度""检测说明"等信息(如有人工填写信息,需单击"修改"按钮,输入完成后单击"保存"按钮,保存数据)。

（3）单击"导出报告"按钮,系统自动将当前选中实验记录导出 Excel 表格。

（4）回到主画面,在菜单栏中单击"打开报表"按钮,系统自动弹出报表所在文件夹,用户可对文件进行浏览、复制等相关操作。

4.23.6　问题与讨论

（1）混凝土抗水渗透智能检测设备包括哪些部件?

（2）试件表面质量有哪些要求?

4.24　钢筋锈蚀智能检测

4.24.1　实验目的

了解钢筋锈蚀智能检测原理;掌握钢筋锈蚀智能检测方法。

4.24.2　实验原理

X 射线计算机断层扫描技术(XCT)是一种无损检测方法,利用 X 射线对试件进行多角度的断层扫描获得虚拟切片,通过对获取的切片进行三维重构,最终可以获得试件内部钢筋的锈蚀情况。因实验采用的是微米级工业 CT,为满足腐蚀参数准确量化及形貌可视表征的需要,试件尺寸较小,本方法适用于测定砂浆中钢筋的锈蚀程度。

4.24.3　实验设备和材料

（1）XCT 设备:主要包括 X 射线源、试件承载台、多电荷耦合高速(CCD)摄像头和检测器 4 个部件。参数范围为:X 射线源电压范围为 40～150kV;试件承载台可进行 360°旋转;多电荷耦合高速摄像头放大倍数为 0.4X、4X、10X 与 20X;检测器最大可移动距离为 310mm;最大分辨率 1.2μm;待测试件最大尺寸为 300mm。

（2）恒电流仪:对钢筋进行通电加速钢筋锈蚀,精度为 0.001mA。

（3）恒温恒湿试验箱:温度范围为 -20～150℃,温度偏差为 ±2℃;湿度范围为 (20%～98%)RH,湿度偏差: ±3.0%RH(>75%RH), ±5.0%RH(≤75%RH)。

（4）称量设备:最大量程为 1kg,感量为 0.001g。

（5）试件模具如图 4-43 所示,试件尺寸示意图和实拍图如图 4-44 所示,一组为 3 个。

（6）试件:由 P·O42.5 普通硅酸盐水泥、去离子水、标准砂和直径为 3mm 的 Q235 普通光圆钢筋所制备,试件的水灰比与胶砂比均为 1:2。

（7）试件中埋置的钢筋表面不得有锈坑及其他严重缺陷,制备试件前,需要对钢筋进行清洗、称重、编号,并按照编号依次插入模具的孔洞中。将搅拌好的水泥砂浆倒入模具,振捣均匀,在(20±2)℃的温度下盖湿布养护 24h 后编号拆模,之后放入标准养护室养护至 28d。

图 4-43 试件模具(模具已预先插入光圆钢筋)

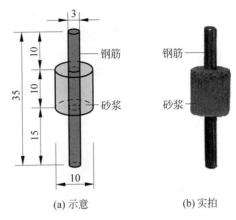

(a) 示意　　　　(b)实拍

图 4-44 试件

4.24.4 实验内容和步骤

(1) 采用恒电流仪对试件进行通电加速钢筋锈蚀,施加的电流密度为 $150\mu A/cm^2$,总通电时间为 240h,通电加速钢筋锈蚀实验的装置,如图 4-45 所示。图 4-46 中所指的棉布和试件在实验前需在浓度为 3.5% 的氯化钠溶液中浸泡一段时间,之后棉布包裹在试件表面,一方面实现银片和钢筋之间电的连接;另一方面实现氯离子侵蚀环境的通电加速锈蚀状态。在加速锈蚀过程中,恒温恒湿箱内的温度设置为 25℃,湿度设置为 98%。

(2) 使用 XCT 设备对钢筋锈蚀试件进行扫描拍摄。扫描拍摄的具体操作步骤如下:

① 用 0.4X 镜头选择试件上的目标区域,再根据观察的精度要求选择合适倍数的镜头;

② 调整 X 射线源和检测器的位置,软件操作界面如图 4-46 所示;

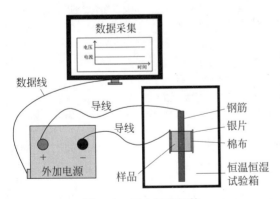

图 4-45 通电加速钢筋
锈蚀实验装置示意

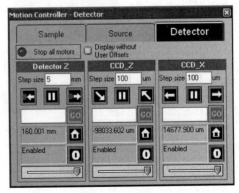

图 4-46 调整 X 射线源和检测器
位置的软件操作界面

③ 根据投射比(a/b)与 Counts 数两个指标选择合适的电压、功率、曝光时间和滤镜,软件操作界面如图 4-47 所示,投射比(a/b)的建议区间为 [0.22, 0.35],Counts 数建议区间为 [5000, 30000];

④ 框选目标区域,设置拍摄参数,如图 4-48 所示,建立并运行 X-ray 成像程式。

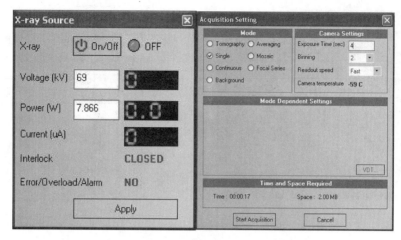

图 4-47 调整拍摄电压、功率和曝光时间的软件操作界面

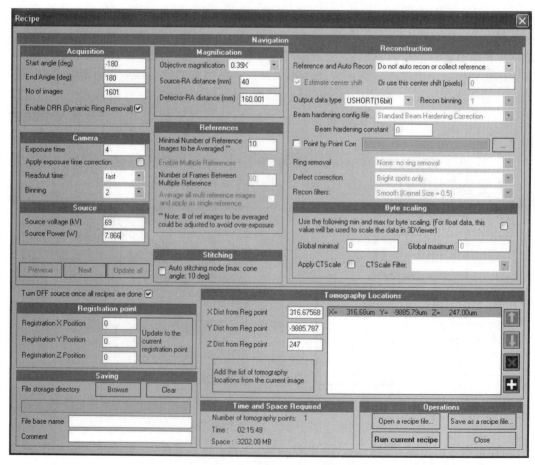

图 4-48 设置拍摄参数的软件操作界面

4.24.5 实验结果处理

通过 XCT 设备对试件进行 360°环形扫描，可得到试件的二维原始切片图，之后对二维原始切片图进行三维重构可以得到三维图像数据，并以二维切片图的形式导出。导出的二维切片图可借助 Avizo 软件进行分析处理，分析处理主要包括两个部分：图像结果可视化和图像结果量化。结合两部分的处理结果，可实现钢筋锈蚀程度的可视化与量化分析。

1. 图像结果可视化

通过对图像数据进行阈值分割、多色灰度调整等操作，可获得 3D 可视化图像数据，可以将钢筋、锈蚀产物和砂浆清楚地区分开。具体操作如下：

（1）打开 Avizo 软件，单击 OPEN DATA 后选择需要处理的图像进行导入。在后续的弹窗里选择 Read complete volume into memory，并输入 Voxel size，否则无法进行量化计算。Avizo 数据导入如图 4-49 所示。

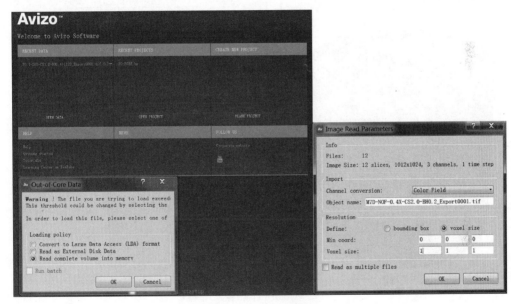

图 4-49 Avizo 数据导入

（2）数据导入后，默认以二维切片的形式展示（图 4-50）。选择 Volume Rendering，可以得到样品的三维图像（图 4-51）。通过调整 Colormap 里的灰度范围，可以实现灰度阈值划分，展示样品不同的部分（图 4-52）。

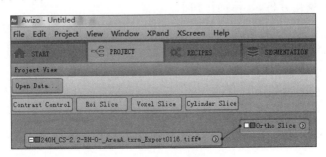

图 4-50 数据初始命令窗口

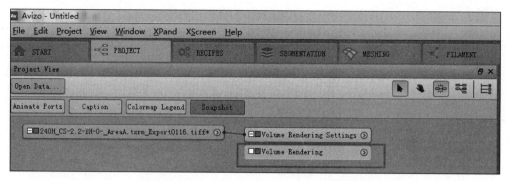

图 4-51　Volume Rendering 得到三维图像

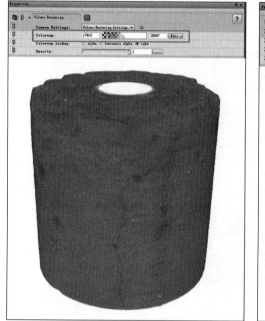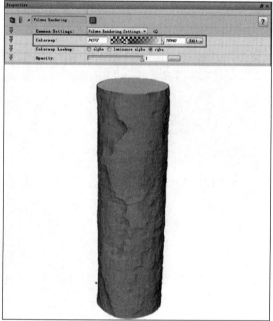

图 4-52　Colormap 图像灰度划分

2. 图像结果量化

在软件三维立体的处理模式下,可观察钢筋表面锈蚀产物的分布情况及除去锈蚀产物后钢筋表面的锈蚀形貌,同时,可获得检测时剩余未锈蚀钢筋的体积(V_n),可实现对钢筋锈蚀试件锈蚀程度的量化分析,具体操作如下。

(1) 通过 Avizo 可以计算钢筋在锈蚀期间的体积变化,通过计算钢筋的体积元素(Volume pixel)数量进行。选择 Interactive Thresholding,通过调整 Colormap 选择钢筋对应的图像进行提取(图 4-53)。图 4-54 为选取后的结果。

(2) 提取出钢筋的图像后,选择 Label Analysis(图 4-55),可计算得到剩余未锈蚀钢筋的体积(V_n)(图 4-56)。

(3) 根据 V_n 和钢筋密度,可以计算得到对应的质量。钢筋锈蚀失重率应按式(4-70)计算:

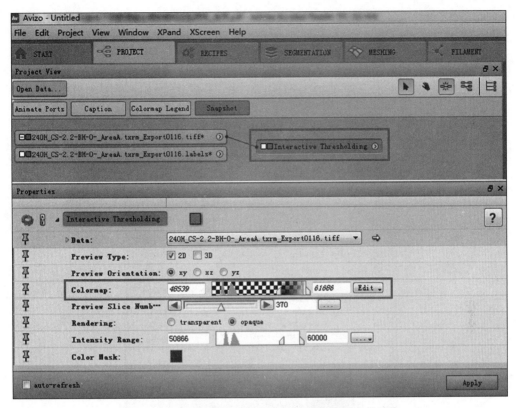

图 4-53 Interactive Thresholding 选取钢筋对应的图像

图 4-54 Interactive Thresholding 选取结果示意

$$L_w = \frac{w_0 - V_n \rho}{w_0} \times 100\% \tag{4-70}$$

式中：L_w——钢筋锈蚀失重率(%)，精确至 0.01；

V_n——检测时剩余未锈蚀钢筋的体积(cm^3)；

w_0——钢筋未锈蚀前质量(g)；

ρ——钢筋的密度(7.85g/cm^3)。

应取 3 个试件钢筋锈蚀失重率的平均值作为该组试件钢筋锈蚀失重率测定值。

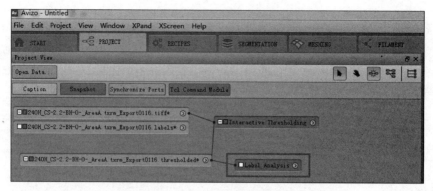

图 4-55 Label Analysis 计算体积

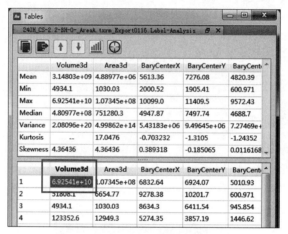

图 4-56 体积计算结果

4.24.6 问题与讨论

（1）用于钢筋锈蚀智能检测的 XCT 设备主要包括哪些部件？检测原理是什么？

（2）钢筋锈蚀智能检测实验与传统的钢筋锈蚀实验区别是什么？

第 5 章

智能建造实训

5.1　Python 与机器学习实训

5.1.1　使用 KNN 分类算法实现根据身高和体重对体型分类

1. 实验目的

了解和安装 Python 扩展库 numpy、sklearn,理解 KNN 分类算法的原理、适用问题类型和使用该算法解决问题的方法。

2. 实验原理

KNN(k-nearest neighbor)算法也就是 k 近邻分类算法,是机器学习算法中最基础、最简单的算法之一。它既能用于分类,也能用于回归。KNN 通过测量不同特征值之间的距离进行分类。

KNN 算法的思想非常简单:对于任意 n 维输入向量,分别对应特征空间中的一个点,输出为该特征向量所对应的类别标签或预测值。KNN 算法主要的应用领域有:文本分类、聚类分析、预测分析、模式识别、图像处理等。

KNN 算法是一种非常特别的机器学习算法,因为它没有一般意义上的学习过程。工作原理是利用训练数据对特征向量空间进行划分,并将划分结果作为最终算法模型。存在一个样本数据集合,也称作训练样本集,并且样本集中的每个数据都存在标签,即样本集中每一数据与所属分类的对应关系。

输入没有标签的数据后,将这个没有标签的数据的每个特征与样本集中的数据对应的特征进行比较,然后提取样本中特征最相近的数据(最近邻)的分类标签。

一般而言,我们只选择样本数据集中前 k 个最相似的数据,这就是 KNN 算法中 K 的由来,通常为 $k \leqslant 20$ 整数。最后,选择 k 个最相似数据中出现次数最多的类别,作为新数据的分类。

3. 实验设备和软件平台

计算机、Python3.7 或更高版本。

4. 实验步骤

（1）计算已知样本空间中所有点与未知样本的距离。
（2）对所有距离按升序排列。
（3）确定并选取与未知样本距离最小的 k 个样本或点。
（4）统计选取的 k 个点所属类别的出现频率。
（5）把出现频率最高的类别作为预测结果，即未知样本所属类别。

假设已知样本数据，其中包含性别、身高、体重与肥胖程度的对应关系。

下面的代码模拟了上面的算法思路和步骤，以身高＋体重对肥胖程度进行分类为例，采用欧几里得距离。

```python
from collections import Counter
import numpy as np

# 已知样本数据
# 每行数据分别为性别,身高,体重
knownData = ((1, 180, 85),
             (1, 180, 86),
             (1, 180, 90),
             (1, 180, 100),

             (1, 185, 120),
             (1, 175, 80),
             (1, 175, 60),
             (1, 170, 60),

             (1, 175, 90),
             (1, 175, 100),
             (1, 185, 90),
             (1, 185, 80))

knownTarget = ('稍胖', '稍胖', '稍胖', '过胖',
               '太胖', '正常', '偏瘦', '正常',
               '过胖', '太胖', '正常', '偏瘦')

# 使用sklearn库的k近邻分类模型
from sklearn.neighbors import KNeighborsClassifier

# 创建并训练模型
clf = KNeighborsClassifier(n_neighbors = 3, weights = 'distance')
clf.fit(knownData, knownTarget)

unKnownData = [(1, 180, 70), (1, 160, 90), (1, 170, 85)]

# 分类
for current in unKnownData:
    print(current, end = ' : ')
    current = np.array(current).reshape(1, -1)
    print(clf.predict(current)[0])
```

5. 问题与讨论

尝试提出一个问题，并用 KNN 算法解决。

5.1.2 使用 K-means 聚类算法进行分类实验

1. 实验目的

了解和安装 Python 扩展库 numpy、sklearn,理解 K-means 聚类算法的原理、适用问题类型和使用该算法解决问题的方法。

2. 实验原理

K-means 算法是经典的基于划分的聚类方法,其基本思想是:以空间中 k 个点为中心进行聚类,对最靠近它们的对象归类。通过迭代方法,逐次更新各聚类中心的值,直至得到最好的聚类结果。最终的 k 个聚类具有以下特点:各聚类本身尽可能紧凑,而各聚类之间尽可能分开。

该算法的最大优势在于简洁和快速,算法的关键在于预测可能分类的数量及初始中心和距离公式的选择。

3. 实验设备和软件平台

计算机、Python3.7 或更高版本。

4. 实验步骤

实验基本步骤如下:

假设要把样本集分为 c 个类别,算法描述如下:

(1) 适当选择 c 个类的初始中心。

(2) 在第 k 次迭代中,对任意一个样本,求其到 c 个类的各中心距离,将该样本归到距离最短的中心所在的类。

(3) 利用均值等方法更新该类的中心值。

(4) 对于所有的 c 个聚类中心,如果利用(2)(3)的迭代法更新后,值保持不变或相差很小,则迭代结束,否则继续迭代。

```
#参考代码
from numpy import array
from random import randrange
from sklearn.cluster import KMeans

#获取模拟数据
X = array([[1,1,1,1,1,1,1],
           [2,3,2,2,2,2,2],
           [3,2,3,3,3,3,3],
           [1,2,1,2,2,1,2],
           [2,1,3,3,3,2,1],
           [6,2,30,3,33,2,71]])

#训练
kmeannspredicter = KMeans(n_clusters = 3).fit(X)
#原始数据分类
category = kmeansPredicter.predict(X)
print('分类情况:',category)
```

```
print('=' * 30)

def predict(element):
    result = kmeansPredicter.predict(element)
    print('预测结果:', result)
    print('相似元素:\n', X[category == result])

#测试
predict([[1,2,3,3,1,3,1]])
print('=' * 30)
predict([[5,2,23,2,21,5,51]])
```

5. 问题与讨论

（1）尝试提出一个问题，并用 K-means 算法解决。
（2）KNN 和 K-means 算法有何优点、缺点及其局限性？

5.2 BIM 建模与应用实训

5.2.1 BIM 正向建模基础实训

1. 实验目的

掌握 Revit 的操作界面、操作方法、项目设置及模型创建；掌握设计必备的各构件图元的创建、编辑方法和图纸画法要点；掌握族类型及其相应创建方法和使用要点。

2. 实验原理和依据

首先建立三维设计和建筑信息模型的概念，创建的模型具有现实意义：比如创建墙体模型，它不仅有高度的三维模型，而且具有构造层，有内外墙的差异，有材料特性、时间及阶段信息等，所以，创建模型时，这些都需要根据项目应用需要加以考虑。

关联和关系的特性：平立剖图纸与模型，明细表的实时关联，即一处修改，处处修改的特性；墙和门窗的依附关系，墙能附着于屋顶楼板等主体的特性；栏杆能指定坡道楼梯为主体，尺寸、注释和对象的关联关系等。

参数化设计的特点：通过类型参数、实例参数、共享参数等对构件的尺寸、材质、可见性、项目信息等属性的控制。不仅使建筑构件的参数化，而且可以通过设定约束条件实现标准化设计，如整栋建筑单体的参数化、工艺流程的参数化、标准厂房的参数化设计。

设置限制性条件，即约束：如设置构件与构件、构件与轴线的位置关系，设定调整变化时的相对位置变化的规律。

协同设计的工作模式：工作集（在同一个文件模型上协同）和链接文件管理（在不同文件模型上协同）。

阶段的应用引入时间的概念，实现四维的设计、施工、建造管理的相关应用。阶段设置可以和项目工程进度相关联。

实时统计工程量的特性，可以根据阶段的不同，按照工程进度的不同阶段分期统计工程量。

本实验参照《建筑信息模型应用统一标准》(GB/T 51212—2016)、《建筑制图标准》(GB/T 50104—2010)、《房屋建筑制图统一标准》(GB/T 50001—2017)进行。

3. 实验设备和软件平台

满足 BIM 建模性能要求的计算机;BIM 建模软件,如 Revit。

4. 实验内容和步骤

1) 实验内容

选定一房建类项目,实验内容包括:创建标高和轴网、创建墙体、门窗与幕墙、楼板屋顶和天花板、扶手、楼梯、坡道与洞口、主体放样与构件、结构布置、场地与场地构件、房间和面积报告、设计表现、概念设计、对象管理及视图控制、应用注释、剖面图深化及详图设计、布图与打印、族与项目样板等。其中,建模深度参考表 5-1 所列要求。

表 5-1 实训任务内容列表和建模深度要求

专业	阶段构件		不同阶段建模深度(LOD)			备注
			方案阶段	初设阶段	施工图阶段	
建筑专业	场地		100	200	300	
	墙		100	200	300	
	散水		100	200	200	
	幕墙		100	200	300	
	建筑柱		100	200	300	
	门窗		100	200	300	
	屋顶		100	200	300	
	楼板		100	200	300	
	天花板		100	200	300	
	楼梯(含坡道、台阶)		100	200	300	
	垂直电梯		100	200	300	
	电扶梯		100	200	300	
	家具		100	200	300	
结构专业	主体结构	板	100	200	300	
		梁	100	200	300	
		柱	100	200	300	
		梁柱节点	100	200	300	
		墙	100	200	300	
	地基基础工程	预埋及吊环	100	200	300	
		柱	100	200	300	
		桁架	100	200	300	
		梁	100	200	300	
		柱脚	100	200	300	

2) 实验操作关键流程

① 绘制标高与轴网:标高用来定义楼层层高及生成平面视图,标高不是必须作为楼层层高,轴网用于为构件定位,在 Revit 中轴网确定了一个不可见的工作平面,轴网编号及标高符号样式均可定制修改,如图 5-1 所示。

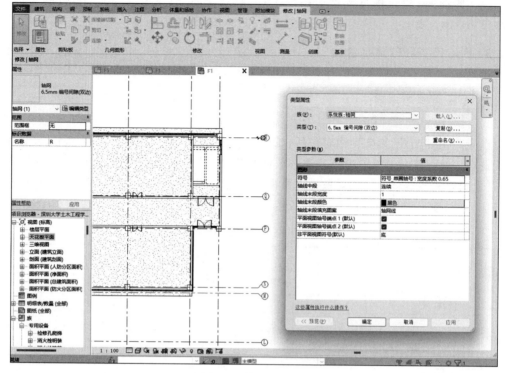

图 5-1 轴网的绘制

② 绘制柱、梁和结构构件:"建筑"选项卡下"构建"面板中,根据要求创建和编辑建筑柱、结构柱,以及梁、梁系统、结构支架等,了解建筑柱和结构柱的应用方法和区别。大多数时候我们可以在剖面上通过二维填充命令绘制梁剖面。

③ 编辑柱、梁和结构构件:各构件的属性可以调整构件的基准、顶标高、顶、底部偏移,是否随轴网移动,此柱是否设为房间边界及柱的材质,单击"编辑类型"按钮,在弹出的"类型属性"对话框中设置长度、宽度参数。注意,不同构件可调整属性的参数有所不同,如图 5-2 所示。

④ 绘制墙和幕墙:墙体绘制时需要综合考虑墙体的高度,构造做法,立面显示及墙身大样详图,图纸的粗略、精细程度的显示(各种视图比例的显示),内外墙体区别等。幕墙作为墙的一种类型,幕墙嵌板具备的可自由定制的特性及嵌板样式同幕墙网格的划分之间的自动维持边界约束的特点,使幕墙具有很好的应用拓展。

⑤ 绘制楼板和天花板:楼板的创建可以通过在体量设计中,设置楼层面生成面楼板;也可以直接绘制完成。

⑥ 绘制屋顶:在 Revit 中提供了多种建模工具,如迹线屋顶、拉伸屋顶、面屋顶、玻璃斜窗等创建屋顶的常规工具。此外,对于一些特殊造型的屋顶,还可以通过内建模型的工具来创建。

⑦ 绘制门窗及洞口:门窗在项目中可以通过修改类型参数,如门窗的宽和高,以及材质等,形成新的门窗类型。门窗主体为墙体,它们对墙具有依附关系,删除墙体,门窗也随之被删除。在门窗构件的应用中,其插入点、门窗平立剖面的图纸表达、可见性控制等和门窗

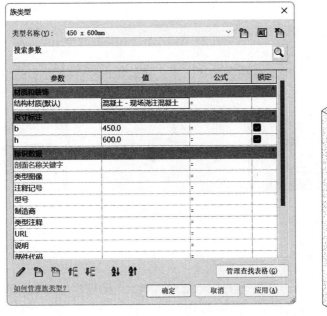

图 5-2　结构构件族的设置参数

族的参数设置有关。

⑧ 楼梯扶手及坡道：单击"建筑"选项下"楼梯坡道"面板中的"楼梯"按钮，进入绘制楼梯草图模式，单击"绘制"面板下的"梯段"按钮，不做其他设置即可开始直接绘制楼梯。

⑨ 渲染与漫游：在 Revit Architecture 中，利用现有的三维模型，还可以创建效果图和漫游动画，全方位展示建筑师的创意和设计成果。

5．问题与讨论

（1）试述 BIM 建模过程中要注意的关键问题。

（2）在保证 BIM 模型质量前提下如何提升建模效率？

5.2.2　逆向建模实训

1．实验目的

了解三维激光扫描仪的工作原理，掌握使用三维激光扫描仪的工作流程和数据处理。

2．实验原理和依据

基于三维激光扫描仪采集的建筑物三维空间点云数据，建立建筑物三维形状模型，再通过 Revit 软件完善 BIM 模型。

本实验参照《建筑信息模型应用统一标准》(GB/T 51212—2016)、《建筑制图标准》(GB/T 50104—2010)、《房屋建筑制图统一标准》(GB/T 50001—2017)进行。

3．实验设备和软件平台

满足 BIM 建模性能要求的计算机、三维激光扫描仪、三维点云处理软件、建模软件。

4. 实验内容和步骤

1)实验操作关键流程(图 5-3)

(1)使用三维激光扫描仪采集建筑物三维空间点云数据;

(2)使用 SketchUp 或同类型软件预处理所采集建筑物三维空间点的云数据;

(3)使用 Revit 软件建立建筑物 BIM 模型。

图 5-3 逆向建模流程

2)实验注意事项

(1)使用环境要求

SLAM 算法依赖于空间中特征点(或区域)的定位及重复扫描反演,测距空间比为 1/10,即测量 5m 远的数据时,需有 0.5m 的特征空间供定位。在穿越当前扫描空间,进入新的扫描空间时,应注意有效参照物的衔接;在特征空间不足的区域人为添加特征测量物(如在连廊中放置纸箱);确保围绕某一特征点(或空间)进行更大面积的扫描,以充分利用该特征点进行数据反演和测量,降低特征空间不足区域的单独扫描概率;避免扫描过程中有运动的物体。

(2)闭路扫描要求

使扫描终点和起点重合,能有效控制整个扫描过程中的数据"漂移"。测量过程中,应尽可能地使设备结束扫描的最后位置和扫描开始的位置完全重合,这样能有效提升数据的精度。在扫描最后回到起点区域时,应尽量保证从同一角度扫描到特征空间区域。

(3)移动速度要求

手持扫描仪进行扫描时,移动速度应慢于正常步行速度,移动速度过快,将导致点云数据获取精度下降,无法获得有效的三维空间点云。

5. 问题与讨论

(1)什么因素会影响三维点云模型的精度?

(2)思考三维激光扫描仪可能的拓展应用技术场景。

5.2.3 BIM 结构设计基础实训

1. 实验目的

掌握结构 BIM 设计的操作界面、操作方法和结构建模流程;掌握结构设计方法和设计要点。

2. 实验原理和依据

建筑专业的 BIM 模型,通过结构设计软件建模、计算和必要的人工分析,再经过一系列的 BIM 建模调整操作,得到结构专业的 BIM 模型。

本实验参照《建筑信息模型应用统一标准》(GB/T 51212—2016)、《建筑制图标准》(GB/T 50104—2010)、《房屋建筑制图统一标准》(GB/T 50001—2017)进行。

3. 实验设备和软件平台

计算机、PKPM-BIM 软件或 YJK 结构设计软件。

4. 实验内容和步骤

以 PKPM-BIM 结构设计软件为例。

1) 新建项目

（1）可以选择导入 PM，将 PKPM 的结构模型导入到 PKPM-PC 模块中，实现 PKPM 和 PKPM-BIM 之间的转换。

（2）单击"打开 PM"，启动 PKPM-BIM 内置的 PKPM 模块，可在 PM 模块中完成模型创建，之后导入至 PKPM-BIM 继续进行后续的建模设计。

（3）导入.DWG 格式文件，在"结构建模"模块中可以采用识别构件的方式完成相应的构件建模。

2) 绘制轴线网络

单击"直线轴网"命令，弹出"直线轴网"对话框，在直线轴网对话框中设置各参数，快速生成直线轴网，也可以自行绘制轴网。完成绘制需要填入轴号、分轴号等信息。

3) 构件建模

（1）柱的建模。单击"柱"图标后在屏幕左侧弹出柱截面定义对话框，同时弹出柱的布置参数框，对柱的类型、尺寸、材料类别进行设置，设置好后选择合适的布置方式添加到图纸模型中。

（2）梁的建模。单击"梁"图标后在屏幕左侧弹出梁截面定义对话框，同时弹出梁的布置参数框，对梁的类型、尺寸、材料类别进行设置，设置好后选择合适的布置方式添加到图纸模型中。

（3）墙的建模。单击"墙"图标后在屏幕左侧弹出墙截面定义对话框，同时弹出墙的布置参数框，对墙的参数设置好后选择合适的布置方式添加到图纸模型中。

（4）板的建模。单击"板"图标后在屏幕左侧弹出板布置对话框，对板的参数设置好后选择合适的布置方式添加到图纸模型中。

（5）楼梯的建模。单击"楼梯布置"图标按钮后，选择需要布置楼梯的房间，在弹出的绘制模式中可以选择标准模式和画板模式，确定所布置楼梯的类型并设置其具体参数，完成楼梯的建模。

4) 楼层组装

结构建模时，一般会将多个自然层关联至同一标准层。楼层组装过程中，可自动获取当前工程中已经定义好的标准层，根据设计需要，通过增加、修改、删除、全删等按钮的操作，在右侧的列表框中形成楼层组装列表信息。楼层组装结果中包含了序号、自然层名、标准层、层高、层底标高，这些列表信息最终形成楼层组装信息。通过"楼层组装"，根据设定的相应信息实现楼层组装。

5) 分析计算

（1）单击"设计参数"图标后屏幕弹出设计参数对话框，需要输入或指定以下信息：总信息、构件信息、地震信息、风荷载信息、钢筋信息。单击"分析计算"后，软件会将输入参数传递给 PKPM 模块。

（2）单击"计算分析"图标后弹出 PKPM 结构软件对话框，进行重新生成 PM 模型进行计算和其他设置操作。

（3）单击"整体配筋"图标后屏幕弹出设计自动配筋对话框，在对话框可以勾选墙、柱、梁构件。在右侧需要用户输入选筋设置、构件归并范围、构件名称相关信息，单击"确定"后，软件会将输入参数传递给 PKPM 混凝土施工图模块，进行混凝土结构施工图设计。

6）图纸生成

选择"结构平面图"功能，可生成结构施工图，包含墙柱定位图、结构模板图、板配筋图、梁配筋图、柱配筋图。单击"结构平面图"，弹出"结构施工图生成"对话框，选择要生成的图纸完成图纸创建。

5. 问题与讨论

（1）结构 BIM 设计软件中，如何优化结构的配筋设计。

（2）请分析建筑专业模型和结构专业模型进行转换时，有哪些因素要保持一致？

5.3 图像识别技术基础实训

5.3.1 实验目的

了解和安装 Python 扩展库 Tesseract，图像识别技术的原理、适用问题类型和使用该算法解决问题的方法。

5.3.2 实验原理和依据

Tesseract，一款由 HP 实验室开发、由 Google 维护的开源光学字符识别（optical character recognition，OCR）引擎，与 Microsoft Office Document Imaging（MODI）相比，我们可以不断地训练的库，使图像转换文本的能力不断增强；如果团队深度需要，还可以以它为模板，开发出符合自身需求的 OCR 引擎。

5.3.3 实验设备和软件平台

计算机、Python3.7 或更高版本。

5.3.4 实验内容

```
#参考代码(识别一张图片的文字)
import pytesseract
from PIL import Image
file = r"X:\图片.png"
#带文字或数字的图片

image = Image.open(file)
Img = image.convert('L')
```

```
#灰度化,图像识别前,先对图像进行灰度化和二值化,提高文本识别率
threshold = 180
table = []
for i in range(256):
        if i < threshold:
              table.append(0)
        else:
              table.append(1)
photo = Img.point(table, '1')
#自定义灰度界限,这里可以大于这个值为黑色,小于这个值为白色。threshold可根据实际情况进
行调整(最大可为255)
photo.save(newfile)
image = Image.open(file)
#保存处理好的图片
content = pytesseract.image_to_string(image, lang = 'chi_sim')
#解析图片,lang = 'chi_sim'表示识别简体中文,默认为English
#如果是只识别数字,可再加上参数 config = '-- psm 6 -- oem 3 - c tessedit_char_whitelist =
0123456789'
print(content)
```

5.3.5 问题与讨论

尝试找一些中英文和识别难度不同的图片,用算法识别,分析识别率情况。

5.4 3D打印技术基础实训

5.4.1 实验目的

了解3D打印的原理;掌握常见3D打印设备的操作流程。

5.4.2 实验原理和依据

市面上常见的3D打印机一般采用FDM(fused deposition modeling)技术,即熔融层积成型技术,也叫成熔丝沉积。它的工作原理是将热熔性材料加热到融化,丝状材料被具有微细喷嘴的挤出机挤出,可以沿着 x 轴和 y 轴方向移动的喷嘴,把熔融的丝材挤出后立即和前一层材料粘在一起,然后重复这些步骤,直到工件完成形成。

5.4.3 实验设备和材料

计算机,桌面级3D打印机,打印材料(PLA、ABS或TPU等)。

5.4.4 实验内容和步骤

(1)单击"预热"选项进入"预热菜单",选择预热相应的材料。
(2)在预热过程中,将耗材装入料架,并将耗材插入远端进料口。
(3)模型切片:将待打印模型文件转成.stl或.dae文件,用3D打印设备的模型切片软件cura或JGcreat打开(图5-4)。在软件中调节模型要打印的大小、打印速度、打印温度(如

喷头温度 190~200℃，热床温度 40~50℃，根据打印材料不同设定)等其他参数，最后单击"切片"，完成后文件存为 Gcode 格式文件，传输或拷贝到 3D 打印机中。

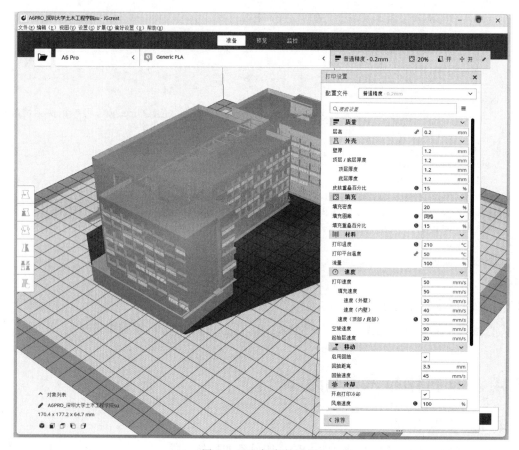

图 5-4　3D 打印的设置

(4) 打印模型：进入 3D 打印机的机器菜单，通过"打印菜单"选项选择要打印的模型，待温度达到设定的温度后打印机会自动打印。

(5) 取模：打印完成，待温度冷却后可取出模型作品。

5.4.5　问题与讨论

(1) 模型的打印质量跟什么参数有关？

(2) 根据 3D 打印原理，简述 3D 打印在建设工程中的应用前景。

第6章

土木工程力学实验

6.1 万能试验机测量材料的拉伸力学性能实验

6.1.1 实验目的

了解万能试验机的构造和工作原理,掌握其操作规程及安全使用注意事项;测定低碳钢的弹性模量 E、屈服极限 σ_s、强度极限 σ_b、断后伸长率 δ 和断面收缩率 Ψ;测定铸铁的割线弹性模量、强度极限 σ_b;观察材料拉伸过程中的各阶段现象(弹性阶段、屈服阶段、强化阶段、局部变形阶段、断裂特征等),并绘制两种材料的拉伸图(σ-ε 曲线);比较塑性材料和脆性材料力学性质特点。

6.1.2 实验原理和依据

本实验参照《金属材料 拉伸试验 第1部分:室温试验方法》(GB/T 228.1—2021)进行。选择实验所需的标准试件,利用标距仪在试件的实验段上每隔10mm做上记号,共标记11个标记点。

低碳钢是典型的塑性材料,试件依次经过弹性、屈服、强化和局部变形(颈缩)四个阶段,其中前三个阶段,试件的形状是均匀变形的。在颈缩阶段,试件的局部将会急剧变细。

用试验机的配套软件绘出低碳钢和铸铁的拉伸图(图6-1)。对于低碳钢试件,在比例极限内,力与变形成线性关系,拉伸图上 OA 是一段斜直线(实际上试件开始受力时,头部在夹头内有一点点滑动,故拉伸图最初一段是曲线),此阶段称为弹性阶段。拉伸图上 BC 呈锯齿形,表示荷载基本不变,变形增加很快,材料失去抵抗变形能力,这一现象称为屈服,此阶段则称为屈服阶段。试件经过屈服阶段后,若要使其继续伸长,由于材料在塑性变形过程不断发生强化,因而试样中的抗力不断增长(拉伸图上 CD 曲线),此阶段称为强化阶段。试样伸长到一定程度后,荷载读数反而逐渐降低(拉伸图上 DE 曲线),此时可以看到试样某一段内的横截面面积显著收缩,这一现象称为"颈缩"现象。在试样继续伸长的过程中,由于"颈缩"部分的横截面面积急剧缩小,因此,荷载读数反而降低,一直到试样被拉断。此阶段称为局部变形阶段。

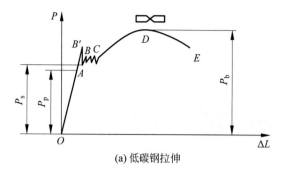
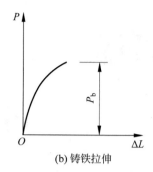

(a) 低碳钢拉伸　　　　　　　　(b) 铸铁拉伸

图 6-1　低碳钢和铸铁材料拉伸实验曲线

铸铁试件在变形极小时,就达到最大荷载而突然发生断裂,没有屈服和颈缩现象,是典型的脆性材料。

6.1.3　实验设备和材料

(1) 万能试验机:量程 100kN。
(2) 引伸计:标距 100mm。
(3) 游标卡尺:量程 150mm,精度 0.02mm。
(4) 钢直尺:量程 150mm,精度 0.1mm。
(5) 标距仪机。
(6) 低碳钢和铸铁材料试件。

6.1.4　实验内容和步骤

1. 试件准备

沿低碳钢(铸铁)试件(图 6-2)做好标距长度记号,并在标距范围内用游标卡尺在标距记号的两端及中间各取一个截面,共 3 个截面。每个截面沿互相垂直的两个方向各测量一次直径,取平均值。取这 3 个截面的最小值 d_0 作为计算横截面 A_0 的依据。

2. 安装试件

将试件放置到万能试验机的"进样槽"位置,开启试验机和控制计算机,打开操作软件,设定相关参数,选择自动安装试件,安装引伸计等。启动设备安全"巡检"功能作业,待仪器设备自检无误后,进入正式拉伸实验环节。

3. 开始实验

在试验机及配套软件上,启动加载按钮使试件缓慢匀速加载(6~10mm/min),随时观察软件界面显示拉伸过程中的各个阶段的变形特征,直至试件断裂。各个阶段所要得到的数据,如材料的抗拉强度、屈服强度、弹性模量、延伸率等,试验机配套软件会自动保存,实验后可以调用。

4. 断后测量

将断裂后的试件从试验机上取下,将断裂后的两段试件对齐并拼接到一起。测量拼接后试件的标距长度及断裂部位的截面直径。

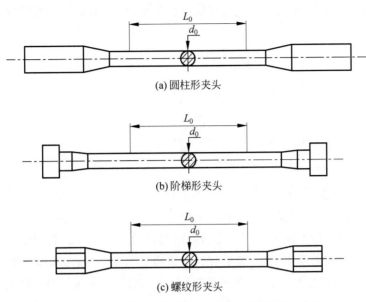

L_0—试件的标矩长度；d_0—试件横截面直径

图 6-2 低碳钢和铸铁材料试件示意

5. 实验结束

仪器设备恢复原状，清理现场，从控制计算机上复制实验数据。检查实验记录是否齐全。

6.1.5 实验结果处理

（1）根据测得的屈服荷载 F_s 和最大荷载 F_b，计算屈服强度 σ_s 和极限强度 σ_b。

（2）对于低碳钢

$$\sigma_s = \frac{F_s}{A_0} \tag{6-1}$$

$$\sigma_b = \frac{F_b}{A_0} \tag{6-2}$$

式中：σ_s——屈服强度（MPa）；
$\quad\quad F_s$——屈服荷载（kN）；
$\quad\quad \sigma_b$——极限强度（MPa）；
$\quad\quad F_b$——极限荷载（kN）；
$\quad\quad A_0$——试件横截面面积（mm^2）。

（3）对于铸铁，由于没有屈服阶段，故没有屈服强度。同时，由于铸铁没有弹性阶段，因此其弹性模量为割线弹性模量。在工程计算中，通常取总应变 0.1% 时 σ-ε 曲线的割线斜率来确定。其极限强度：

$$\sigma_b = \frac{F_b}{A_0} \tag{6-3}$$

(4) 根据拉伸前后试件的标距长度和横截面面积,计算出试件的断后伸长率 δ 和断面收缩率 Ψ,即:

$$\delta = \frac{l_1 - l_0}{l_0} \times 100\% \tag{6-4}$$

$$\Psi = \frac{A_0 - A_1}{A_0} \times 100\% \tag{6-5}$$

式中:l_0——试件断裂前的标矩(mm);

l_1——试件断裂后的标矩(mm);

A_0——试件断裂前的横截面面积(mm^2);

A_1——试件断裂面的横截面面积(mm^2)。

依据《金属材料 拉伸试验 第 1 部分:室温试验方法》(GB/T 228.1—2021)相关条文规定,强度性能值修约至 1MPa;断后伸长率修约至 0.5%;断面收缩率修约至 1%。

(5) 根据实验原始数据,利用计算机软件(如 Excel、Origin 等),分别绘制低碳钢和铸铁拉伸时的应力-应变曲线(σ-ε 曲线)。需注意标明实验曲线的横坐标和纵坐标的单位。

6.1.6 问题与讨论

(1) 为什么拉伸实验必须采用标准比例的试件?

(2) 材料和直径相同而长短不同的试件,他们的伸长率是否相同?

6.2 压力试验机测量材料的压缩力学性能实验

6.2.1 实验目的

了解实验设备——压力试验机的构造和工作原理,掌握其操作规程及使用注意事项;测定压缩时低碳钢的屈服强度 σ_s 和铸铁的极限强度 σ_b;观察低碳钢和铸铁压缩时的变形和破坏情况,并进行比较和分析原因。

6.2.2 实验原理和依据

本实验参照《金属材料 室温压缩试验方法》(GB/T 7314—2017)进行。对低碳钢材料,在承受压缩荷载时,起初变形较小,力的大小沿直线上升,当超过比例荷载后,变形开始增快,此时显示荷载减慢或基本不变或有所回落的现象,这表明材料已达到屈服,此时的荷载即为屈服荷载 F_s。屈服阶段结束后,塑性变形迅速增加,试件截面面积也随之增大,而使试件承受的荷载也随之增加,F-ΔL 曲线继续上升(图 6-3),这时试件被压成鼓形,最后压成饼形而不破坏,其强度极限无法测定。

对铸铁材料,当铸铁试件达到极限荷载 F_b 时,突然发生破坏,此时力的大小迅速减小。铸铁试件破坏后表面出现与试件横截面呈 45°～55°的倾斜断裂面,这是由于脆性材料的抗剪强度低于抗压强度,使试件被剪断(图 6-4)。

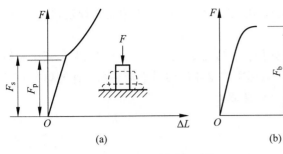
图 6-3 低碳钢压缩

图 6-4 铸铁压缩

材料压缩时的力学性能可以由压缩时的力与变形关系曲线表示。一般地低碳钢材料其弹性阶段、屈服阶段与拉伸大致相同,弹性模量 E 和屈服强度 σ_s 与拉伸时大致相等。而铸铁受压时却与拉伸时有明显差别,压缩时曲线上虽然没有屈服阶段,但曲线明显变弯,断裂时有明显的塑性变形,且压缩时的极限强度远大于拉伸时的极限强度 σ_b。

6.2.3 实验设备和材料

(1) 压力试验机:量程 500kN;
(2) 游标卡尺:量程 150mm,精度 0.02mm;
(3) 钢直尺:量程 150mm,精度 0.02mm;
(4) 低碳钢和铸铁材料试件。

6.2.4 实验内容和步骤

1. 试件准备

用游标卡尺在试件(图 6-5)中点处两个相互垂直的方向测量直径 d,取其平均值,并测量试件高度 h。

2. 安装试件

将试件放在试验机活动平台的中心位置。

3. 开始实验

检查设备线路连接是否接好,并打开设备电源及

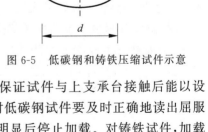
图 6-5 低碳钢和铸铁压缩试件示意

配套软件操作界面。设置软件界面上的各个实验参数,保证试件与上支承台接触后能以设定的加载速度加载,设置完毕后开始实验,进行加载。对低碳钢试件要及时正确地读出屈服荷载 F_s,过了屈服阶段后继续加载,直到试件变形比较明显后停止加载。对铸铁试件,加载至试件破坏为止,读出破坏极限荷载 F_b。

4. 实验结束

使仪器设备恢复原状,清理现场。

6.2.5 实验结果的处理

(1) 根据实验记录,利用式(6-1)计算出低碳钢压缩实验的屈服强度 σ_s,利用式(6-2)计

算出铸铁压缩实验的极限强度。

依据《金属材料　室温压缩试验方法》(GB/T 7314—2017)相关条文规定，强度性能值修约至 1MPa。

(2) 根据实验原始数据，利用计算机软件(如 Excel、Origin 等)，分别绘制低碳钢和铸铁压缩时的应力-应变曲线(σ-ε 曲线)。需注意标明实验曲线的横坐标和纵坐标的单位。

(3) 画出试件的破坏形状图，并分析其破坏原因。

6.2.6　问题与讨论

为什么低碳钢试件在压缩时不会发生断裂？

6.3　扭转试验机测量材料的扭转力学性能实验

6.3.1　实验目的

了解实验设备——扭转试验机的构造和工作原理，掌握其操作规程及使用注意事项；测定低碳钢的剪切屈服极限强度 τ_s 及低碳钢和铸铁的剪切极限强度 τ_b；观察低碳钢和铸铁两种材料在扭转过程中的变形规律和破坏特征。

6.3.2　实验原理和依据

本实验参照《金属材料　室温扭转试验方法》(GB/T 10128—2007)进行。扭转实验是材料力学实验最基本、最典型的实验之一。

因材料本身的差异，低碳钢扭转曲线有两种类型(图 6-6)。扭转曲线表现为弹性、屈服和强化 3 个阶段，与低碳钢的拉伸曲线不尽相同，它的屈服过程是由表面逐渐向圆心扩展，形成环形塑性区。当横截面的应力全部屈服后，试件才会全面进入塑性。在屈服阶段，扭矩基本不动或呈下降趋势的轻微波动，而扭转变形继续增加。当首次出现扭转角增加而扭矩不增加(或保持恒定)时的扭矩为屈服扭矩，记为 T_s。对试件连续施加扭矩直至扭断，从试验机配套软件界面上读得最大值 T_b。

依据《金属材料　室温扭转试验方法》(GB/T 10128—2007)，低碳钢受扭转时的屈服强度 τ_s 和极限强度 τ_b 分别采用式(6-6)、式(6-7)计算。

$$\tau_s = \frac{T_s}{W_p} \tag{6-6}$$

$$\tau_b = \frac{T_b}{W_p} \tag{6-7}$$

式中：τ_s——低碳钢试件扭转时的屈服强度(MPa)；

τ_b——低碳钢试件扭转时的极限强度(MPa)；

T_s——低碳钢试件扭转时的屈服荷载(kN)；

T_b——低碳钢试件扭转时的极限荷载(kN)；

W_p——低碳钢和铸铁试件的扭转截面系数(mm^3)。

铸铁试件扭转时，其扭转曲线(图 6-7)只有伸曲线，它有比较明显的非线性偏离，但由于变形很小就突然断裂,一般仍按弹性公式计算铸铁的抗扭极限强度,即 $\tau_b = \dfrac{T_b}{W_p}$。

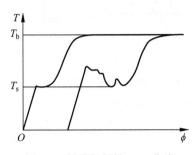

图 6-6　低碳钢扭转 T-ϕ 曲线

图 6-7　铸铁 T-ϕ 曲线

圆形试件受扭时,横截面上的应力应变分布如图 6-8 所示。在试件表面任一点,横截面上有最大切应力 τ,在与轴线成 $\pm 45°$ 的截面上存在拉应力 $\sigma_1 = \tau$,以及最大压应力 $\sigma_3 = -\tau$。低碳钢的抗剪能力弱于抗拉能力,试件沿横截面被剪断。铸铁的抗拉能力弱于抗剪能力,试件沿与 σ_1 正交的方向被拉断。由此可见,不同材料,其变形曲线、破坏方式、破坏原因都有很大差异。

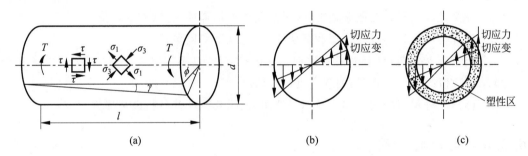

图 6-8　扭转试件的应力应变分布

6.3.3　实验设备和材料

(1) 扭转试验机:1000N·m。
(2) 游标卡尺:量程 150mm,精度 0.02mm。
(3) 钢直尺:量程 150mm,精度 0.1mm。
(4) 低碳钢和铸铁试件。

6.3.4　实验内容和步骤

1. 试件准备

在试件(图 6-9)的实验段上,分别选取 3 个截面测量直径 d_0,测量每个截面相互垂直的两个方向后取平均值。同时在低碳钢试件表面上画 1 条纵向线和 2 条圆周线,以便观察扭转变形。

2. 实验前准备

检查试验机各个部件是否连接完好,然后安装试件。

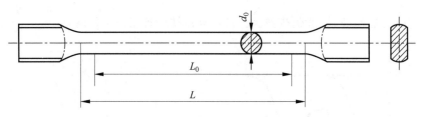

L—试件试验段长度；L_0—标矩长度；d_0—试件的横截面直径

图 6-9　低碳钢和铸铁扭转试件示意

3. 开始实验

开启扭转试验机，观察试件在扭转荷载作用下各个阶段的变形，并记录好实验所需数据。

4. 实验完毕

使仪器设备恢复原状，清理现场，检查实验记录是否齐全。

6.3.5　实验结果的处理

（1）计算低碳钢材料的屈服强度、极限强度和剪切弹性模量（切变模量）。

（2）计算铸铁材料的极限强度和剪切弹性模量（切变模量）。

上述计算结果依据《金属材料　室温扭转试验方法》（GB/T 10128—2007）"条文 9 中表 3 性能结果数值的修约间隔"相关规定进行修约。

（3）画出两种材料的扭转曲线及断口草图，说明其特征并分析破坏原因。

6.3.6　问题与讨论

低碳钢和铸铁的扭转破坏情况有何不同？为什么？

6.4　电测法测定材料的弹性模量和泊松比

6.4.1　实验目的

在比例极限内，验证胡克定律，用应变电测法测定材料的弹性模量 E 和泊松比 μ。

6.4.2　实验原理和依据

弹性模量 E 和泊松比 μ 是各种材料的基本力学参数，测试工作十分重要，测试方法也很多，如杠杆引伸仪法、电测法、自动检测法，本次实验用的是电测法。

材料在比例极限范围内，正应力 σ 和线应变 ε 呈线性关系，即

$$\sigma = E\varepsilon \tag{6-8}$$

式中：σ——正应力（MPa）；

　　　E——材料的弹性模量（MPa）；

　　　ε——应变。

比例系数 E 称为材料的弹性模量,可由式(6-9)计算,即：

$$E = \frac{\sigma}{\varepsilon} \tag{6-9}$$

假设一根实验试件,在轴向拉力作用下,横截面上的正应力按式(6-10)计算：

$$\sigma = \frac{F}{A_0} \tag{6-10}$$

式中：F——轴向拉力(kN)；

A_0——实验试件的横截面面积(mm^2)。

把式(6-10)代入式(6-9)中可得：

$$E = \frac{F}{A_0 \varepsilon} \tag{6-11}$$

只要测得试件所受的荷载 F 和与之对应的应变 ε,就可由式(6-11)算出弹性模量 E。

受拉试件轴向伸长,必然引起横向收缩。设轴向应变为 ε,横向应变为 ε'。实验表明,在弹性范围内,两者之比为一常数。该常数称为横向变形系数或泊松比,用 μ 表示,即：

$$\mu = \left| \frac{\varepsilon'}{\varepsilon} \right| \tag{6-12}$$

轴向应变 ε 和横向应变 ε' 的测试方法如图 6-10 所示。

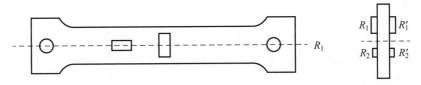

图 6-10 应变片粘贴示意

在板试件中央前后的两面沿着试件轴线方向粘贴应变片 R_1 和 R_1',沿着试件横向粘贴应变片 R_2 和 R_2'。为了消除试件初曲率和加载可能存在偏心引起的弯曲影响,采用全桥接线法。分别测量轴向应变 ε 和横向应变 ε' 的测量电桥。根据应变电测法原理基础,试件的轴向应变和横向应变是每台应变仪应变值读数的一半,即：

$$\varepsilon = \frac{1}{2}\varepsilon_r, \quad \varepsilon' = \frac{1}{2}\varepsilon_r'$$

实验时,为了验证胡克定律,采用等量逐级加载法,分别测量在相同荷载增量 ΔF 作用下的轴向应变增量 $\Delta \varepsilon$ 和横向应变增量 $\Delta \varepsilon'$。若各级应变增量相同,就验证胡克定律。

6.4.3 实验设备和材料

(1) 材料力学多功能实验台；
(2) 静态电阻应变仪；
(3) 游标卡尺：量程 150mm,精度 0.02mm；
(4) 矩形长方体扁试件。

6.4.4 实验内容和步骤

(1) 测量试件。在试件的工作段上测量横截面尺寸,并计算试件的初始横截面面积 A_0。

(2) 拟定实验方案,具体步骤如下：

① 确定试件允许达到的最大应变值(取材料屈服点 σ_s 的 70%~80%)及所需的最大荷载值。

② 根据初荷载和最大荷载值以及其间至少应有 5 级加载的原则,确定每级荷载的大小。

③ 准备工作。把试件安装在实验台上的夹头内,调整实验台,按图 6-10 的接线接到应变仪上。

④ 试运行。拧动手轮,加载至接近最大荷载值,然后卸载至初荷载以下。观察实验台和应变仪是否处于正常工作状态。

⑤ 正式实验。加载至初荷载,记下荷载值以及两个应变仪读数 ε_r、ε_r'。以后每增加一级荷载就记录一次荷载值及相应的应变仪读数 ε_r、ε_r',直至最终荷载值。以上实验重复 3 遍。

6.4.5 实验结果的处理

(1) 绘制弹性阶段的 σ-ε 曲线。

(2) 采用平均法和最小二乘法的数值分析方法,确定 E 和 μ 的数值。

① 平均法

$$E = \frac{\Delta F}{A_0 \Delta \varepsilon_{均}} \tag{6-13}$$

式中：ΔF——实验荷载的平均值(kN);

$\Delta \varepsilon_{均}$——轴向应变的平均值。

$$\mu = \left| \frac{\Delta \varepsilon_{均}'}{\Delta \varepsilon_{均}} \right| \tag{6-14}$$

式中：$\Delta \varepsilon_{均}'$——横向应变的平均值。

② 最小二乘法

$$E = \frac{\sum_{i=1}^{n} \sigma_i \varepsilon_i}{\sum_{i=1}^{n} (\varepsilon_i)^2} \tag{6-15}$$

式中：σ_i——某一级荷载对应的应力值(MPa);

ε_i——某一级荷载对应的轴向应变值。

$$\mu = \left| \frac{\sum_{i=1}^{n} \varepsilon_i \varepsilon_i'}{\sum_{i=1}^{n} (\varepsilon_i)^2} \right| \tag{6-16}$$

式中：ε_i'——某一级荷载对应的横向应变值。

6.4.6 问题与讨论

试件尺寸和形式对测定弹性模量 E 有无影响？

6.5 纯弯曲梁的正应力实验

6.5.1 实验目的

掌握梁在纯弯曲时横截面上正应力大小和分布规律；验证纯弯曲梁的正应力计算公式；测定泊松比 μ；掌握电测法的基本原理。

6.5.2 实验原理和依据

1. 测定弯曲正应力

本实验采用的是低碳钢制成的矩形截面试件，当力 F 作用在辅助梁中央 A 点时，通过辅助梁将压力 F 分解为两个集中力 $F/2$，并分别作用于主梁（试件）的 B、C 两点。试件梁受力简图如图 6-11 所示。

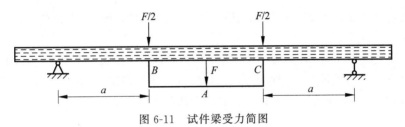

图 6-11 试件梁受力简图

根据内力分析，梁 BC 段上剪力 $F=0$，弯矩 $M=\dfrac{1}{2}Fa$，因此梁的 BC 段发生纯弯曲。

在梁 BC 段中任选一条横向线（通常选择 BC 段的中间位置），离中性层不同高度处取 5 个点，编号分别为①、②、③、④、⑤，在 5 个点的位置处沿梁的轴线方向粘贴 5 个电阻应变片，如图 6-12 所示。

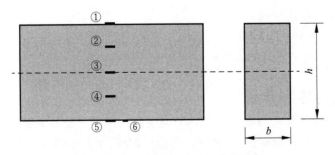

图 6-12 试件梁上应变粘贴位置示意

根据单向受力假设，梁横截面上各点均处于单向应力状态，应用轴向拉伸时的胡克定律，即可通过测定的各点应变，计算出相应的实验应力。采用增量法，各点的实测应力增量表达式为：

$$\Delta\sigma_{实 i} = E\Delta\varepsilon_{实 i} \tag{6-17}$$

式中：i——测量点的编号，$i=1,2,3,4,5$；

$\Delta\sigma_{实 i}$——各点的实测应变平均增量；

$\Delta\varepsilon_{实i}$——各点的实测应力平均增量(MPa)。

纯弯梁横截面上正应力的理论表达式(6-18)为：

$$\sigma_i = \frac{My_i}{I_z} \tag{6-18}$$

式中：M——梁纯弯曲段的弯矩值(kN·m)；

y_i——各测点到中性层的距离(m)；

I_z——惯性矩(m^4)；

σ_i——正应力(MPa)。

增量表达式为：

$$\Delta\sigma_i = \frac{\Delta My_i}{I_z} \tag{6-19}$$

式中：ΔM——增量弯矩值(kN·m)；

$\Delta\sigma_i$——增量正应力(MPa)。

通过同一点实测应力的增量与理论应力增量计算结果比较，算出相对误差，即验证纯弯曲梁的正应力计算公式。

以截面高度为纵坐标，应力大小为横坐标，建立平面坐标系。将5个不同测点通过计算得到的实测应力平均增量及各测点的测量高度，分别作为横坐标和纵坐标画在坐标平面内，并连成曲线，即可与横截面上应力理论分布情况进行比较。

2. 测定泊松比

在梁的下边缘纵向应变片⑤附近，沿着梁的宽度方向粘贴一片电阻应变片⑥(电阻应变片⑥也可贴在梁的上边缘)，测出沿宽度方向的横向应变，确定泊松比 μ。

6.5.3　实验设备和材料

(1) 材料力学多功能实验台；

(2) 静态数字电阻应变仪；

(3) 矩形截面梁(铝合金材质)；

(4) 游标卡尺：量程150mm，精度0.02mm。

6.5.4　实验内容和步骤

(1) 测量梁的截面尺寸 h 和 b，力作用点到支座的距离以及各个测点到中性层的距离。

(2) 接通电阻应变仪电源，分清各测点应变片引线，把各个测点的应变片和公共补偿片接到应变仪的相应通道，调整应变仪零点和灵敏度值。

(3) 记录荷载为 F_0 的初应变，以后每增加一级荷载就记录一次应变值，直至加到 F_n。

(4) 按上面步骤再做一次。根据实验数据决定是否需要再做第3次。

6.5.5　实验结果处理

(1) 根据测得的各点应变值，计算出各点的平均应变的增量值 $\Delta\varepsilon_{实i}$，由 $\Delta\sigma_{实i} = E\Delta\varepsilon_{实i}$ 计算1～5点的应力增量。

(2) 根据 $\Delta\sigma_i = \dfrac{\Delta M y_i}{I_z}$ 计算各点的理论应力增量并与 $\Delta\sigma_{实i}$ 比较。

(3) 将不同点的 $\Delta\sigma_{实i}$ 与 $\Delta\sigma_i$ 绘在截面高度为纵坐标、应力大小为横坐标的平面内,即可得到梁截面上的实验与理论的应力分布曲线,将两者比较即可验证应力分布和应力公式。

(4) 利用纵向应变 ε_5、横向应变 ε_6,计算泊松比 μ。

6.5.6 问题与讨论

为什么要把温度补偿片贴在与构件相同的材料上?

6.6 圆管扭转应力实验

6.6.1 实验目的

用应变电测法测定材料的切变模量 G;验证切应力公式。

6.6.2 实验原理

在剪切比例极限内,切应力与切应变成正比,这就是材料的剪切胡克定律,其表达式为:

$$\tau = G\gamma \tag{6-20}$$

式中:τ——切应力(MPa);
γ——切应变;
G——材料的切变模量(MPa);

由式(6-20)得:

$$G = \frac{\tau}{\gamma} \tag{6-21}$$

式(6-21)中的 τ 和 γ 均可由实验测定,其方法如下:

(1) τ 的测定:试件贴应变片处是空心圆管,横截面上的内力如图 6-13(a)所示。试件贴片处的切应力为:

$$\tau = \frac{T}{W_t} \tag{6-22}$$

式中:T——扭矩(kN·m);
W_t——试件的抗扭截面系数(mm^3)。

(2) γ 的测定:在圆管表面与轴线成 ±45° 方向处各贴一枚规格相同的应变片如图 6-13(a)所示,组成图 6-13(b)所示的半桥接到电阻应变仪上,从应变仪上读出应变值 ε_γ(由电测原理可知应变值 ε_γ 应当是 45°方向线应变的 2 倍)即:

$$\varepsilon_\gamma = 2\varepsilon_{45°} \tag{6-23}$$

式中:ε_γ——切应变值;
$\varepsilon_{45°}$——45°方向线应变值。

另外,圆轴表面上任一点为纯剪切应力状态如图 6-13(c)所示。根据广义胡克定律有:

$$\varepsilon_{45°} = \frac{\tau}{2G} = \frac{\gamma}{2} \tag{6-24}$$

因此：

$$\gamma = \varepsilon_\gamma \tag{6-25}$$

把式(6-23)、式(6-24)和式(6-25)代入式(6-22)，可得：

$$G = \frac{T}{W_t \varepsilon_\gamma} \tag{6-26}$$

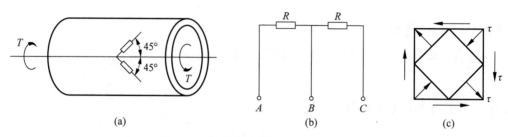

图 6-13 扭转实验试件内力分析示意

实验采用等量逐级加载法：设各级扭矩增量为 ΔT，应变仪读数增量为 $\Delta \varepsilon_{\gamma i}$，从每一级加载中，可求得切变模量为：

$$G_i = \frac{\Delta T}{W_i \Delta \varepsilon_{\gamma i}} \tag{6-27}$$

式中：G_i——每级荷载对应的切变模量（MPa）；

ΔT——扭矩增量值（kN·m）；

$\Delta \varepsilon_{\gamma i}$——切应变增量值。

同样采用端直法，材料的切变模量是式(6-27)中 G_i 的算术平均值，即：

$$G = \frac{1}{n} \sum_{i=1}^{n} G_i \tag{6-28}$$

6.6.3 实验设备和材料

（1）材料力学多功能实验台；

（2）静态电阻应变仪；

（3）钢直尺：量程 150mm，精度 0.1mm；

（4）游标卡尺：量程 150mm，精度 0.02mm；

（5）薄壁圆管（铝合金材质）。

6.6.4 实验内容和步骤

（1）测量薄壁圆管的内径和外径尺寸，测量加载力臂的长度值。

（2）按照实验原理所述，将薄壁圆管上的电阻应变片按照"半桥"的形式组桥接线。

（3）用手稍微转动加力螺杆，施加预荷载，检查实验力传感器装置和应变仪是否正常工作。

（4）分四级加载，每级加载 50N（50N→100N→150N→200N），分别记录每级荷载下的应变值。

6.6.5 实验结果的处理

从 3 组实验数据中,选择较好的一组,按实验记录数据求出切变模量 G_i;采用端直法,按照式(6-28)计算材料的切变模量 G。

6.6.6 问题与讨论

试件尺寸和形式对测定切变模量 G 有无影响?

6.7 压杆稳定实验

6.7.1 实验目的

观察两端铰支细长压杆丧失稳定的现象;通过实验确定压杆临界载荷 F_{cr},并与理论计算结果进行比较;增强学生对压杆承载及失稳的感性认识,理解压杆是实际压杆的一种抽象模型。

6.7.2 实验原理和依据

由材料力学理论知识可知,两端铰支细长压杆的临界荷载为:

$$F_{cr理} = \frac{\pi^2 EI}{(\mu l)^2} \quad (6-29)$$

式中:$F_{cr理}$——临界荷载理论值(kN);

E——材料弹性模量(MPa);

I——惯性矩(mm^4);

μl——相当长度(mm)。

对于理想压杆,当压力 F 小于临界力 F_{cr} 时,压杆的直线平衡是稳定的,压力 F 与压杆中点的挠度 δ 的关系如图 6-14 中的直线 OA。当压力达到临界压力 F_{cr} 时,按照小挠度理论,F 与 δ 的关系是图中的水平线 AB。

实际压杆难免有初曲率,在压力偏心及材料不均匀等因素的影响下,使 F 远小于临界力 F_{cr} 时,压杆便出现弯曲,但这阶段的挠度 δ 不明显,且随 F 的增加而缓慢增长。如图 6-14 中的 OC 所示。当 F 接近 F_{cr} 时,δ 急剧增大,如图 6-14 中 CD 所示,它以直线 AB 为渐近线,因此,根据实际测出的 F-δ 曲线图,由 CD 的渐近线即可确定压杆的临界载荷 F_{cr}。

实验时,将矩形截面试件的两端,放在 V 形支座中,则试件两端所受的约束可视为铰支。为测定 F_{cr},压杆中点的变形可采用不同的测量方法。若用百分表测定压杆中点的挠度 δ,由于压杆的弯曲方向不能预知,须在试件中点左右顶表测量,宜用 10mm 量程的百分表,测杆应预压 5mm,以给测杆左右测量留有余地。由实验测试数据绘出 F-δ 曲线,根据曲线

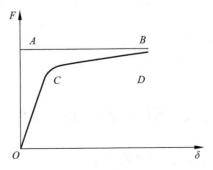

图 6-14 压力与挠度关系曲线

变化规律及发展趋势,可近似作出一条水平渐近线,此水平渐近线相应的荷载值,就称为临界压力 F_{cr}。

6.7.3 实验设备和材料

（1）材料力学多功能实验台；

（2）百分表：量程 0～3mm,精度 0.01mm；

（3）直尺：量程 150mm,精度 0.1mm；

（4）游标卡尺：量程 150mm,精度 0.02mm；

（5）不同形式的锚固夹头、压杆试件(Q335 材质)。

6.7.4 实验内容和步骤

（1）测量试件的长度 l 及横截面尺寸 h、b(取试件上、中、下三处平均值)。

（2）调整实验台上下锚固夹头距离至合适高度。用摆锤检查上、下 V 形槽是否错位,调整不错位后,将试件装入 V 形槽内。该压杆相当于长度为 l,两端铰支的细长压杆。

（3）用手稍微转动加力螺杆,使传感器支座轻松地接触试件；应变仪测力通道显示为"0"；调整百分表,使百分表与试件接触平面垂直,转动表盘使百分表指示为"0.00"mm 状态。

（4）加载前用欧拉公式求出压杆临界压力 F_{cr} 的理论值。加载分成两个阶段。达到理论临界荷载 F_{cr} 的 80% 前,由荷载控制,每增加一级荷载 ΔF,记录相应的百分表读数或应变值一次,超过 F_{cr} 的 80% 以后,改为由变形控制,每增加一定的挠度读取相应的荷载。直到 ΔF 变化很小,渐近线的趋势已经明显为止,卸去荷载。

在本实验中,如果发现连续增加位移量 2～3 次,荷载值几乎不变,在增加位移量时,荷载读数下降或上升,说明压杆的临界力已经出现,应立即停止加载。

（5）实验完毕后,卸载,关闭电源,清理配件,恢复仪器设备至原状态。

6.7.5 实验结果的处理

（1）实验过程中,分四级加载,每增加一级荷载(100N),记录一次百分表读数。

（2）实验过程中,当荷载超过 400N,百分表读数每增加 0.5mm 时,记录一次荷载值。

（3）连续增加位移量 2～3 次,荷载值几乎不变,增加位移量时,荷载读数下降或上升,说明压杆的临界力已经出现,应立即停止加载；保存记录好实验数据。

（4）绘制压力与挠度关系曲线,得出临界压力值。

6.7.6 问题与讨论

压杆失稳前后,荷载与变形的曲线关系有何变化？

6.8 组合梁弯曲的应力分析实验

6.8.1 实验目的

用电测法测定两种不同形式的组合梁横截面上的应变、应力分布规律；观察正应力与弯矩的线性关系；通过实验和理论分析深化对弯曲变形理论的理解，建立力学计算模型的思维方法。

6.8.2 实验原理和依据

实验装置及测试方法与纯弯梁的正应力实验基本相同。为更好地进行分析和比较，采用两种组合梁（即钢-铝组合梁，钢-钢组合梁）并且这两种组合梁的几何尺寸和受力情况相同。组合梁的受力情况以及各电阻应变片的位置如图 6-15 所示。

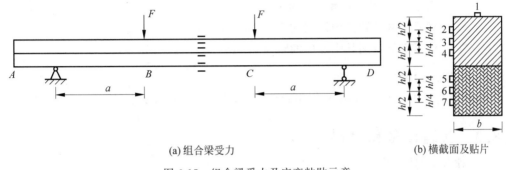

(a) 组合梁受力　　　　　　　　　(b) 横截面及贴片

图 6-15　组合梁受力及应变粘贴示意

1. 钢-铝组合梁

当两个同样大小的力 F 分别作用在组合梁上 B、C 点时，由梁的内力分析知道，BC 段上剪力为零，而弯矩 $M=Fa$，因此组合梁的 BC 段发生纯弯曲。根据单向受力假设，梁横截面上各点均处于单向应力状态，应用轴向拉伸时的胡克定律，即可通过测定的各点应变，计算出相应的实验应力。实验采用增量法，各点的实测应力增量表达式如式（6-19）所示。

对组合梁进行理论分析：假设两根梁之间相互密合无摩擦，变形后仍紧密叠合，该组合梁在弯曲后有两个中性层，由于所研究问题符合小变形理论，可以认为两根梁的曲率半径基本相等。设钢梁的弹性模量为 $E_{钢}$，所承受的弯矩 $M_{钢}$；铝梁的弹性模量为 $E_{铝}$，所承受的弯矩为 $M_{铝}$，则

$$M_{钢}+M_{铝}=M$$

由 $\dfrac{M_{钢}}{E_{钢}I_{钢}}=\dfrac{1}{\rho_{钢}}$，　$\dfrac{M_{铝}}{E_{铝}I_{铝}}=\dfrac{1}{\rho_{铝}}$

又由于 $\rho_{钢}\approx\rho_{铝}\Rightarrow\dfrac{M_{钢}}{E_{钢}I_{钢}}\approx\dfrac{M_{铝}}{E_{铝}I_{铝}}$

$$\Rightarrow M_{钢}=\dfrac{E_{钢}I_{钢}}{E_{钢}I_{钢}+E_{铝}I_{铝}}M \tag{6-30}$$

$$M_{铝}=\dfrac{E_{铝}I_{铝}}{E_{钢}I_{钢}+E_{铝}I_{铝}}M \tag{6-31}$$

因此：组合梁中钢梁和铝梁的正应力计算公式分别为：

$$\sigma_{钢}=M_{钢}\dfrac{y_1}{I_{钢}}=\dfrac{E_{钢}}{E_{钢}I_{钢}+E_{铝}I_{铝}}My_1 \tag{6-32}$$

$$\sigma_{\text{铝}} = M_{\text{铝}} \frac{y_2}{I_{\text{铝}}} = \frac{E_{\text{铝}}}{E_{\text{钢}} I_{\text{钢}} + E_{\text{铝}} I_{\text{铝}}} M y_2 \tag{6-33}$$

式中：$\sigma_{\text{钢}}$——组合梁中钢梁正应力值(MPa)；

$\sigma_{\text{铝}}$——组合梁中铝梁正应力值(MPa)；

$M_{\text{钢}}$——组合梁中钢梁弯矩值(kN·m)；

$M_{\text{铝}}$——组合梁中铝梁弯矩值(kN·m)；

$I_{\text{钢}}$——组合梁中钢梁对其中性轴的惯性矩(mm^4)；

$I_{\text{铝}}$——组合梁中铝梁对其中性轴的惯性矩(mm^4)；

y_1——钢梁上测点到其中性层的距离(mm)；

y_2——铝梁上测点到其中性层的距离(mm)。

2. 钢-钢组合梁

钢-钢组合梁的原理可参照钢-铝组合梁，自行推导其理论计算公式。

6.8.3 实验设备和材料

(1) 静态电阻应变仪；

(2) 材料力学多功能实验台；

(3) 贴有电阻应变片的矩形截面组合梁(钢-铝组合梁、钢-钢组合梁)；

(4) 游标卡尺：量程150mm，精度0.02mm；

(5) 其他辅助工具等。

6.8.4 实验内容和步骤

(1) 测量组合梁中各梁的横截面宽度b，高度h，力作用点到支座的距离以及各个测点到各自中性层的距离。

(2) 分级施加荷载，共分5级加载，每级荷载为500N，最大荷载为2500N。

(3) 接通静态电阻应变仪电源，分清各测点应变片的引线，把各个测点的应变片和公共补偿片接到应变仪相应的通道，调整应变仪零点和灵敏度值。

(4) 每增加一级荷载就记录一次各通道的应变值，直至加到$F_{\max}$。

(5) 按上面步骤再做一次。根据实验数据决定是否再做第3次。

(6) 更换组合梁，按照第(1)～第(5)步重新加载并记录数据。

(7) 测试完毕，将荷载卸去，关闭电源，清理现场，将所用仪器设备放回原位。

6.8.5 实验结果的处理

(1) 根据测得的各点应变值，计算出各点的平均应变的增量值$\Delta\varepsilon_{\text{实}i}$，由$\Delta\sigma_{\text{实}i} = E\Delta\varepsilon_{\text{实}i}$，计算1～8点的应力增量。

(2) 根据上面所得理论公式计算各点的理论应力增量并与$\Delta\sigma_{\text{理}i}$相比较。

(3) 将不同点的$\Delta\sigma_{\text{实}i}$与$\Delta\sigma_{\text{理}i}$绘在截面高度为纵坐标、应力大小为横坐标的平面内，即可得到梁截面上的实验与理论的应力分布曲线，将两者进行比较即可验证应力分布和应力公式。

6.8.6 问题与讨论

影响实验结果的主要因素是什么？

6.9 流体静力学实验

6.9.1 实验目的

加深理解流体静力学基本方程式及等压面的概念；观察封闭容器内静止液体表面压力及其液体内部某空间点上的压力；观察压力传递现象。

6.9.2 实验原理和依据

（1）重力作用下不可压缩流体静力学基本方程

$$z + \frac{p}{\rho g} = C \tag{6-34}$$

$$p = p_0 + \rho g h \tag{6-35}$$

式中：C——常数；
z——被测点相对基准面的位置高度（mm）；
p——被测点的静水压强（Pa）；
p_0——水箱中液面的表面压强（Pa）；
ρ——液体密度（kg/m³）；
h——被测点的液体深度（mm）；
g——重力加速度（N/kg）。

（2）油密度测量原理

测定油的密度 ρ_0，简单的方法是利用图 6-16 实验装置的 U 形测压管 8，再另备一根直尺直接测量。实验时需打开通气阀 4（图 6-17），使 $p_0 = 0$。若水的密度 ρ_w 已知，如图 6-16 所示，由等压面原理则有：

$$\frac{\rho_0}{\rho_w} = \frac{h_1}{H} \tag{6-36}$$

式中：h_1——水面高差值（mm）；
H——油液体高度值（mm）。

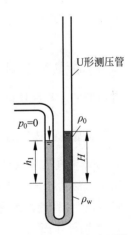

图 6-16 油的密度测量

6.9.3 实验设备和材料

（1）流体静力学仪；
（2）直尺：量程 250mm，精度 0.1mm；
（3）甘油、水。

6.9.4 实验内容和步骤

1. 定性分析实验内容和步骤

1) 测压管和连通管判定

按测压管和连通管的定义,实验装置流体静力学仪(图6-17)中管1、2、6、8都是测压管,当通气阀关闭时,管3无自由液面,是连通管。

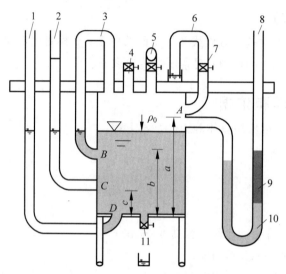

1—测压管;2—带标尺测压管;3—连通管;4—通气阀;5—加压打气球;6—真空测压管;
7—截止阀;8—U形测压管;9—油柱;10—水柱;11—减压放水阀

图6-17 流体静力学仪

2) 测压管高度、压强水头、位置水头和测压管水头判定

测点的测压管高度即为压强水头 $\frac{p}{\rho g}$,不随基准面的选择而变,位置水头 z 和测压管水头 $z+\frac{p}{\rho g}$ 随基准面选择而变。

3) 观察测压管水头线

测压管液面的连线就是测压管水头线。打开通气阀4,此时 $p_0=0$,那么管1、2、3均为测压管,从这三管液面的连线可以看出,对于同一静止液体,测压管水头线是一根水平线。

4) 判别等压面

关闭通气阀4,打开截止阀7,用打气球稍加压,使 $\frac{p_0}{\rho g}$ 约为0.02m,判别下列几个平面是不是等压面:

① 过 C 点作一水平面,相对管1、2、8及水箱中液体而言,这个水平面是不是等压面?

② 过U形测压管8中的油水分界面作一水平面,对管中液体而言,这个水平面是不是等压面?

③ 过真空测压管6中的液面作一水平面,对管中液体和方盒中液体而言,该水平面是不是等压面?

根据等压面判别条件：①连续介质；②同一介质；③单一重力作用。可判定上述 b、c 是等压面。在图 6-17 中，相对管 1、2 及水箱中液体而言，它是等压面，但相对 U 形测压管 8 中的水或油来讲，它都不是同一等压面。

5）观察真空现象

打开减压放水阀 11 降低箱内压强，使测管 2 的液面低于水箱液面，这时箱体内 $p_0 < 0$，再打开截止阀 7，在大气压力作用下，真空测压管 6 中的液面就会升到一定高度，说明箱体内出现了真空区域（即负压区域）。

6）观察负压下真空测压管 6 中液位变化

关闭通气阀 4，开启截止阀 7 和减压放水阀 11，待空气自管 2 进入圆筒后，观察真空测压管 6 中的液面变化。

2. 定量分析实验内容和步骤

1）测点静压强测量

根据基本操作方法，分别在 $p_0 = 0$，$p_0 > 0$，$p_0 < 0$ 与 $p_B < 0$ 条件下测量水箱液面标高 ∇_0 和测压管 2 液面标高 ∇_H，分别确定测点 A、B、C、D 的压强 p_A、p_B、p_C、p_D。

2）油的密度测定拓展实验

按实验原理，测定油的容重。

6.9.5 实验结果的处理

(1) 记录有关信息及实验常数。

记录各测点高程值：∇_B、∇_C 和 ∇_D；

记录实验基准面位置：z_C、z_D。

(2) 根据实验记录数据计算 $z_C + \dfrac{p_C}{\rho g}$、$z_D + \dfrac{p_D}{\rho g}$ 的结果，验证流体静力学基本方程。

6.9.6 问题与讨论

(1) 相对压强与绝对压强、相对压强与真空度之间有什么关系？

(2) 测压管能测量何种压强？

6.10 沿程水头损失实验

6.10.1 实验目的

测定等直圆管流动中不同雷诺数下的沿程阻力系数，并确定它们之间的关系；了解流体在管道中流动时能量损失的测量计算方法。

6.10.2 实验原理和依据

流体在管道中流动时，由于流体的黏性作用产生阻力，阻力表现为流体的能量损失。当对 L 长度两断面列能量方程时，可以求得 L 长度上的沿程水头损失。

根据达西公式：

$$h_f = \lambda \frac{L}{d} \cdot \frac{v^2}{2g} \tag{6-37}$$

可得：

$$\lambda = \frac{2h_f g d}{L v^2} \tag{6-38}$$

式中：d——实验管内径(mm)；

g——重力加速度(N/kg)；

λ——沿程阻力系数；

v——平均流速(m/s)；

h_f——水柱管高差值(mm)。

实验测得 $\Delta h (= h_f)$，再测量出流体的流量 Q，并计算出管道断面的平均流速 v，即可求得沿程阻力系数 λ。

6.10.3 实验设备和材料

(1) 沿程损失实验仪；

(2) 直尺：量程 250mm，精度 0.1mm；

(3) 秒表：精度为 0.1s；

(4) 量筒：容量 500mL。

6.10.4 实验内容和步骤

1. 实验前的准备

(1) 熟悉实验装置沿程损失实验仪(图 6-18)的结构及其操作流程。

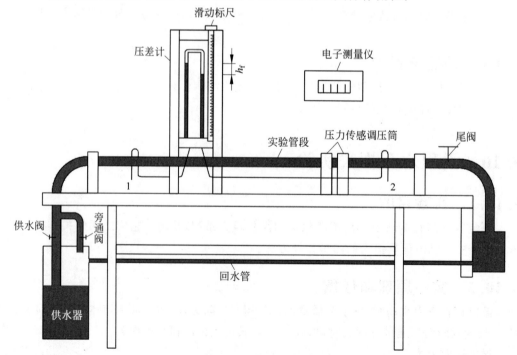

图 6-18 沿程损失实验仪

（2）启动水泵，调整上水阀，使稳压水箱有适量溢流，并排除压差板上测压玻璃管中的空气，移动滑尺，即可读取数据。

（3）测量管内径（d）及两测压点间距（L），并记录。

（4）测试并记录水温。

2. 测录数据

（1）调节出水阀门，使压差计的压差指示 Δh 约为 50mm，以这个压差为第一个实验点，记录相应的水流流量 Q（使用量杯测量出流体积，使用秒表测量出流时间）。

（2）逐次开大出水阀门的开度，使得压差指示 Δh 分别为 100mm 和 150mm；分别测读相应的压差值 Δh 和流量 Q。

（3）每组实验分别测量 3 次。

6.10.5 实验结果的处理

根据实验测量数据，计算流量、流速和沿程阻力系数。

$$\lambda = \frac{2gd\,\Delta h}{Lv^2} \tag{6-39}$$

式中：Δh——水柱高差值（mm），应换算成米水柱高（mH_2O）。

6.10.6 问题与讨论

（1）为什么压差计的水柱差就是沿程水头损失？

（2）实验管道倾斜安装是否影响实验成果？

6.11 伯努利方程实验

6.11.1 实验目的

观察流体流经能量方程实验管的能量转化情况，对实验中出现的现象进行分析，加深对能量方程的理解；掌握测量流体流速的方法。

6.11.2 实验原理和依据

不停运动着的一切物质，所具有的能量也在不停转化。在转化过程中，能量只能从一种形式转化为另一种形式，即遵守能量守恒定律。流体和其他物质一样，也具有动能和势能两种机械能，流体的动能与势能之间，机械能与其他形式的能量之间，也可互相转化，其转化关系，同样遵守能量转换守恒定律。

当理想不可压缩流体在重力场中沿管线作定常流动时，流体的流动遵循伯努利能量方程，即：

$$z + \frac{p}{\rho g} + \frac{u^2}{2g} = 常数 \tag{6-40}$$

式中：z——位置水头（mm）；

$z + \dfrac{p}{\rho g}$——测压管水头（mm）；

$\dfrac{u^2}{2g}$——流速水头(mm)。

实际流体都是有黏性的,因此在流动过程中由于摩擦而造成能量损失。此时的能量方程变为:

$$z + \dfrac{p}{\rho g} + \dfrac{u_1^2}{2g} = z + \dfrac{p}{\rho g} + \dfrac{u_i^2}{2g} + h_w \tag{6-41}$$

式中:u_1——进口断面流体速度;

u_i——某个断面流体速度($i=2,3,4\cdots$)。

总水头损失 h_w 是由沿程水头损失 h_f 和局部水头损失 h_j 两部分组成。

本实验就是通过观察和测量对流体在静止与流动时上述的能量转化与守恒定律的验证。

6.11.3　实验设备

(1) 伯努利方程实验仪;

(2) 秒表:精度为 0.1s;

(3) 量筒:容量 500mL。

6.11.4　实验内容和步骤

(1) 验证静压原理:启动伯努利方程实验仪(图 6-19)水泵,等水罐满管道后,关闭两端阀门,这时观察能量方程实验管上各个测压管的液柱高度相同,因管内的水不流动没有流动损失,因此静止不可压缩均布重力流体中,任意点单位质量的位势能和压力势能之和保持不变,测点的高度和测点的前后位置无关。

(2) 测速及数据处理:打开阀门,待管内流动稳定后,用秒表、塑料量杯与量筒测量水流的流量。记录不同测点处的管径、测量的流体体积、计时时间和压差。

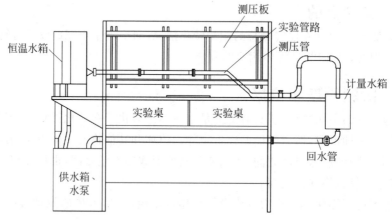

图 6-19　伯努利方程实验仪

6.11.5　实验结果的处理

能量方程实验管上的每一组测压管都相当于一个皮托管,可测得管内任意一点的流体速度,本实验仪器已将测压管开口位置设在能量方程实验管的轴心,故所测得流速为轴心处的,即最大流速。

(1) 根据下面公式计算某一工况各测点处的测量流量,计算流量、流量系数。

测量流量:
$$Q_1 = \frac{V}{t} \tag{6-42}$$

式中:V——液体体积(mL);
$\quad\quad t$——计算时间(s);
$\quad\quad Q_1$——测量流量(mL/s)。

皮托管测速(轴心速度):
$$u = \sqrt{2g\Delta h} \tag{6-43}$$

式中:u——轴心速度(r/min);
$\quad\quad \Delta h$——压差(mm)。

计算流量:
$$Q_2 = uA = u\frac{\pi d^2}{4} \tag{6-44}$$

流速系数:
$$\zeta = \frac{Q_1}{Q_2} \tag{6-45}$$

(2) 观察和计算能量方程实验管中能量损失的情况。在能量方程实验管上布置 4 组测压管,每组能测出全压和静压,全开阀门,观察总压沿着水流方向的下降情况,说明流体的总势能沿着流体的流动方向是减少的。

(3) 测量各测压点的高程。减小给水阀门的开度,用量杯和秒表测量流量,将测量数据及 4 组测压管液柱高度记入实验相关表格并计算其他参数(测量 10 次不同流量)。

6.11.6　问题与讨论

测压管水头线和总水头线的变化趋势有何不同?为什么?

6.12　雷诺实验

6.12.1　实验目的

了解流体的流动形态:观察实际的流线形状,判断其流动形态的类型;熟悉雷诺准数的测定和计算方法;确立"层流与湍流与 Re 之间有一定关系"的概念。

6.12.2　实验原理和依据

流体在流动过程中有 3 种不同的流动形态,即层流、湍流和介于两者之间的过渡流。雷诺用实验方法研究流体流动时,发现影响流体流动类型的因素除了流速 u 外,还有管径 d、流体的密度 ρ 以及黏度 μ,由这 4 个物理量组成的无因次数群:

$$Re = \frac{du\rho}{\mu} \tag{6-46}$$

式中：d——管径(mm)；
　　　u——流速(m/s)；
　　　ρ——流体密度(kg/m^3)；
　　　μ——黏度($Pa \cdot s$)；
　　　Re——雷诺数。

实验证明，流体在直管内流动时：

当 $Re \leqslant 2000$ 时，流体的流动类型为层流；

当 $Re \geqslant 4000$ 时，流体的流动类型为湍流；

当 $2000 < Re < 4000$ 时，流体的流动类型可能是层流，也可能是湍流，将这一范围称为不稳定的过渡区。

从雷诺数的定义式来看，对于同一管路 d 为定值时，u 仅为流量的函数。对于流体水来讲，ρ 及 μ 仅为温度的函数。因此确定了温度及流量即可计算出雷诺数 Re。

6.12.3 实验设备和材料

(1) 雷诺实验仪；

(2) 秒表：精度为 0.1s；

(3) 量筒：容量 500mL。

6.12.4 实验内容和步骤

1. 实验前的准备

(1) 打开雷诺实验仪(图 6-20)进水阀门后，启动水泵，向恒水位水箱加水。

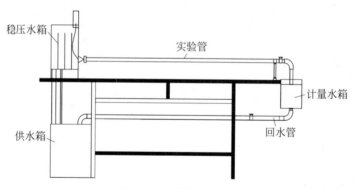

图 6-20　雷诺实验仪

(2) 水箱接近放满时，调节阀门，使水箱的水位达到溢流水平，并保持有一定的溢流。

(3) 适度打开出水阀门，使实验管出流，此时，恒水位水箱仍要求保持恒水位，否则，可再调节阀门，使其达到恒水位，应一直保持有一定的溢流(注意：整个实验过程中都应满足这个要求)。

(4) 测量并记录管的内径。

(5) 测量并记录水温。

2. 进行实验，观察流态

(1) 微开出水阀门，使实验管中水流有稳定而较小的流速。

(2) 微开色液罐下的小阀门,使色液从细管中不断流出,此时,可以看到管中的色液液流与管中的水流同步在直管中沿轴线向前流动,色液呈现一条细直线,说明在此流态下,有色液体流线没有与周围的液体混杂,而是层次分明的向前流动。此时的流体即为层流(若看不到这种现象,可再逐渐关小阀门,直到看到有色液体直线为止)。

(3) 缓慢增大阀门至一定开度时,可以观察到有色直线开始出现脉动,但流体质点还没有达到相互交换的程度。此时,即象征为流体流动状态开始转换的临界状态(上临界点),当时的流速即为上临界流速。

(4) 继续开大阀门,即会出现流体质点的横向脉动,继而色线会被全部扩散与水混合,此时的流态即为紊流。

(5) 此后,如果把阀门逐渐关小,关小到一定开度时,又可以观察到流体的流态从紊流转变到层流的临界状态(下临界点)。继续关小阀门,实验管中会再次出现细直色线,流体流态转变为层流。

3. 测定临界雷诺数 Re_c

(1) 开大出水阀门,并保持细管中有色液流出,使实验管中的水流处于紊流状态,看不到色液的流线。

(2) 缓慢地逐渐关小出水阀门,仔细观察实验管中的色液流动变化情况,当阀门关小到一定开度时,可看到实验管中色液出口处开始有有色脉动流线出现,但还没有达到转变为层流的状态,此时,即象征为紊流转变为层流的临界状态。

(3) 在此临界状态下用秒表、塑料量杯与量筒测量水流的流量。

6.12.5　实验结果的处理

根据测量数据,计算流量、临界流速和临界雷诺数。

$$Re_c = \frac{v_c d}{\nu} \tag{6-47}$$

式中:ν——水运动黏度(Pa·s)(根据实验水温确定);

v_c——临界流速(m/s);

d——实验管直径(mm);

Re_c——临界雷诺数。

6.12.6　问题与讨论

为何认为上临界雷诺数无实际意义,而采用下临界雷诺数作为层流与湍流的判据?

6.13　颗粒分析实验

6.13.1　实验目的

测定干土各粒组占该土总质量的百分数,以便了解土粒的组成情况。供砂类土的分类、判断土的工程性质及建材选料之用。

本实验采用的方法是筛析法。

6.13.2　实验原理和依据

土的颗粒组成在一定程度上反映了土的性质,工程上常依据颗粒组成对土进行分类。土的颗粒大小可以由颗粒分析实验来确定。颗粒分析实验可分为筛析法、密度计法、移液管法,对于粒径≥0.075mm 的土粒可用筛析法测定,而对于粒径<0.075mm 的土粒则用密度计法或移液管法来测定。筛分法是将土样通过各种不同孔径的筛子,并按筛子孔径的大小将颗粒加以分组,然后再称量并计算出各个粒组占总量的百分数。

本实验参照《土工试验方法标准》(GB/T 50123—2019)进行。

6.13.3　实验设备和材料

(1) 振筛机:应符合现行行业标准《实验室用标准筛振荡机技术条件》(DZ/T 0118—1994)的规定。

(2) 试验筛:应符合现行国家标准《试验筛　技术要求和检验　第 1 部分:金属丝编织网试验筛》(GB/T 6003.1—2012)的规定。

粗筛:孔径为 60mm、40mm、20mm、10mm、5mm、2mm。

细筛:孔径为 2.0mm、1.0mm、0.5mm、0.25mm、0.1mm、0.075mm。

参见《土木试验方法标准》(GB/T 50123—2019)。

(3) 天平:称量 1000g,分度值 0.1g;称量 200g,分度值 0.01g。

(4) 台秤:称量 5kg,分度值 1g。

(5) 其他:烘箱、量筒、漏斗、瓷杯、附带橡皮头研杵的研钵、瓷盘、毛刷、匙、木碾。

(6) 实验材料:

① 粒径<2mm 的土取 100~300g;

② 最大粒径<10mm 的土取 300~1000g;

③ 最大粒径<20mm 的土取 1000~2000g;

④ 最大粒径<40mm 的土取 2000~4000g;

⑤ 最大粒径<60mm 的土取 4000g 以上。

6.13.4　实验内容和步骤

1. 砂砾土

筛分法应按以下步骤进行:

(1) 按 6.13.3 节第(6)条的规定称取试样,称量应准确至 0.1g;当试样质量>500g 时,应准确至 1g。

(2) 将试样过 2mm 的细筛,分别称出筛上和筛下土质量。

(3) 若 2mm 筛下的土小于试样总质量的 10%,则可省略细筛筛析;若 2mm 筛上的土小于试样总质量的 10%,则可省略粗筛筛析。

(4) 取 2mm 筛上试样倒入依次叠好的粗筛最上层筛中;取 2mm 筛下试样倒入依次选好的细筛最上层筛中,进行筛析。

(5) 由最大孔径筛开始,顺序将各筛取下,称各级筛上及底盘内试样的质量,准确至 0.1g。

(6) 筛前试样总质量与筛后各级筛上和筛底试样质量的总和差值不得大于试样总质量的 1%。

2. 含有黏土粒的砂砾土

应按以下步骤进行(参考《土木试验方法标准》(GB/T 50123—2019)8.2.2节):

(1) 将土样放在橡皮板上用土碾将黏结的土团充分碾散,用四分法取样,取样时应按6.13.3节第(6)条的规定取代表性试样,置于盛有清水的瓷盆中,用搅棒搅拌,使试样充分湿润和粗细颗粒分离。

(2) 将湿润后的混合液过2mm细筛,边搅拌边冲洗过筛,直至筛上仅留大于2mm的土粒为止。然后将筛上的土烘干称量,准确至0.1g。按照6.13.4节第1条中第(3)款、第(4)款的规定进行粗筛筛析。

(3) 用带橡皮头的研杵研磨粒径<2mm的混合液,待稍沉淀,将上部悬液过0.075mm筛。再向瓷盆加清水研磨,静置过筛。如此反复,直至盆内悬液澄清。最后将全部土料倒在0.075mm筛上,用水冲洗,直至筛上仅留粒径大于0.075mm的净砂为止。

(4) 将粒径>0.075mm的净砂烘干称量,准确至0.01g。并应按6.13.4节第1条中第(3)款、第(4)款的规定进行细筛筛析。

(5) 将粒径>2mm的土和粒径为0.075~2mm的土的质量从原取土总质量中减去,即得粒径<0.075mm的土的质量。

(6) 当粒径<0.075mm的试样质量大于总质量的10%时,应按密度计法或移液管法测定粒径<0.075mm的颗粒组成。

6.13.5 实验结果的处理

(1) 小于某粒径的试样质量占试样总质量百分数应按式(6-48)计算:

$$X = \frac{m_A}{m_B} d_x \tag{6-48}$$

式中:X——小于某粒径的试样质量占试样总质量的百分比(%);

m_A——小于某粒径的试样质量(g);

m_B——当细筛分析时或用密度计法分析时所取试样质量(粗筛分析时则为试样总质量)(g);

d_x——粒径<2mm或粒径<0.075mm的试样质量占总质量的百分比(%)。

(2) 以小于某粒径的试样质量占试样总质量的百分数为纵坐标,颗粒粒径为横坐标,在单对数坐标上绘制颗粒大小分布曲线。

(3) 级配指标不均匀系数和曲率系数C_u、C_c应按式(6-49)、式(6-50)计算:

① 不均匀系数:

$$C_u = \frac{d_{60}}{d_{10}} \tag{6-49}$$

式中:C_u——不均匀系数;

d_{60}——限制粒径(mm),在粒径分布曲线上小于该粒径的土含量占总土质量的60%的粒径;

d_{10}——有效粒径(mm),在粒径分布曲线上小于该粒径的土含量占总土质量的10%的粒径。

② 曲率系数：

$$C_c = \frac{d_{30}^2}{d_{60} d_{10}} \tag{6-50}$$

式中：C_c——曲率系数；
　　　d_{30}——在粒径分布曲线上小于该粒径的土含量占总土质量的30%的粒径(mm)。

6.13.6　问题与讨论

(1) 筛分法适用于什么类型的土？
(2) 筛分法有哪些实验步骤？

6.14　界限含水率实验

6.14.1　实验目的

测定黏性土的液限 w_L 和塑限 w_P，并由此计算塑性指数 I_P。本实验采用的方法是液塑、限联合测定法。

6.14.2　实验原理和依据

液限、塑限联合测定法是根据圆锥仪的圆锥入土深度与其相应的含水率在双对数坐标上具有线性关系的特性来进行的。利用圆锥质量为76g的液塑限联合测定仪测得土在不同含水率时的圆锥入土深度，并绘制其关系直线图，在图上查得圆锥下沉深度为10mm所对应的含水率即为液限，查得圆锥下沉深度2mm所对应的含水率即为塑限。

本实验参照《土工试验方法标准》(GB/T 50123—2019)进行。

6.14.3　实验设备和材料

(1) 液塑限联合测定仪(图6-21)：有电磁吸锥、测读装置、升降支座等；
(2) 试样杯：直径40~50mm；高30~40mm；
(3) 天平：称量200g，分度值0.01g；
(4) 筛：孔径0.5mm；
(5) 其他：烘箱、干燥缸、铝盒、调土刀、凡士林；
(6) 实验材料：粒径<0.5mm以及有机质含量不大于干土质量5%的土。

6.14.4　实验内容和步骤

(1) 采用天然含水率或风干土制备试样。
(2) 当采用天然含水率土样时，应剔除粒径>0.5mm的颗粒，再分别按接近液限、塑限和二者的中间状态制备不同稠度的土膏，静置湿润。静置时间可视原含水率的大小而定。
(3) 当采用风干土样时，取过0.5mm筛的代表性土样约200g，分成3份，分别放入3个盛土皿中，加入不同数量的纯水，使其分别达到6.14.4节中所述的含水率，调成均匀土膏，放入密封的保湿缸中，静置24h。

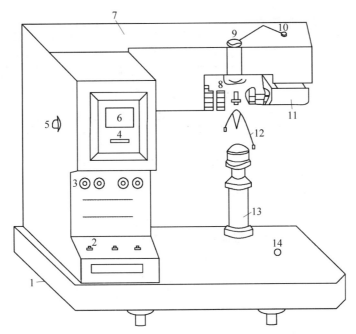

1—水平调节螺母；2—控制开关；3—指示灯；4—零线调节螺丝；5—反光镜调节螺丝；6—屏幕；7—机壳；8—物镜调节螺丝；9—电磁装置；10—光源调节螺丝；11—光源；12—圆锥仪；13—升降台；14—水平泡

图 6-21 光电式液塑限联合测定仪示意

(4) 将制备好的土膏用调土刀充分搅拌均匀，密实地填入试样杯中，应使空气逸出。高出试样杯的余土用刮土刀刮平，将试样杯放在仪器底座上。

(5) 取圆锥仪，在锥体上涂以薄层凡士林，接通电源，使电磁铁吸稳圆锥仪。

(6) 调节屏幕准线，使初始读数为零。调节升降座，使圆锥仪锥尖接触试样面，指示灯亮时，按下"测量"键，圆锥在自重下沉入试样内，经 5s 后测读圆锥下沉深度。然后取出试样杯，挖去锥尖入土处的凡士林，取锥体附近的试样不得少于 10g，放入称量盒内，称量，准确至 0.01g，按《土工试验方法标准》(GB/T 50123—2019) 中第 5.2 节的烘干法测定含水率。

(7) 重复步骤(4)~步骤(6)，测定其余 2 个试样的圆锥下沉深度和含水率。

6.14.5 实验结果的处理

(1) 以含水率为横坐标，圆锥下沉深度为纵坐标，在双对数坐标纸上绘制关系曲线。三点连一线，如图 6-22 中的 A 线。当三点不在一条直线上，通过高含水率的一点与其余两点连成两条直线，在圆锥下沉深度为 2mm 处查得相应的含水率，当两个含水率的差值<2%时，应以该两点含水率的平均值与高含水率的点连成一线，如图 6-22 中的 B 线。当两个含水率的差值≥2%时，应补做实验。

(2) 通过圆锥下沉深度与含水率关系图，查得下沉深度为 17mm 所对应的含水率为液限，下沉深度为 10mm 所对应的含水率为 10mm 液限；查得下沉深度为 2mm 所对应的含水率为塑限，以百分数表示，准确至 0.1%。

(3) 塑性指数和液性指数应该按式(6-51)、式(6-52)计算：

$$I_P = w_L - w_P \tag{6-51}$$

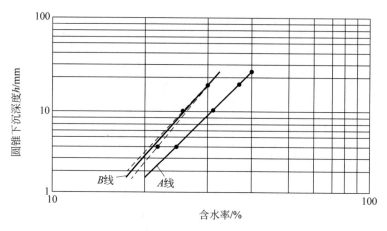

图 6-22　圆锥下沉深度与含水率关系图曲线

$$I_L = \frac{w_0 - w_P}{I_P} \tag{6-52}$$

式中：I_P——塑性指数；

　　　I_L——液性指数，精确至 0.01；

　　　w_0——风干含水率（或天然含水率）(%)；

　　　w_L——液限(%)；

　　　w_P——塑限(%)。

6.14.6　问题与讨论

（1）如何得到液限和塑限？

（2）如何计算塑性指数和液性指数？

6.15　常水头渗透实验

6.15.1　实验目的

测定粗粒土的渗透系数。

6.15.2　实验原理和依据

一般土中水的流速缓慢，属于层流，流动符合达西定律。

本实验参照《土工试验方法标准》(GB/T 50123—2019)进行。

6.15.3　实验设备和材料

（1）常水头渗透仪装置：封底圆筒的尺寸参数应符合现行国家标准《岩土工程仪器基本参数及通用技术条件》(GB/T 15406—2007)的规定；当使用其他尺寸的圆筒时，圆筒内径应大于试样最大粒径的 10 倍；玻璃测压管内径为 0.6cm，分度值为 0.1cm，如图 6-23 所示。

(2) 天平：称量 5000g，分度值 1.0g。
(3) 温度计：分度值 0.5℃。
(4) 其他：木锤、秒表。
(5) 实验材料：粗粒土。

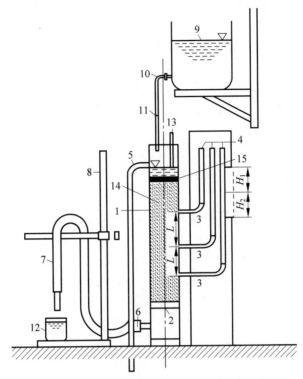

1—封底金属圆筒；2—金属孔板；3—测压孔；4—玻璃测压器；5—溢水孔；6—渗水孔；7—调节管；8—滑动支架；9—供水瓶；10—供水管；11—止水夹；12—容量为 500mL 的量筒；13—温度计；14—试样；15—砾石层

图 6-23　常水头渗透装置

6.15.4　实验内容和步骤

(1) 按图 6-23 装好仪器，检查各管路接头处是否漏水。将调节管与供水管连通，由仪器底部充水至水位略高于金属孔板，关止水夹。

(2) 取具有代表性的风干试样 3~4kg，称量准确至 1.0g，并测定试样的风干含水率。

(3) 将试样分层装入圆筒，每层 2~3cm，用木锤轻轻击实到一定厚度，以控制其孔隙比。试样含黏粒较多时，应在金属孔板上加铺厚约 2cm 的粗砂过渡层，防止实验时细粒流失，并量出过渡层厚度。

(4) 每层试样装好后，连接供水管和调节管，并由调节管中进水，微开止水夹，使试样逐渐饱和。当水面与试样顶面齐平，关止水夹。饱和时水流不应过急，以免冲动试样。

(5) 重复步骤(1)~步骤(4)的规定逐层装试样，至试样高出上测压孔 3~4cm 止。在试样上端铺厚约 2cm 砾石作缓冲层。待最后一层试样饱和后，继续使水位缓缓上升至溢水孔。当有水溢出时，关止水夹。

(6) 试样装好后测量试样顶部至仪器上口的剩余高度，计算净高。称剩余试样质量，准确至 1.0g，计算装入试样总质量。

（7）静置数分钟后，检查各测压管水位是否与溢水孔齐平。不齐平时，说明试样中或测压管接头处有集气阻隔，用吸水球进行吸水排气处理。

（8）提高调节管，使其高于溢水孔，然后将调节管与供水管分开，并将供水管置于金属圆筒内。开止水夹，使水由上部注入金属圆筒内。

（9）降低调节管口，使其位于试样上部 1/3 高度处，造成水位差使水渗入试样，经调节管流出。在渗透过程中应调节供水管夹，使供水管流量略多于溢出水量。溢水孔应始终有余水溢出，以保持常水位。

（10）测压管水位稳定后，记录测压管水位，计算各测压管间的水位差。

（11）开动秒表，同时用量筒接取经一定时间的渗透水量，并重复 1 次。接取渗透水量时，调节管口不得浸入水中。

（12）测量并记录进水与出水处的水温，取平均值。

（13）降低调节管管口至试样中部及下部 1/3 处，以改变水力坡降，按步骤（9）～步骤（12）重复进行测定。

（14）根据需要，可装数个不同孔隙比的试样，进行渗透系数的测定。

6.15.5 实验结果的处理

（1）常水头渗透实验渗透系数应按式（6-53）、式（6-54）计算：

$$k_T = \frac{2QL}{At(H_1 + H_2)} \tag{6-53}$$

$$k_{20} = k_T \frac{\eta_T}{\eta_{20}} \tag{6-54}$$

式中：k_T——水温 T 时试样的渗透系数（cm/s）；

Q——时间 t 内的渗透量（cm³）；

L——渗径（cm），等于两测压孔中心间的试样高度；

A——试样的断面面积（cm²）；

t——时间（s）；

H_1、H_2——水位差（cm）；

k_{20}——标准水温（20℃）时试样的渗透系数（cm/s）；

η_T——T 时水的动力黏滞系数（1×10^{-6} kPa·s）；

η_{20}——20℃时水的动力黏滞系数（1×10^{-6} kPa·s）。

比值 $\frac{\eta_T}{\eta_{20}}$ 与温度的关系参照《土工试验方法标准》（GB/T 50123—2019）表 8.3.5-1 执行。

（2）当进行不同孔隙比下的渗透实验时，可在半对数坐标上绘制以孔隙比为纵坐标，渗透系数为横坐标的 e-k 关系曲线。

6.15.6 问题与讨论

（1）常水头渗透实验适用于什么类型的土？

（2）常水头渗透实验步骤有哪些？

6.16 标准固结实验

6.16.1 实验目的

测定试样在侧限与轴向排水条件下的压缩变形 Δh 和荷载 P 的关系,以便计算土的压缩系数 a_v、压缩指数 C_c 和压缩模量 E_s 等压缩性指标。

6.16.2 实验原理和依据

土的压缩性主要是由于孔隙体积减小而引起的。饱和土中,水具有流动性,在外力作用下沿着土中孔隙排出,从而引起土体积减小而发生压缩。实验时由于金属环刀及刚性护环所限,土样在压力作用下只能在竖向产生压缩,而不可能产生侧向变形,故称为侧限压缩。

本实验参照《土工试验方法标准》(GB/T 50123—2019)进行。

6.16.3 实验设备和材料

(1) 固结容器:由环刀、护环、透水板、加压上盖和量表架等组成,如图 6-24 所示。

(2) 加压设备:可采用量程为 5~10kN 杠杆式或其他加压设备,其最大允许误差应符合现行国家标准《土工试验仪器 固结仪 第 1 部分:单杠杆固结仪》(GB/T 4935.1—2008)、《土工试验仪器 固结仪 第 2 部分:气压式固结仪》(GB/T 4935.2—2009)的相关规定。

(3) 变形测量设备:百分表量程 10mm,分度值 0.01mm,或最大允许误差应为±0.2% F.S(full scale,满量程)的位移传感器。

(4) 其他:刮土刀、钢丝锯、天平、秒表。

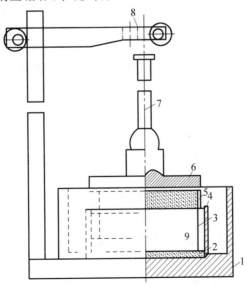

1—水槽;2—护环;3—环刀;4—导环;5—透水板;6—加压上盖;7—位移计导杆;8—位移计架;9—试样

图 6-24 固结容器示意

6.16.4 实验内容和步骤

(1) 根据工程需要,切取原状土试样或制备给定密度与含水率的扰动土试样。制备方法应按《土工试验方法标准》(GB/T 50123—2019)4.3 节、4.4 节执行。

(2) 冲填土应先将土样调成液限或 1.2~1.3 倍液限的土膏,拌和均匀,在保湿器内静置 24h。然后把环刀倒置于小玻璃板上用调土刀把土膏填入环刀,排除气泡刮平,称量。

(3) 试样的含水率及密度的测定应符合《土工试验方法标准》(GB/T 50123—2019)5.2.2 条、6.2.2 条的规定。对于扰动试样需要饱和时,应按《土工试验方法标准》(GB/T 50123—2019)4.6 节规定的方法将试样进行饱和。

(4) 在固结容器内放置护环、透水板和薄滤纸,将带有环刀的试样小心装入护环,然后在试样上放薄滤纸、透水板和加压盖板,置于加压框架下,对准加压框架的正中,安装量表。

(5) 为保证试样与仪器上下各部件之间接触良好,应施加 1kPa 的预压压力,然后调整量表,使读数为零。

(6) 确定需要施加的各级压力。加压等级宜为 12.5kPa、25kPa、50kPa、100kPa、200kPa、400kPa、800kPa、1600kPa、3200kPa。最后一级的压力应大于上覆土层的计算压力 100~200kPa。

(7) 需要确定原状土的先期固结压力时,加压率宜<1,可采用 0.5 或 0.25。最后一级压力应使 $e\text{-}\lg p$ 曲线下段出现较长的直线段。

(8) 第 1 级压力的大小视土的软硬程度宜采用 12.5kPa、25.0kPa 或 50.0kPa(第 1 级实加压力应减去预压压力)。只需测定压缩系数时,最大压力≥400kPa。

(9) 如系饱和试样,则在施加第 1 级压力后,立即向水槽中注满水。对非饱和试样,须用湿棉围住加压盖板四周,避免水分蒸发。

(10) 需测定沉降速率时,加压后宜按下列时间顺序测记量表读数:6s、15s、1min、2min15s、4min、6min15s、9min、12min15s、16min、20min15s、25min、30min15s、36min、42min15s、49min、64min、100min、200min、400min、23h 和 24h 至稳定为止。

(11) 当不需要测定沉降速率时,稳定标准规定为每级压力下固结 24h 或试样变形每小时变化≤0.01mm。测记稳定读数后,再施加第 2 级压力。依次逐级加压至实验结束。

(12) 需要做回弹实验时,可在某级压力(大于上覆有效压力)下固结稳定后卸压,直至卸至第 1 级压力。每次卸压后的回弹稳定标准与加压相同,并测记每级压力及最后一级压力时的回弹量。

(13) 需要做次固结沉降实验时,可在主固结实验结束继续实验至固结稳定为止。

(14) 实验结束后,迅速拆除仪器各部件,取出带环刀的试样。需测定实验后含水率时,则用干滤纸吸去试样两端表面上的水,测定其含水率。

6.16.5 实验结果的处理

(1) 固结实验各项指标计算应符合下列规定:

① 试样的初始孔隙比 e_0 应按式(6-55)计算:

$$e_0 = \frac{\rho_w G_s (1 + 0.01 w_0)}{\rho_0} - 1 \tag{6-55}$$

式中：e_0——初始孔隙比；

ρ_w——水的密度（g/cm³）；

G_s——土粒密度（g/cm³）；

w_0——试样初始含水率（%）；

ρ_0——试样初始密度（g/cm³）。

② 各级压力下固结稳定后的孔隙比 e_i 应按式（6-56）计算：

$$e_i = e_0 - (1 + e_0) \frac{\sum \Delta h_i}{h_0} \tag{6-56}$$

式中：e_i——某级压力下的孔隙比；

$\sum \Delta h_i$——某级压力下试样的高度总变形量（cm）；

h_0——试样初始高度（cm）。

③ 某一压力范围内的压缩系数 a_v 应按式（6-57）计算：

$$a_v = \frac{e_i - e_{i+1}}{p_i - p_{i+1}} \times 10^3 \tag{6-57}$$

式中：p_i——某一单位压力值（kPa）。

④ 某一压力范围内的压缩模量 E_s 和体积压缩系数 m_v 应按式（6-58）、式（6-59）计算：

$$E_s = \frac{1 + e_0}{a_v} \tag{6-58}$$

$$m_v = \frac{1}{E_s} = \frac{a_v}{1 + e_0} \tag{6-59}$$

式中：E_s——压缩模量（MPa）；

m_v——体积压缩系数（MPa⁻¹）。

⑤ 压缩指数 C_c 及回弹指数 C_s（C_c 即 e-$\lg p$ 曲线直线段的斜率。用同样方法求其平均斜率，即 C_s）应按式（6-60）计算：

$$C_c \text{ 或 } C_s = \frac{e_i - e_{i+1}}{\lg p_{i+1} - \lg p_i} \tag{6-60}$$

式中：C_c——压缩指数；

C_s——回弹指数。

（2）以孔隙比 e 为纵坐标，单位压力 p 为横坐标，绘制孔隙比与单位压力的曲线。

（3）原状土的先期固结压力 p_c 的确定方法可按图 6-25 执行，用适当比例的纵横坐标作 e-$\lg p$ 曲线，在曲线上找出最小曲率半径 $R_{\min}$ 点 O。过 O 点作水平线 OA、切线 OB 及 $\angle AOB$ 的平分线 OD，OD 与曲线的直线段 C 的延长线交于点 E，则对应 E 点的压力值即为该原状土的先期固结压力。

（4）固结系数 C_v 应按下列方法求算：

① 时间平方根法：对于某一压力，以量表读数 d 为纵坐标，时间平方根 $\sqrt{t}$（min）为横坐标，绘制 d-$\sqrt{t}$ 曲线，如图 6-26 所示。延长 d-$\sqrt{t}$ 曲线开始段的直线，交纵坐标轴于 d_s（d_s

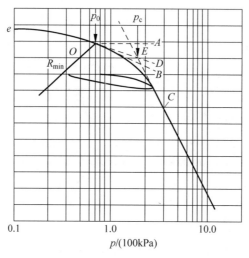

图 6-25　e-$\lg p$ 曲线和求 p_c 示意

称理论零点)。过 d_s 绘制另一直线,令其横坐标为前一直线横坐标的 1.15 倍,则后一直线与 d-$\sqrt{t}$ 曲线交点所对应的时间的平方根即为试样固结度达 90% 所需的时间 t_{90}。该压力下的固结系数应按式(6-61)计算:

$$C_v = \frac{0.848\overline{h}^2}{t_{90}} \tag{6-61}$$

式中:C_v——固结系数(cm^2/s);

$\overline{h}$——最大排水距离,等于某一压力下试样初始与终了高度的平均值的一半(cm);

t_{90}——固结度达 90% 所需时间(s)。

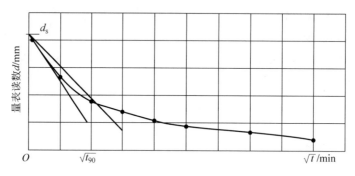

图 6-26　时间平方根法求 t_{90}

② 时间对数法:对于某一压力,以量表读数 d(mm)为纵坐标,以时间(min)为横坐标,绘制 d-$\lg t$ 曲线,如图 6-27 所示。延长 d-$\lg t$ 曲线的开始线段,选任一时间 t_1,相对应的量表读数为 d_1,再取时间 $t_2 = \dfrac{t_1}{4}$,相对应的量表读数为 d_2,则 $2d_2 - d_1$ 之值为 d_{01}。如此再选取另一时间,依同样方法求得 d_{02}、d_{03}、d_{04} 等,取其平均值即为理论零点 d_0。延长曲线中部得直线段和通过曲线尾部数点切线得交点即为理论终点 d_{100},则 $d_{50} = \dfrac{d_0 + d_{100}}{2}$,对应

于 d_{50} 的时间即为试样固结度达到50%所需的时间 t_{50}。该压力下的固结系数 C_v 应按式(6-62)计算：

$$C_v = \frac{0.197\overline{h^2}}{t_{50}} \tag{6-62}$$

式中：t_{50}——固结度达50%所需时间(s)。

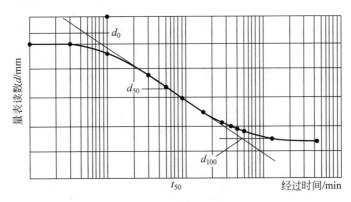

图 6-27 时间对数法求 t_{50}

（5）对于某一压力，以孔隙比 e 为纵坐标，时间在对数(min)横坐标上，绘制 e-$\lg t$ 曲线。主固结结束后实验曲线下部的直线段的斜率为次固结系数。次固结系数应按式(6-63)计算：

$$C_a = \frac{-\Delta e}{\lg\left(\dfrac{t_2}{t_1}\right)} \tag{6-63}$$

式中：C_a——次固结系数；

Δe——对应时间 t_1 到 t_2 的孔隙比的差值；

t_1、t_2——次固结某一时间(min)。

6.16.6 问题与讨论

（1）标准固结实验的目的是什么？

（2）标准固结实验需要用到哪些仪器设备？

6.17 直接剪切实验

6.17.1 实验目的

直接剪切实验是测定土的抗剪强度的一种常用方法。通常采用4个试样为一组，分别在不同的垂直压力 σ 下，施加水平剪应力进行剪切，求得破坏时的剪应力 τ，然后根据库仑定律确定土的抗剪强度参数内摩擦角 φ 和凝聚力 c。

6.17.2 实验原理和依据

实验时，垂直压力由杠杆系统通过加压活塞和透水石传给土样，水平剪应力则由轮轴推动活动的下剪切盒施加给土样。土体的抗剪强度可由量力环测定,剪切变形由百分表测定。在施加每一级法向应力后,匀速增加剪切面上的剪应力,直至试样剪切破坏。本实验分为快剪、固结快剪和慢剪 3 种。

本实验参照《土工试验方法标准》(GB/T 50123—2019)进行。

6.17.3 实验设备和材料

(1) 应变控制式直剪仪:包括剪切盒(水槽、上剪切盒、下剪切盒),垂直加压框架,负荷传感器或测力计及推动机构等,如图 6-28 所示。其技术条件应符合现行国家标准《岩土工程仪器基本参数及通用技术条件》(GB/T 15406—2007)的规定。

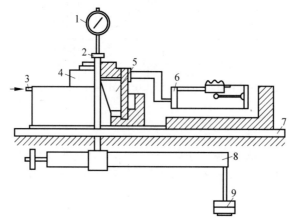

1—垂直变形百分表;2—垂直加压框架;3—推动座;4—剪切盒;5—试样;
6—测力计;7—台板;8—杠杆;9—砝码

图 6-28 应变控制式直剪仪结构示意

(2) 环刀:内径 6.18cm,高 2cm。

(3) 位移传感器或位移计(百分表):量程 5~10mm,分度值 0.01mm。

(4) 天平:称量 500g,分度值 0.1g。

(5) 其他:饱和器、削土刀或钢丝锯、秒表、滤纸、直尺。

(6) 实验材料:快剪实验和固结快剪实验的土样宜为渗透系数 $<1\times10^{-6}$ cm/s 的细粒土。

6.17.4 实验内容和步骤

1. 试样制备

1) 黏性土试样制备

(1) 从原状土样中切取原状土试样或制备给定干密度及含水率的扰动土试样。制备方法参照《土工试验方法标准》(GB/T 50123—2019)4.5 节的规定。

(2) 测定试样的含水率及密度,参照《土工试验方法标准》(GB/T 50123—2019)5.2 节及 6.2 节的规定。对于试样需要饱和时,应按《土工试验方法标准》(GB/T 50123—2019)4.6 节规定的方法进行抽气饱和。

2)砂类土试样制备

(1)取过 2mm 筛孔的代表性风干砂样 1200g 备用。按要求的干密度称每个试样所需风干砂量,准确至 0.1g。

(2)对准上、下剪切盒,插入固定销,将洁净的透水板放入剪切盒内。

(3)将准备好的砂样倒入剪力盒内,抚平表面,放上一块硬木块,用手轻轻敲打,使试样达到要求的干密度,然后取出硬木块。

3)垂直压力

应符合下列规定:每组实验应取 4 个试样,在 4 种不同垂直压力下进行剪切实验。可根据工程实际和土的软硬程度施加各级垂直压力,垂直压力的各级差值要大致相等。也可取垂直压力分别为 100kPa、200kPa、300kPa、400kPa,各个垂直压力可一次轻轻施加,若土质松软,也可分级施加以防试样挤出。

2. 试样安装与剪切

1)快剪实验

① 对准上、下剪切盒,插入固定销。在下剪切盒内放不透水板。将装有试样的环刀平口向下,对准剪切盒口,在试样顶面放不透水板,然后将试样徐徐推入剪切盒内,移去环刀。对于砂类土,应按 6.17.4 节"试样制备"中第 2)款的规定制备与安装试样。

② 转动手轮,使上剪切盒前端钢珠刚好与负荷传感器或测力计接触。调整负荷传感器或测力计读数为零。顺次加上加压板、钢珠、加压框架,安装垂直位移传感器或位移计,测记起始读数。

③ 按 6.17.4 节中第 3)款的规定施加垂直压力。

④ 施加垂直压力后,立即拔去固定销。开动秒表,宜采用 0.8~1.2mm/min 的速率剪切,4~6r/min 的均匀速度旋转手轮,使试样在 3~5min 内剪损。当剪应力的读数达到稳定或有显著后退时,表示试样已剪损,宜剪至剪切变形达到 4mm。当剪应力读数继续增加时,剪切变形应达到 6mm 为止,手轮每转一转,同时测记负荷传感器或测力计读数并根据需要测记垂直位移读数,直至剪损为止。

⑤ 剪切结束后,吸去剪切盒中积水,倒转手轮,移去垂直压力、框架、钢珠、加压盖板等,取出试样。需要时,测定剪切面附近土的含水率。

2)固结快剪实验

① 试样安装和定位应符合 6.17.4 节"试样制备"中第 1)款规定。试样上下两面放湿滤纸和透水板。

② 当试样为饱和样时,施加垂直压力 5min 后,往剪切盒水槽内注满水;当试样为非饱和土时,仅在活塞周围包以湿棉花,防止水分蒸发。

③ 在试样上施加规定的垂直压力后,测记垂直变形读数。当每小时垂直变形读数变化≤0.005mm 时,认为已达到固结稳定。试样也可在其他仪器上固结,然后移至剪切盒内,继续固结至稳定后,再进行剪切。

④ 试样达到固结稳定后,剪切应按 6.17.4 节中"试样安装与剪切"第 1)款中第④项执行,剪切后取试样测定剪切面附近试样的含水率。

3)慢剪实验

① 按照 6.17.4 节中"试样安装与剪切"第 1)款第①~②项规定安装试样;试样固结参

照 6.17.4 节中"试样安装与剪切"第 2)款中第①~③项规定。待试样固结稳定后进行剪切。剪切速率应<0.02mm/min。也可按式(6-64)估算剪切破坏时间：

$$t_f = 50 t_{50} \tag{6-64}$$

式中：t_f——达到破坏所经历的时间(min)。

② 剪损标准应按 6.17.4 节中"试样安装与剪切"第 1)款中第④项的规定选取。

③ 应按 6.17.4 节中"试样安装与剪切"第 1)款中第⑤项固定进行拆卸试样及测定含水率。

6.17.5　实验结果的处理

(1) 试样的剪切应力应按式(6-65)计算：

$$\tau = \frac{CR}{A_0} \times 10 \tag{6-65}$$

式中：τ——剪应力(kPa)；
　　　C——测力计率定系数(N/(0.01mm))；
　　　R——测力计读数(0.01mm)；
　　　A_0——试样初始的面积(cm^2)。

(2) 以剪应力为纵坐标，剪切位移为横坐标，绘制剪应力 τ 与剪切位移 ΔL 关系曲线。

(3) 选取剪应力 τ 与剪切位移 ΔL 关系曲线上的峰值点或稳定值作为抗剪强度 S。当无明显峰点时，取剪切位移 $\Delta L = 4$mm 对应的剪应力作为抗剪强度 S。

(4) 以抗剪强度 S 为纵坐标，垂直单位压力 p 为横坐标，绘制抗剪强度 S 与垂直压力 p 的关系曲线。根据图上各点，绘一视测的直线。直线的倾角为土的内摩擦角 φ，直线在纵坐标轴上的截距为土的黏聚力 c。各种实验方法所测得的 c、φ 值，快剪实验应表示为 c_q 及 φ_q；固结快剪实验应表示为 c_{cq} 及 φ_{cq}；慢剪实验应表示为 c_s 及 φ_s。

6.17.6　问题与讨论

(1) 直接剪切实验分为哪几种方法？

(2) 直接剪切实验是要测定土的什么参数？

6.18　三轴压缩实验

6.18.1　实验目的

三轴压缩实验是测定土的抗剪强度的一种方法。根据莫尔-库仑理论，确定土的抗剪强度参数 c、φ 值。同时，实验过程如果测得了孔隙水压力，还可以确定土体的有效抗剪强度指标 c'、φ' 和孔隙水压力系数等。

根据排水条件的不同，本实验可分为不固结不排水剪、固结不排水剪和固结排水剪 3 种实验类型。

6.18.2　实验原理和依据

土的抗剪强度是土体抵抗破坏的极限能力，即土体在各向主应力的作用下，在某一应力面上的剪应力(τ)与法向应力(σ)之比达到某一比值,土体就将沿该面发生剪切破坏。常规的三轴压缩实验是取 4 个圆柱体试样,分别在其四周施加不同的周围压力(即小主应力)σ_3,随后逐渐增加轴向压力(即大主应力)σ_1直至破坏为止。根据破坏时的大主应力与小主应力分别绘制莫尔圆,莫尔圆的切线就是剪应力与法向应力的关系曲线。

本实验的主要依据为《土工试验方法标准》(GB/T 50123—2019)。

6.18.3 实验设备和材料

(1) 三轴仪(图 6-29):由反压力控制系统、周围压力控制系统、压力室、孔隙水压力测量系统组成。其技术条件应符合现行国家标准《岩土工程仪器基本参数及通用技术条件》(GB/T 15406—2007)及《土工试验仪器 三轴仪 第 1 部分:应变控制式三轴仪》(GB/T 24107.1—2009)的规定。

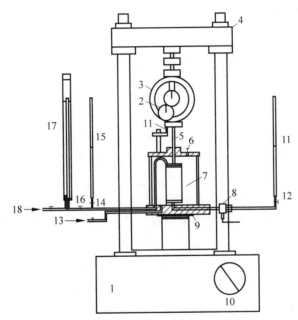

1—试验机;2—轴向位移计;3—轴向测力计;4—试验机横梁;5—活塞;6—排气孔;7—压力室;
8—孔隙压力传感器;9—升降台;10—手轮;11—排水管;12,14—排水管阀;13—周围压力;
15—量水管;16—体变管阀;17—体变管;18—反压力

图 6-29 三轴仪示意

(2) 附属设备:击实器、饱和器、切土盘、切土器和切土架、原状土分样器、承膜筒、制备砂样圆模(用于冲填土或砂性土)。

(3) 天平:称量 200g,分度值 0.01g;称量 1000g,分度值 0.1g;称量 5000g,分度值 1g。

(4) 负荷传感器:轴向力的最大允许误差为±1%。

(5) 位移传感器(或量表):量程 30mm,分度值 0.01mm。

(6) 橡皮膜:对直径为 39.1mm 和 61.8mm 的试样,橡皮膜厚度宜为 0.1~0.2mm;对直径为 101mm 的试样,橡皮膜厚度宜为 0.2~0.3mm。

(7) 透水板:直径与试样直径相等,其渗透系数宜大于试样的渗透系数,使用前在水中煮沸并泡于水中。

(8) 实验时的仪器应符合下列规定：

① 根据试样的强度大小，选择不同量程的测力计。

② 孔隙水压力测量系统的气泡应排除，其方法是：孔隙水压力测量系统中充以无气水并施加压力，小心地打开孔隙压力阀，让管路中的气泡从压力室底座排出；应反复几次直到气泡完全冲出为止。孔隙水压力测量系统的体积因数应 $<1.5\times10^{-5}\,cm^3/kPa$。

③ 排水管路应通畅，活塞在抽套内应能自由滑动，各连接处应无漏水漏气现象；仪器检查完毕，关周围压力阀、孔隙压力阀和排水阀以备使用。

④ 橡皮膜在使用前应仔细检查，其方法是扎紧两端，在膜内充气，然后沉入水下检查，应无气泡溢出。

(9) 实验材料：土样粒径应 $<20\,mm$。

6.18.4　实验内容和步骤

1. 试样的制备和饱和

参照《土工试验方法标准》(GB/T 50123—2019)中19.3条的规定执行。

2. 不固结不排水剪实验

1) 试样的安装应按下列步骤进行：

(1) 对压力室底座充水，在底座上放置不透水板，并依次放置试样、不透水板及试样帽。对于砂性土的试样安装，参照《土工试验方法标准》(GB/T 50123—2019)中19.3.1条第4款的规定进行。

(2) 将橡皮膜套在承膜筒内，两端翻出筒外从吸气孔吸气，使膜贴紧承膜筒内壁，套在试样外，放气，翻起橡皮膜的两端，取出承膜筒。用橡皮圈将橡皮膜分别扎紧在压力室底座和试样帽上。

(3) 装上压力室罩。安装时应先将活塞提升，以防碰撞试样，压力室罩安放后，将活塞对准试样帽中心，并均匀地旋紧螺丝。

(4) 开排气孔，向压力室充水，当压力室内快注满水时，降低进水速度，水从排气孔溢出时，关闭排气孔。

(5) 关体变传感器或体变管阀及孔隙压力阀，开周围压力阀，施加所需的周围压力。周围压力大小应与工程的实际小主应力相适应，并尽可能使最大周围压力与土体的最大实际小主应力大致相等，也可按 100kPa、200kPa、300kPa、400kPa 施加。

(6) 上升升降台，当轴向测力计有微读数时表示活塞已与试样帽接触。然后将轴向负荷传感器或测力计、轴向位移传感器或位移计的读数调整到零位。

2) 剪切试样应按下列步骤进行：

(1) 剪切应变速率宜为 (0.5%~1.0%)/min。

(2) 开动试验机，进行剪切。开始阶段，试样每产生轴向应变 0.3%~0.4% 时，测记轴向力和轴向位移读数各 1 次。当轴向应变达 3% 后，读数间隔可延长为每产生轴向应变 0.7%~0.8% 时各测记 1 次。当接近峰值时应加密读数。当试样为特别硬脆或软弱土时，可加密或减少测读的次数。

(3) 当出现峰值后，再继续剪切 3%~5% 轴向应变；轴向力读数无明显减少时，则剪切至轴向应变达 15%～20%。

（4）实验结束后，关闭电动机，下降升降台，开排气孔，排去压力室内的水，拆除压力室罩，擦干试样周围的余水，脱去试样外的橡皮膜，描述破坏后形状，称试样质量，测定实验后含水率。对于直径为 39.1mm 的试样，宜取整个试样烘干；直径为 61.8mm 和 101mm 的试样，可切取剪切面附近有代表性的部分土样烘干。

3．固结不排水剪实验

1）试样的安装应按下列步骤进行：

（1）开孔隙压力阀及量管阀，使压力室底座充水排气，并关阀。然后放上试样，试样上端放一湿滤纸及透水板。在其周围贴上 7～9 条浸湿的滤纸条，滤纸条宽度为试样直径的 1/5～1/6。滤纸条两端与透水石连接，当要施加反压力饱和试样时，所贴的滤纸条必须中间断开约试样高度的 1/4，或自底部向上贴至试样高度 3/4 处。

（2）应按 6.18.4 节第 2 条第 1）款中第（2）项的规定将橡皮膜套在试样外。橡皮膜下端扎紧在压力室底座上。

（3）用软刷子或双手自下向上轻轻按抚试样，以排除试样与橡皮膜之间的气泡。对于饱和软黏土，可开孔隙压力阀及量管阀，使水徐徐流入试样与橡皮膜之间，以排除夹气，然后关闭。

（4）开排水管阀，使水从试样帽徐徐流出以排除管路中气泡，并将试样帽置于试样顶端。排除顶端气泡，将橡皮膜扎紧在试样帽上。

（5）降低排水管，使其水面至试样中心高程以下 20～40cm，吸出试样与橡皮膜之间多余水分，然后关排水管阀。

（6）应按 6.18.4 节第 2 条第 1）款中第（3）、（4）项的规定，装上压力室罩并注满水。然后放低排水管使其水面与试样中心高度齐平，测记其水面读数，并关排水管阀。

2）试样排水固结应按下列步骤进行：

（1）使量管水面位于试样中心高度处，开量管阀，测读传感器，记下孔隙压力起始读数，然后关量管阀。

（2）施加周围压力应符合 6.18.4 节第 2 条 1）款中第（5）项的规定，并调整负荷传感器或测力计、轴向位移传感器或位移计的读数。

（3）打开孔隙压力阀，测记稳定后的孔隙压力读数，减去孔隙压力计起始读数，即为周围压力与试样的初始孔隙压力。

（4）开排水管阀，按 0、0.25min、1min、4min、9min 等时间测记排水读数及孔隙压力计读数。固结度至少应达到 95%，固结过程中可随时绘制排水量 ΔV 与时间平方根或时间对数曲线及孔隙压力消散度与时间对数曲线。若试样的主固时间已经掌握，也可不读排水管和孔隙压力的过程读数。

（5）当要求对试样施加反压力时，则应符合《土工试验方法标准》(GB/T 50123—2019) 19.3.2 条第 3 款的规定。关体变管阀，增大周围压力，使周围压力与反压力之差等于原来选定的周围压力，记录稳定的孔隙压力读数和体变管水面读数作为固结前的起始读数。

（6）开体变管阀，让试样通过体变管排水，并按步骤（2）～步骤（4）进行排水固结。

（7）固结完成后，关闭排水管阀或体变管阀，记录体变管或排水管和孔隙压力的读数。开动试验机，到轴向力读数开始微动时，表示活塞已与试样接触，记录轴向位移读数，即为固

结下沉量 Δh。以此算出固结后试样高度 h_c,然后将轴向力和轴向位移读数都调至零。

(8) 其余几个试样按同样方法安装试样,并在不同周围压力下排水固结。

3) 剪切试样应按下列步骤进行:

(1) 剪切应变速率宜为(0.05%～0.10%)/min,粉土剪切应变速率宜为(0.1%～0.5%)/min。

(2) 开始剪切试样。测力计、轴向变形、孔隙水压力的测记应符合 6.18.4 节第 3 条第 2)款中第(3)项、第(4)项的规定。

(3) 实验结束后,关闭电动机,下降升降台,开排气孔,排去压力室内的水,拆除压力室罩,擦干试样周围的余水,脱去试样外的橡皮膜,描述破坏后形状,称试样质量,测定实验后含水率。

4. 固结排水剪实验

1) 试样的安装、固结应按 6.18.4 节第 3 条中第 1)款中第(2)条的规定进行。

2) 试样的剪切应按 6.18.4 节第 3 条中第 3)款的规定进行,但在剪切过程中应打开排水阀。剪切速率宜为(0.003%～0.012%)/min。

6.18.5 实验结果的处理

1. 不固结不排水剪切实验

(1) 轴向应变应按式(6-66)计算:

$$\varepsilon_1 = \frac{\Delta h}{h_0} \times 100\% \tag{6-66}$$

式中:ε_1——轴向应变(%);

Δh——试样的高度变化(mm);

h_0——试样初始高度(mm)。

(2) 试样面积的校正,应按式(6-67)计算:

$$A_a = \frac{A_0}{1-\varepsilon_1} \tag{6-67}$$

式中:A_a——试样的校正断面面积(cm²);

A_0——试样的初始断面面积(cm²)。

(3) 主应力差应按式(6-68)计算:

$$\sigma_1 - \sigma_3 = \frac{CR}{A_a} \times 10 \tag{6-68}$$

式中:$\sigma_1 - \sigma_3$——主应力差(kPa);

σ_1——大总主应力(kPa);

σ_3——小总主应力(kPa);

C——测力计率定系数(N/0.01mm);

R——测力计读数(0.01/mm)。

(4) 以主应力差为纵坐标,轴向应变为横坐标,绘制主应力差与轴向应变关系曲线。取曲线上主应力差的峰值作为破坏点,无峰值时,取 15% 轴向应变时的主应力差值作为破坏点。

（5）以剪应力为纵坐标,法向应力为横坐标,在横坐标轴以破坏时的 $\dfrac{\sigma_{1f}+\sigma_{3f}}{2}$ 为圆心,以 $\dfrac{\sigma_{1f}-\sigma_{3f}}{2}$ 为半径,在 τ-σ 应力平面上绘制破损应力圆,并绘制不同周围压力下破损应力圆的包线,求出不排水强度参数。

2. 固结不排水剪切实验

（1）试样固结后的高度,应按式(6-69)计算：

$$h_c = h_0 \left(1 - \dfrac{\Delta V}{V_0}\right)^{1/3} \tag{6-69}$$

式中：h_c——试样固结后的高度(mm)；

ΔV——试样固结后固结前的体积变化(cm^3)；

V_0——试样固结前的体积(cm^3)。

（2）试样固结后的面积,应按式(6-70)计算：

$$A_c = A_0 \left(1 - \dfrac{\Delta V}{V_0}\right)^{2/3} \tag{6-70}$$

式中：A_c——试样固结后的断面面积(cm^2)。

（3）试样断面面积的校正,应按式(6-71)、式(6-72)计算：

$$A_a = \dfrac{A_c}{1 - \varepsilon_1} \tag{6-71}$$

$$\varepsilon_1 = \dfrac{\Delta h}{h_c} \tag{6-72}$$

（4）主应力差按式(6-68)计算。

（5）有效主应力比应按式(6-73)、式(6-74)、式(6-75)计算。

① 有效大主应力：

$$\sigma'_1 = \sigma_1 - u \tag{6-73}$$

式中：σ'_1——有效大主应力(kPa)；

u——孔隙水压(kPa)。

② 有效小主应力：

$$\sigma'_3 = \sigma_3 - u \tag{6-74}$$

式中：σ'_3——有效小主应力(kPa)。

③ 有效主应力比：

$$\dfrac{\sigma'_1}{\sigma'_3} = 1 + \dfrac{\sigma'_1 - \sigma'_3}{\sigma'_3} = 1 + \dfrac{\sigma_1 - \sigma_3}{\sigma'_3} \tag{6-75}$$

（6）孔隙水压力系数,应按式(6-76)、式(6-77)计算。

① 初始孔隙水压力系数：

$$B = \dfrac{u_0}{\sigma_3} \tag{6-76}$$

式中：B——初始孔隙水压力系数；

u_0——施加周围压力产生的孔隙水压力(kPa)。

② 破坏时孔隙水压力系数：

$$A_f = \frac{u_f}{B(\sigma_1 - \sigma_3)_f} \tag{6-77}$$

式中：A_f——破坏时的孔隙水压力系数；

u_f——试样破坏时,主应力差产生的孔隙水压力(kPa)；

$(\sigma_1 - \sigma_3)_f$——破坏时的主应力差(kPa)。

(7) 主应力差与轴向应变关系曲线,应按 6.18.5 节第 1 条第(4)款的规定绘制。

(8) 以有效应力比为纵坐标,轴向应变为横坐标,绘制有效应力比与轴向应变曲线。

(9) 以孔隙水压力为纵坐标,轴向应变为横坐标,绘制孔隙水压力与轴向应变关系曲线。

(10) 以 $\frac{\sigma_1' - \sigma_3'}{2}$ 为纵坐标, $\frac{\sigma_1' + \sigma_3'}{2}$ 为横坐标,绘制有效应力路径曲线。计算有效内摩擦角和有效黏聚力。

① 有效内摩擦角,按式(6-78)计算：

$$\varphi' = \arcsin(\tan\alpha) \tag{6-78}$$

式中：φ'——有效内摩擦角(°)；

α——应力路径图上破坏点连线的倾角(°)。

② 有效黏聚力,按式(6-79)计算：

$$c' = \frac{d}{\cos\varphi'} \tag{6-79}$$

式中：c'——有效黏聚力(kPa)；

d——应力路径上破坏点连线在纵轴上的截距(kPa)。

(11) 以主应力差或有效应力比的峰值作为破坏点,无峰值时,以有效应力路径的密集点或轴向应变 15% 时的主应力差值作为破坏点,按 6.18.5 节第 1 条第(5)款规定绘制破损应力圆及不同周围压力下的破损应力圆包线,并求出总应力强度参数；有效内摩擦角和有效黏聚力,应以 $\frac{\sigma_1' + \sigma_3'}{2}$ 为圆心, $\frac{\sigma_1' - \sigma_3'}{2}$ 为半径绘制有效破损应力圆。

3. 固结排水剪切实验

(1) 试样固结后的高度、面积,应按式(6-79)和式(6-80)计算。

(2) 剪切时试样面积的校正,应按式(6-80)计算：

$$A_a = \frac{V_c - \Delta V_i}{h_c - \Delta h_i} \tag{6-80}$$

式中：V_c——试样固结后的体积(cm^3)；

ΔV_i——剪切过程中试样的体积变化(cm^3)；

Δh_i——剪切过程中试样的高度变化(cm)。

(3) 主应力差应按式(6-68)计算。

(4) 有效应力比及孔隙水压力系数,应按式(6-73)~式(6-75)和式(6-76)~式(6-77)计算。

(5) 主应力差与轴向应变关系曲线应按 6.18.5 节第 1 条第(4)款的规定绘制。

(6) 有效应力比与轴向应变关系曲线应按 6.18.5 节第 2 条第(8)款的规定绘制。

(7) 以体积应变为纵坐标,轴向应变为横坐标,绘制体积应变与轴向应变关系曲线。

(8) 破坏应力圆,有效内摩擦角和有效黏聚力应按 6.18.5 节第 2 条第(11)款的规定绘制和确定。

6.18.6 问题与讨论

(1) 三轴压缩实验分为哪几种类型?

(2) 如何处理三轴压缩实验的结果?

6.19 无侧限抗压强度实验

6.19.1 实验目的

测定天然土体在无侧向约束条件下,抵抗轴向压力的极限强度。其主要适用于测定饱和黏性土的无侧限抗压强度 q_u 与灵敏度 S_t。

6.19.2 实验原理和依据

无侧限抗压强度实验实际上是周围压力 $\sigma_3=0$ 的三轴压缩实验。在实验过程中,土样不用橡胶膜包裹,并且剪切速度快,来不及排水,所以该实验属于不固结不排水剪切实验的一种。

本实验参照《土工试验方法标准》(GB/T 50123—2019)进行。

6.19.3 实验设备和材料

(1) 应变控制式无侧限压缩仪:包括负荷传感器或测力计、加压框架及升降螺杆等,如图 6-30 所示;根据土的软硬程度选用不同量程的负荷传感器或测力计。

(2) 位移传感器或位移计(百分表):量程 30mm,分度值 0.01mm。

(3) 重塑筒:筒身可以拆成两半,内径为 35～40mm,高为 80mm。

(4) 天平:称量 1000g,分度值 0.1g。

(5) 其他:秒表、厚约 0.8cm 的铜垫板、卡尺、切土盘、直尺、削土刀、钢丝锯、薄塑料布、凡士林。

(6) 实验材料:饱和软土。

6.19.4 实验内容和步骤

(1) 试样制备参照《土工试验方法标准》(GB/T 50123—2019)第 19.3.1 条的规定。

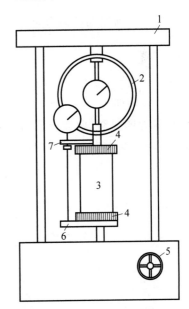

1—轴向加压架;2—轴向测力计;
3—试样;4—传压板;5—手轮或电动转轮;
6—升降板;7—轴向位移计

图 6-30 应变控制式无侧限压缩仪示意

(2) 试样直径为 3.5~4.0cm,试样高度宜为 8.0cm。

(3) 将试样两端抹一薄层凡士林,当气候干燥时,试样侧面亦需抹一薄层凡士林防止水分蒸发。

(4) 将试样放在下加压板上,升高下加压板,使试样与上加压板刚好接触。将轴向位移计、轴向测力读数均调至零位。

(5) 下加压板宜以每分钟轴向应变为 1‰~3‰ 的速度上升,使实验在 8~10min 内完成。

(6) 轴向应变<3‰时,每 0.5‰ 应变测记轴向力和位移读数 1 次;轴向应变达 3‰ 以后,每 1‰ 应变测记轴向位移和轴向力读数 1 次。

(7) 当轴向力的读数达到峰值或读数达到稳定时,再进行 3‰~5‰ 的轴向应变值即可停止实验;当读数无稳定值时,试样进行到轴向应变达 20‰ 为止。

(8) 实验结束后,迅速下降下加压板,取下试样,描述破坏后形状,测量破坏面倾角。

(9) 当需要测定灵敏度时,应立即将破坏后的试样除去涂有凡士林的表面,加入少量切削余土,包于塑料薄膜内用手搓捏,破坏其结构,重塑成圆柱形,放入重塑筒内,用金属垫板,将试样挤成与原状样密度、体积相等的试样。然后按步骤(4)~步骤(8)进行实验。

6.19.5 实验结果的处理

(1) 试样的轴向应变应该按式(6-66)计算。

(2) 试样的平均断面积应按式(6-81)计算:

$$A_a = \frac{A_0}{1 - 0.01\varepsilon_1} \qquad (6-81)$$

(3) 试样所受的轴向力应按式(6-82)计算:

$$\sigma = \frac{CR}{A_a} \times 10 \qquad (6-82)$$

式中:σ——轴向应力(kPa)。

(4) 以轴向应力为纵坐标,轴向应变为横坐标,绘制应力-应变曲线,如图 6-31 所示。最大轴向应力明显时,取曲线上的最大轴向应力作为无侧限抗压强度;最大轴向应力不明显时,取轴向应变为 15‰ 对应的应力作为无侧限抗压强度。

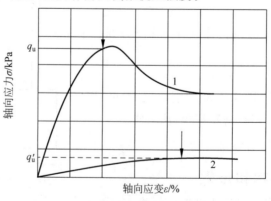

1—原状试样;2—重塑试样

图 6-31 轴向应力与轴向应变关系曲线

（5）灵敏度应按式(6-83)计算：

$$S_t = \frac{q_u}{q'_u} \tag{6-83}$$

式中：S_t——灵敏度；

　　　q_u——原状试样的无侧限抗压强度(kPa)；

　　　q'_u——重塑试样的无侧限抗压强度(kPa)。

6.19.6　问题与讨论

（1）无侧限抗压强度实验的目的是什么？

（2）无侧限抗压强度实验的步骤包括哪些？

参 考 文 献

[1] 国家技术监督局.热学的量和单位:GB/T 3102.4—1993[S].北京:中国标准出版社,1994.
[2] 中华人民共和国国家质量监督检验检疫总局,中国国家标准化管理委员会.数值修约规则与极限数值的表示和判定:GB/T 8170—2008[S].北京:中国标准出版社,2008.
[3] 全国钢标准化技术委员会.金属材料 拉伸试验 第1部分 室温试验方法:GB/T 228.1—2021[S].北京:中国标准出版社,2021.
[4] 全国钢标准化技术委员会.金属材料 室温压缩试验方法:GB/T 7314—2017[S].北京:中国标准出版社,2017.
[5] 全国钢标准化技术委员会.金属材料 室温扭转试验方法:GB/T 10128—2007[S].北京:中国标准出版社,2007.
[6] 程香菊,田甜.水力学实验[M].广州:华南理工大学出版社,2017.
[7] 唐洪祥,郭莹.土力学实验教程[M].北京:中国建筑工业出版社,2017.
[8] 中华人民共和国水利部.土工试验方法标准:GB/T 50123—2019[S].北京:中国计划出版社,2019.
[9] 陈忠范,刘其伟,周明华,等.土木工程结构试验与检测[M].南京:东南大学出版社,2017.
[10] 刘明.土木工程结构试验与检测[M].2版.北京:高等教育出版社,2021.
[11] 中华人民共和国住房和城乡建设部.回弹法检测混凝土抗压强度技术规程:JGJ/T 23—2011[S].北京:中国建筑工业出版社,2011.
[12] 中华人民共和国住房和城乡建设部.混凝土结构现场检测技术标准:GB/T 50784—2013[S].北京:中国建筑工业出版社,2013.
[13] 中华人民共和国住房和城乡建设部.混凝土结构工程施工质量验收规范:GB 50204—2015[S].北京:中国建筑工业出版社,2015.
[14] 中华人民共和国住房和城乡建设部.混凝土中钢筋检测技术规程:JGJ/T 152—2019[S].北京:中国建筑工业出版社,2019.
[15] 中华人民共和国住房和城乡建设部.钢结构现场检测技术标准:GB/T 50621—2010[S].北京:中国建筑工业出版社,2010.
[16] 中华人民共和国住房和城乡建设部.钢结构工程施工质量验收标准:GB 50205—2020[S].北京:中国建筑工业出版社,2020.
[17] 中华人民共和国住房和城乡建设部.钢结构焊接规范:GB 50661—2011[S].北京:中国建筑工业出版社,2011.
[18] 屠耀元.超声检测技术[M].北京:机械工业出版社,2018.
[19] 苏达根.土木工程材料[M].3版.北京:高等教育出版社,2015.
[20] 国家市场监督管理总局,国家标准化管理委员会.蒸压加气混凝土性能试验方法:GB/T 11969—2020[S].北京:中国标准出版社,2020.
[21] 国家市场监督管理总局,国家标准化管理委员会.建设用砂:GB/T 14684—2022[S].北京:中国标准出版社,2022.
[22] 国家市场监督管理总局,国家标准化管理委员会.建设用卵石、碎石:GB/T 14685—2022[S].北京:中国标准出版社,2022.
[23] 中华人民共和国国家质量监督检验检疫总局,中国国家标准化管理委员会.水泥密度测定方法:GB/T 208—2014[S].北京:中国标准出版社,2014.
[24] 中华人民共和国国家质量监督检验检疫总局,中国国家标准化管理委员会.水泥标准稠度用水量、凝结时间、安定性检验方法:GB/T 1346—2011[S].北京:中国标准出版社,2012.
[25] 国家市场监督管理总局,国家标准化管理委员会.水泥胶砂强度检验方法(ISO):GB/T 17671—

2021[S].北京:中国标准出版社,2021.

[26] 中华人民共和国国家质量监督检验检疫总局,中国国家标准化管理委员会.水泥化学分析方法:GB/T 176—2017[S].北京:中国标准出版社,2017.

[27] 中华人民共和国国家质量监督检验检疫总局,中国国家标准化管理委员会.用于水泥和混凝土中的粉煤灰:GB/T 1596—2017[S].北京:中国标准出版社,2017.

[28] 中华人民共和国国家质量监督检验检疫总局,中国国家标准化管理委员会.混凝土外加剂:GB 8076—2008[S].北京:中国标准出版社,2009.

[29] 中华人民共和国住房和城乡建设部.普通混凝土拌合物性能试验方法标准:GB/T 50080—2016[S].北京:中国建筑工业出版社,2017.

[30] 国家质量监督检验检疫总局,国家标准化管理委员会.钢筋混凝土用钢材试验方法:GB/T 28900—2022[S].北京:中国标准出版社,2022.

[31] 中华人民共和国国家质量监督检验检疫总局,中国国家标准化管理委员会.金属材料 弯曲试验方法:GB/T 232—2010[S].北京:中国标准出版社,2011.

[32] 中国国家标准化管理委员会.普通混凝土长期性能和耐久性能试验方法标准:GB/T 50082—2009[S].北京:中国建筑工业出版社,2009.

[33] 史桂昀.钢筋混凝土锈蚀过程无损跟踪与量化分析[D].深圳:深圳大学,2019.

[34] 陈晓玲,赵红梅,黄家柱,等.遥感原理与应用实验教程[M].北京:科学出版社,2013.

[35] 董付国.Phython程序设计与实验指导[M].北京:清华大学出版社,2019.

[36] 中华人民共和国住房和城乡建设部.建筑砂浆基本性能试验方法标准:JGJ 70—2009[S].北京:中国建筑工业出版社,2009.

[37] 中华人民共和国住房和城乡建设部.普通混凝土配合比设计规程:JGJ 55—2011[S].北京:中国建筑工业出版社,2011.

[38] 中华人民共和国住房和城乡建设部.自密实混凝土应用技术规程:JGJ/T 283—2012[S].北京:中国建筑工业出版社,2012.

[39] 中华人民共和国住房和城乡建设部,国家市场监督管理总局.混凝土物理力学性能试验方法标准:GB/T 50081—2019[S].北京:中国建筑工业出版社,2019.